Torsten Bodensiek · Guido Volkmar

Einsatz von Wärmebildkameras

ecomed
SICHERHEIT

Bibliografische Informationen der Deutschen Nationalbibliothek
Die Deutsche Nationalbibliothek verzeichnet diese Publikation in der Deutschen Nationalbibliografie; detaillierte bibliografische Daten sind im Internet über
<http://www.dnb.de> abrufbar.

Bei der Herstellung des Werkes haben wir uns zukunftsbewusst für umweltverträgliche und wiederverwertbare Materialien entschieden.

ISBN: 978-3-609-77517-3

E-Mail: kundenservice@ecomed-storck.de
Telefon: 089/2183-7922
Telefax: 089/2183-7620

www.ecomed-storck.de

Titelbild: Christian Pehl

Bildnachweise Startbilder am Kapitelanfang: S. 15, 23, 67, 107, 211: Guido Volkmar
S. 177: Markus Hedemann

Satz: Fotosatz Buck, Kumhausen
Druck: Westermann, Druck, Zwickau

Inhaltsverzeichnis

Vorwort

„Eine Lebensweisheit lehrt: Kunst ist schön, macht aber viel Arbeit. Wie anstrengend – körperlich und mental – das Musizieren im Orchester ist, ahnen Laien nicht einmal. Dabei können wir es neuerdings sichtbar machen.

„Der Trompeter" – Wärmebild von Harald Schmitt – Hamburg. (www.Harald-schmitt.com)

Der Sensor der Kamera ist so empfindlich, dass er auf ein Zehntel Grad Veränderung der Körpertemperatur reagiert. Einem Trompeter, der sich verspielt hatte, war der Fehler so peinlich, dass ihm das Blut in den Kopf schoss und sich seine Körpertemperatur nur langsam wieder normalisierte. Die Kamera brachte auch das an den Tag."
(Harald Schmitt, Hamburg)

Wir Autoren, Torsten Bodensiek und Guido Volkmar, haben uns durch unsere langjährige nationale und internationale Tätigkeit im Bereich der Aus- und Fortbildung kennengelernt und die gemeinsame Idee der Erstellung eines Buches über den Einsatz von Wärmebildkameras zum Projekt werden lassen.

An dieser Stelle den ersten Dank an Guidos Freund Dirk K., der als absolut fachfremde Person an einem munteren Grillabend meinte: „Wärmebildkamera? Kenne ich! Und dafür braucht man ein Buch?" Damit hatte er den Kern des Themas getroffen: Wofür ein Buch über Wärmebildkameras? „Anmachen. Durchgucken. Menschen retten."

Dass die Wärmebildkamera ein weit größeres Spektrum abbildet, als lediglich im verrauchten oder auch nur dunklen Bereich sehen zu können, hoffen wir im vorliegenden Buch darlegen zu können, und gleichzeitig die vielen verborgenen und augenscheinlichen Fallstricke bei der Interpretation der Fehlfarbenbilder verständlich zu erläutern.

Auf Basis unserer jeweiligen Erfahrungen und Kompetenzbereiche haben wir uns zusammengeschlossen, um unser gemeinsames Buchprojekt zu starten.

Praktischer Ausbildungsteil am IFRT in Külsheim.

Ausbildungscontainer zur Darstellung der Übersättigung des Wärmebilds.

Ziel war es, wie beim Buch über die taktische Ventilation, durch eine neue Hilfestellung die Arbeit der Feuerwehren im Einsatz und in der Aus- und Fortbildung erheblich zu beschleunigen und sicherer zu machen. Es entstand der Wunsch von uns beiden Autoren, weitere zeitgenerierende Anwendungsbereiche und Ausrüstungsgegenstände für die Menschenrettung zu optimieren. Folgerichtig fiel unser Fokus auf das Hilfsmittel der Wärmebildkamera.

Die Vorzüge des schnelleren Vorgehens sowie die erhöhte Sicherheit für Einsatzkräfte haben uns als Autorenteam überzeugt, unsere Erfahrungen und wissenschaftliche Erkenntnisse sowie praktische Hintergründe in diesem Buch niederzuschreiben.

Nach der Idee zu diesem Buch erfolgte die umfassende Informations- und Kontaktrecherche durch unser globales Netzwerk. Während der Recherche zum vorliegenden Buchprojekt sind uns zahlreiche Zusammenhänge begegnet, die uns, wie wahrscheinlich ebenso die große Anzahl der Wärmebildkameraanwender, überrascht haben. Sei es die Vielzahl von unterschiedlichen Kameravariationen oder der Weitblick für die jeweiligen Einsatzsituationen.

Unser besonderer Dank für die Umsetzung und Unterstützung dieses Fachbuchprojekt geht an eine Vielzahl von Unterstützern:

Christian Pehl, Kommandant der Feuerwehr Ingolstadt-Haunwöhr sowie **Melanie & Stefan Feucht** vom IFRT in Kühlsheim – hier durften wir umfangreiche Realversuche und Bildaufnahmen durchführen. Gleichzeitig konnten wir hier durch internationale Verknüpfungen neue inspirierende Gedanken für den Innenangriff konzipieren. Christian Pehl stand uns mit seinem umfassenden Wissen im Bereich der Wärmebildkamera sowie durch die Bereitstellung seiner Wärmebildkamera-Sammlung von verschiedenen Herstellern zur Seite. Durch die unkomplizierte Unterstützung der Herstellerfirmen im In- und Ausland konnten wir über mehrere Monate aktuelle und umfangreiche praktische Versuche für die Aus- und Fortbildung mit den uns zur Verfügung gestellten Kameras selbst zusammentragen.

- **Simone Maier** sowie **Angela Streidl** vom Verlag ecomed SICHERHEIT für die zuvorkommende Zusammenarbeit während der gesamten Projektzeit
- **Aaron Volkmar** für seine tatkräftige Unterstützung bei Versuchsvorbereitungen und der Fotoaktion für dieses Buch und die Freigabe seiner Wärmebilder
- **Achim Gerards** für seine Bilder einer Rehkitzrettung
- **Andrew Starnes** von Insight Training LLC für seine „Articles From the Blog"
- **Christian Fiedler** von der Feuerwehr Böhrigen für die Bereitstellung der Bilder des CBRN-Einsatzes
- **Daniel Panne** von der Berufsfeuerwehr Dortmund für die Nutzung der Erdgassimulationseinrichtungen
- **Dominik Bender** von der Drohnenstaffel des DRK-Kreisverband Fulda e.V. für die Bilder der Personensuche
- **Egor Friedrichs** von der Feuerwehr Dortmund für die inspirierende Sichtweise eines neuen didaktischen Ansatzes „Praxis vor Theorie"
- **Eric Lambertz**, Feuerwehr und Rettungsdienst der Bundesstadt Bonn für die Bereitstellung der Wärmebilder und der Konzeption zur Wasserrettung
- **Felix Willert** von der Bundesanstalt Technisches Hilfswerk des Ortsverbands Freising für die Vielzahl der Wärmebilder aus unterschiedlichen Drohneneinsätzen
- **Harald Schmitt**, Fotograf, für die Freigabe seines Wärmebilds „Trompeter" aus seiner Gallery WÄRMEBILD (www.Harald-schmitt.com)
- **Ing. Richard Feischl**, Sicherheitsfachkraft Consultant Security-Safety & Fire Fighting Katastrophen Management Trainer für den Einblick und die tollen Gespräche in Bezug auf die Vegetationsbrandbekämpfung
- **Klaus Stebal** vom Niederösterreichischen Landesfeuerwehrverband für die Freigabe der Lehrunterlage des Landesfeuerwehrkommandos Österreichs
- **Marco Buhn** von der Feuerwehr Flughafen München für das umfangreiche Bildmaterial zur Flugzeugbrandbekämpfung
- **Lars Schwieger**, stellv. Regionsbrandmeister der Regionsfeuerwehr Hannover sowie **Torben Klingemann**, Stadtbrandmeister der Freiwilligen Feuerwehr Neustadt am Rübenberge für die Bilder und die konstruktiven nächtlichen Gespräche
- **Markus Hedemann**, Zugführer der Drohneneinheit des Landkreises Cloppenburg (www.pvdrohne.de) für die Überlassung von Bildmaterial und die Einsicht in die Drohnenwelt
- **Norbert Heinkel**, stellv. Kreisbrandinspektor/Odenwaldkreis für die fachlichen Gespräche
- **Ralf Keipp** und **Sven Weniger** von der Meyer-Port 4 GmbH für die Einblicke in die Abläufe des Brandschutzes einer Schiffswerft und die Vielzahl von Drohnenaufnahmen
- **Ruben Brembeck** von der Feuerwehr Düsseldorf für die konspirative Zusammenarbeit und intensiven Gespräche zur Umsetzung des Themengebietes in der Aus- und Fortbildung

- **Ryan Mack** von JERSEY SHORE FIRE RESPONSE für die Bereitstellung der Real- und Wärmebilddoppelbilder als Drohnenaufnahmen aus den Vereinigten Staaten von Amerika
- **Shawn Bloemker** von MaxFireBox.com für die Vergleichsbilder unterschiedlicher Wärmebildkameras aus den Vereinigten Staaten von Amerika
- **Thorsten Frey** für die Unterstützung mit Wärmebildern aus unterschiedlichen Containern zur Realbrandausbildung und bei diversen Workshops
- **Urs Knoll** von der Feuerwehr Diessenhofen aus der Schweiz für die Bereitstellung des Wärmebildes bei Elektrofahrzeugen

Für die ergänzenden Hinweise und den „Feinschliff" während des Lektorats bedanken wir uns ganz herzlich bei:

Dr. Erhard Ogris von LEADER Group
Carsten Joester von Dräger Safety AG & Co. KGaA
Eric Lambertz, Feuerwehr und Rettungsdienst der Bundesstadt Bonn
Lars Seeger von der Berufsfeuerwehr Hamburg
Severin Frank von der Berufsfeuerwehr Stuttgart
Thomas Keck von der Berufsfeuerwehr Braunschweig

Wir hoffen mit diesem Buch der Reihe TTE „viel Licht ins Dunkel" bringen zu können!

Viel Spaß beim Lesen, inspirierende Umsetzung bei der Aus- und Fortbildung und immer einen sicheren Einsatz wünschen

Torsten Bodensiek & Guido Volkmar

Neustadt am Rübenberge
und Düsseldorf

Autoren

Torsten Bodensiek

2000/2001 Laufbahnlehrgang Berufsfeuerwehr Hannover
Zugführer F4

Mitglied im DIN Normenausschuss Feuerwehrwesen (FNFW), NA 031-04-09-12, Arbeitskreis DIN 14963, Belüftungsgeräte

Mitglied im Prüfungsausschuss (Arbeitgebervertretung) der Industrie und Handelskammer Lüneburg-Wolfsburg WFL 901 Werkfeuerwehren

Autor „Taktische Ventilation" (Quickcheck und Reihentitel Technik – Taktik – Einsatz, ecomed SICHERHEIT)

Dozent in der Dialogreihe der Safetytour: Führungskräfte im Dialog

Inhaber: www.taktischeventilation.com

Werkfeuerwehr Volkswagen Nutzfahrzeuge Hannover

- ► Leiter Betriebsfeuerwehr Volkswagen Nutzfahrzeuge
- ► Ausbildungsleiter Werkfeuerwehr Volkswagen Nutzfahrzeuge
- ► Sachgebietsleiter Fahrzeugplanung
- ► Lehrkraft Volkswagen Group Academy, Ausbildungsberuf Werkfeuerwehrmann

Beratung
Training
Vorträge
taktischeventilation.com

Guido Volkmar

1989–1993 Studium Chemieingenieurwesen

Seit 1993 Feuerwehr Düsseldorf

Seit 2000 diverse Veröffentlichungen

2001–2018 Fachbereichsleiter und Dozent u.a. für Atemschutz, Löscheinsatz, Realbrandausbildung und CBRN mit Lehrgängen im In- und Ausland inkl. Schiffsbrandbekämpfung der Feuerwehr Düsseldorf

Seit 2005 Dozent am Landesamt für Ausbildung, Fortbildung und Personalangelegenheiten der Polizei Nordrhein-Westfalen

2007–2011 Mitarbeit am SiTr-Konzept der BF Düsseldorf

Seit 2007 Vorsitzender der AG Realbrandausbildung des Fachausschusses Schulung und Einsatz des VDF NRW und des Arbeitskreises Ausbildung und Einsatz der AGBF NRW

Seit 2012 Dozent am IdF – Institut der Feuerwehr Nordrhein-Westfalen und Mitglied der SafetyTour

Seit 2016 Mitglied bei atemschutzunfaelle.eu

Seit 2021 systemischer Coach (DGSF)

Seit 2021 Mitbegründer von feuerwehrexperimente.de

Seit 2023 Herausgeber „Atemschutz bei der Feuerwehr", ecomed SICHERHEIT

1 Die Entwicklung der Wärmebildkamera

Die Wärmebildkamera (WBK) hat sich in den letzten Jahren zu einem unverzichtbaren Werkzeug im Feuerwehreinsatz und bei anderen BOS-Einheiten entwickelt.

Unverzichtbares Werkzeug im Feuerwehreinsatz

Mit ihrer Hilfe können Helfer schneller und präziser wichtige Informationen über die Lage vor Ort sammeln und somit effektiver handeln. Insgesamt ist die Verwendung von Wärmebildkameras im Feuerwehreinsatz und anderen BOS-Einheiten von großer Bedeutung und hat das Potenzial, Leben zu retten, Schäden zu minimieren und die Effektivität und Sicherheit der Einsatzkräfte zu optimieren. Die erste Wärmebildkamera für die Feuerwehr wurde 1995 auf der Messe INTERSCHUTZ in Hannover als „Rauchsichtgerät" vorgestellt.

Abb. 1: Eine Vielzahl von Wärmebildkameras steht dem Anwender zur Verfügung. Unabhängig von den finanziellen Mitteln sollte das Einsatzspektrum ermittelt werden. (Quelle: Torsten Bodensiek)

Der Nutzen von Wärmebildkameras im Feuerwehreinsatz wird durch einen 2001 in Burton, USA durchgeführten Feldversuch mit neun Löschzügen deutlich. In der ersten Übung musste ein Brandherd gesucht werden. Dies gelang mit Unterstützung der Wärmebildkamera in der Hälfte der Zeit (2:23 min/4:48 min) gegenüber den Trupps ohne Wärmebildkamera. In der zweiten Übung musste eine Person gesucht werden. Die Trupps mit Unterstützung der Wärmebildkamera schafften dies im Durchschnitt sogar in einem Drittel der Zeit (2:17 min/ 6:46 min) gegenüber den Trupps ohne Wärmebildkamera.

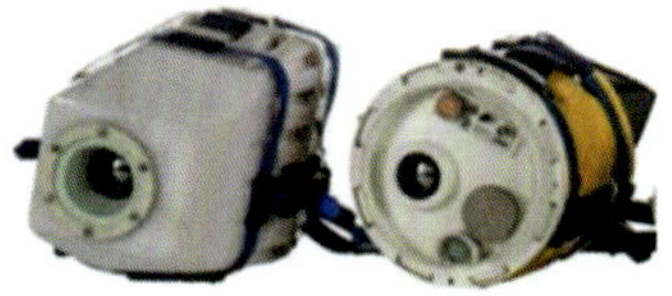

Abb. 2: Wärmebildkamera aus den 1980er-Jahren. (Quelle: Rosenbauer)

Anfangs war eine Wärmebildkamera aus Kostengründen nur wenigen Feuerwehren vorbehalten, doch in den letzten Jahren wurden sie immer günstiger und folglich wurde diese Technik für viele Feuerwehren erschwinglich. Durch die im Einsatz gewonnenen Erfahrungen konnten weitere Einsatzmöglichkeiten erkannt, aber auch Einsatzgrenzen festgestellt werden. Festgestellt wurde auch, dass eine schnelle Verfügbarkeit einer Wärmebildkamera den meisten Nutzen bringt. Tatsächlich ist die Wärmebildkamera längst nicht mehr nur bei der Brandbekämpfung im Einsatz. Themen wie Sicherheit und Überwachung, Gebäudeinspektionen, Tierrettung, medizinische Diagnoseermittlung und einige mehr stehen vermehrt auf der Tagesordnung beim Einsatz der Wärmebildkameras.

Abb. 3: Technische Entwicklung in den letzten Jahren. (Quelle: Rosenbauer)

1.1 Geschichtliche und technische Entwicklung

Erfassung der Infrarotstrahlung

Grundlage dieser in so vielen Bereichen unabdingbaren Technologie ist die Fähigkeit, Infrarotstrahlung zu erfassen, die außerhalb des sichtbaren Bereichs liegt.

Dabei ist die Länge der infraroten Wellenlänge entscheidend, um eine ausreichende Empfindlichkeit und Temperaturauflösung zu gewährleisten.

Wilhelm Herschel (Astronom und Musiker, geb. 1783) untersuchte 1800, wieviel Wärme durch die verschiedenen farbigen Filter geht, die er für die Beobachtung der Sonne benutzte. Herschel wollte wissen, ob vielleicht die Farben selbst unterschiedliche Temperaturen haben. Er untersuchte dies, indem er Licht durch ein Glasprisma lenkte, um ein Farbspektrum zu erzeugen und ermittelte an jeder Farbe des Lichts die Temperatur.

Er stellte fest, dass die unterschiedlichen Farben tatsächlich unterschiedliche Temperaturen haben und dass die Temperaturen vom violetten zum roten Bereich des Lichts zunahmen. Danach wollte er wissen, welche Temperatur in dem Bereich direkt nach dem roten Licht herrscht, an dem kein Sonnenlicht mehr sichtbar war. Dabei stellte er zu seiner Überraschung fest, dass in diesem Bereich die wärmste Temperatur herrschte.

Damit entdeckte er, dass es Arten von „Licht" gibt, welche wir Menschen mit dem Auge nicht sehen können. Das Licht, das Herschel entdeckte, wird heute als Infrarotstrahlung bezeichnet.

Herschel legte somit den Grundstein für eine Technik, die heutzutage maßgeblich zum Einsatzerfolg beitragen und die Sicherheit für die vorgehenden Trupps im Feuerwehreinsatz erhöhen kann.

Temperaturauflösung von 0,05 °C

In der Vergangenheit gab es beispielsweise spezifische Herausforderungen mit der Strahlungsdämpfung, die durch die Wechselwirkung mit den Bestandteilen der Atmosphäre die Qualität der Aufnahmen beeinträchtigen konnte. Die Forschung bemühte sich, dem abzuhelfen und konnte bald eine Temperaturauflösung von 0,05 °C erreichen und somit die Auswirkungen der atmosphärischen Dämpfung minimieren.

Die Technologie der Wärmebildkamera, auch als Thermalkamera oder Infrarotkamera bekannt, wurde erstmals in den 1920er-Jahren von den deutschen Physikern Kretschmann und Günther Leibfried erforscht. Sie entwickelten eine Kamera, die auf dem Prinzip der thermoelektrischen Kühlung basierte und Temperaturen bis zu 1.000 °C messen konnte. In den 1950er-Jahren wurden die ersten kommerziellen Wärmebildkameras von der amerikanischen Firma Aga Infrared Systems auf den Markt gebracht. Diese Kameras wurden zunächst vor allem in der Militär- und Sicherheitsbranche eingesetzt. In den folgenden Jahren wurden die Technologie und

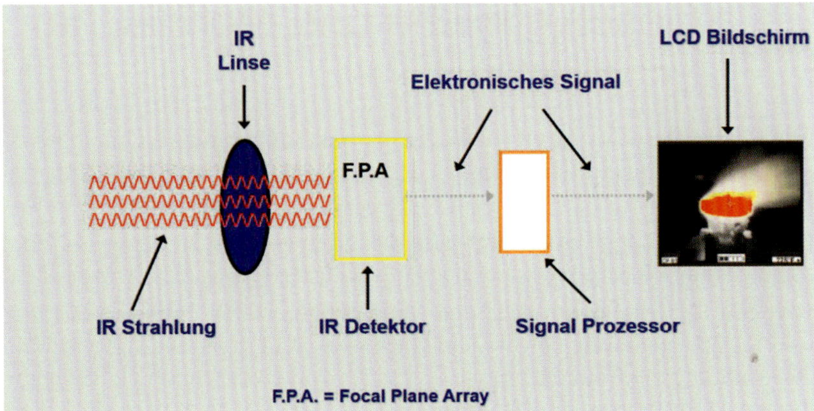

Abb. 4: IR-Strahlung wird für das menschliche Auge sichtbar gemacht. (Quelle: © Drägerwerk AG & Co. KGaA, Lübeck. Alle Rechte vorbehalten.)

die Anwendungsmöglichkeiten der Wärmebildkameras weiter verbessert und erweitert. Die Wärmebildtechnik fand dann in den 1980er-Jahren ihren Weg in den zivilen Bereich. 1987 wurde die erste Wärmebildkamera für den Einsatz in der Feuerwehr auf den Markt gebracht und hat seitdem eine rasante Verbreitung erfahren.

Abb. 5: Übersicht der im Praxistest verwendeten Wärmebildkameras durch die Autoren. (Quelle: Guido Volkmar)

Bei der ersten Generation der Wärmebildkameras wurde die Röhrentechnologie verwendet, ähnlich wie bei den ersten Fernsehkameras. Diese Geräte waren sehr empfindlich gegenüber Temperaturschwankungen und Stößen, hatten eine begrenzte Haltbarkeit und waren für den Einsatz in der Feuerwehr eher ungeeignet. Moderne Kameras arbeiten nach der Barium-Strontium-Titanat (BST)-Technologie oder mit einem Microbolometer-Sensor. Diese sind Sensoren, die aus einer Matrix winziger, ungekühlter Wärmesensoren bestehen. Hiermit wird die Infrarotstrahlung erfasst und erzeugt ein elektrisches Signal, das in ein Wärmebild umgewandelt wird. Ein weiterer Vorteil des ungekühlten Mikrobolometer ist, dass sie kleiner und leichter sind sowie keine weitere Kühlung benötigen. Hieraus resultiert für den Hersteller eine kostengünstigere Fertigung; für den Einsatzbereich führt dieses zu einer längeren Lebensdauer und einem erweiterten Einsatzspektrum sowie zu einer schnelleren Startzeit (Einsatzbereitschaft).

BST-Technologie

Diese Technologien werteten die Kamera so erheblich auf, dass sie zu den Standardinstrumenten der BOS-Einheiten avancieren konnte. Die BST-Technologie wurde in den 1980er-Jahren entwickelt und besteht aus einem Sensor mit 320 × 240 Bildpunkten. Diese Technologie erlaubt lediglich die Messung von Temperaturänderungen und nutzt eine rotierende Scheibe mit 30 U/min sowie eine mechanische Blende für den Überstrahlungsschutz. Das 8-bit-System mit 256 Graustufen ermöglichte eine begrenzte Bilddarstellung.

Die neueste Sensortechnologie ist das Microbolometer, welches seit 1992 für den zivilen Bereich verfügbar ist. Der Sensor hat eine höhere Messempfindlichkeit und arbeitet ohne bewegliche Teile. Statische Messungen werden mit 60 Bildern pro Sekunde durchgeführt und das 12-bit-System mit 4.096 Graustufen ermöglicht eine detailliertere Bilddarstellung. Der Überstrahlungsschutz und die Helligkeitskontrolle sind hier ohne eine mechanische Blende möglich. Auch ist eine direkte Temperaturmessung in jedem Pixel möglich. Microbolometer-Sensoren weisen eine geringere Temperaturfestigkeit auf als die in BST-Sensoren verbauten Wärmebildkameras. Die maximale Arbeitstemperatur des Sensormoduls (Temperatur innerhalb der Kamera, nicht Außentemperatur!) beträgt ca. 60 °C für Microbolometer und mehr als 70 °C für BST-Sensoren. Bei erhöhten Temperaturen könnte es eher zu einem technischen Ausfall der Kamera kommen als bei einer DTS-Kamera.

Abb. 6: Bauteil Mikrobolometer. (Quelle: LEADER Group)

Ebenfalls werden für einige Wärmebildkameramodelle zusätzliche Wärmeschutzhüllen angeboten, die die Funktionsdauer in Hochtemperaturbereichen laut Herstellerangaben erheblich verlängern sollen. Die thermische Beständigkeit nach NFPA 1801 erfordert einen Betrieb von 15 Minuten bei 150 °C und 5 Minuten bei 260 °C.

Durch Einsatz von Schutzhüllen soll die Betriebsdauer verdoppelt werden können. Gleichzeitig wird die Wärmebildkamera vor Kontamination geschützt.

Insgesamt bieten die modernen Wärmebildkameras eine verbesserte Bilddarstellung und mit ihr eine höhere Messempfindlichkeit und Detailgenauigkeit. Auch profitieren Nutzer der Wärmebildkamera von der Farbdarstellung von Hitzezonen und einer direkten Temperaturanzeige sowie Übertragungsmöglichkeiten. Die Verkleinerung der Kameras hat dazu zu einer deutlichen Gewichtsersparnis geführt und somit die allgemeine Handhabung verbessert.

In den letzten Jahren wurden auf dem Gebiet der Infrarottechnik bedeutende technische Innovationen erzielt. Zum Beispiel wurden Wärmebildkameras entwickelt, die bei extremen Temperaturen ein klares und hochauf-

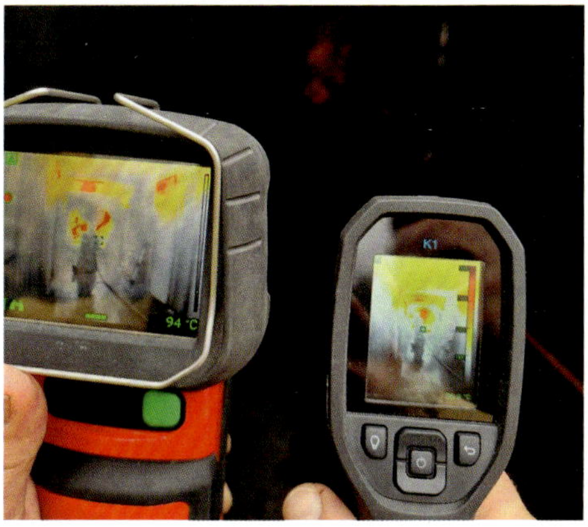

Abb. 7: Kleiner und leistungsstärker – Motto der vergangenen Jahre. (Quelle: Torsten Bodensiek)

lösendes Bild liefern sowie robust genug sind, um Stürze aus beträchtlicher Höhe zu überstehen.

1.2 Zubehör

Auch wurden besonders kompakte und leichte Wärmebildkameras auf den Markt gebracht, die neben ihrer hohen Auflösung und speziellen Bildverbesserungstechnologien auch mit einem Laserpointer zur gezielten Messbarkeit ausgestattet sind. Hierdurch kann die Aufmerksamkeit auf einen bestimmten Punkt an einem Objekt oder einer vermissten Person fokussiert werden und so auch für andere Personen, Rettungstrupps usw. sichtbar gemacht werden. Der Laserpointer avancierte bald darauf zum Standard aller Wärmebildkameras. Auch die Akkulaufzeit der Wärmebildkameras wurde optimiert, und liefert hier Laufzeiten über zehn Stunden.

Laufzeiten über zehn Stunden

Abb. 8: Genaue Anzeige einzelner Objektbereiche mit Hilfe eines Laserpointers. (Quelle: LEADER Group)

Beispiele hierfür sind Tele- oder Weitwinkelobjektive und externe Bildschirme zur Vergrößerung oder zum Teilen des Bildes. Auch gibt es die Möglichkeit der WiFi-Konnektivität, welche realisiert, Bilder und Daten in Echtzeit auf mobile Geräte oder Computer zu übertragen und so eine schnellere Analyse und Entscheidungsfindung zu ermöglichen.

Abb. 10: Drahtlose Videoübertragung. (Quelle: LEADER Group)

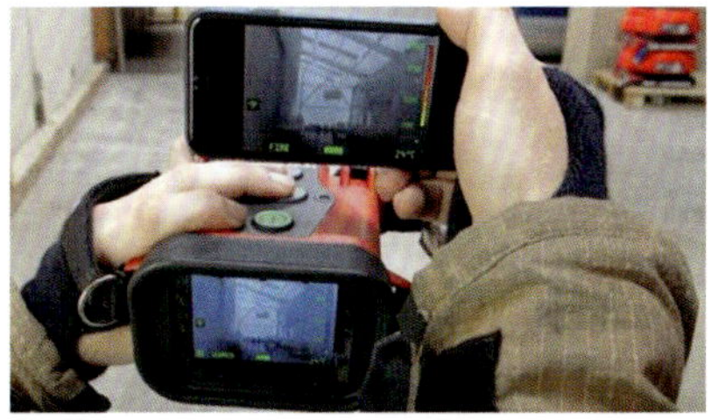

Abb. 11: Datenfernübertragung, Video Live streaming. (Quelle: LEADER Group)

Abb. 9: Empfänger/ Sender drahtlose Video- übertragung. (Quelle: LEADER Group)

Zudem gibt es spezialisierte Software-Programme, die Wärmebildaufnahmen analysieren, Trends verfolgen und Daten speichern können. Diese Programme können auch automatische Alarme auslösen, wenn bestimmte Temperaturgrenzwerte überschritten werden.

Abb. 12a und b: Abnehmbarer Handgriff. Ergonomisches Handling. (Quelle: LEADER Group)

Ein ermüdungsfreieres Arbeiten kann ein Griff an der Kamera erzeugen. Er führt zu einer ergonomischeren Haltung, was gerade bei längerem Gebrauch von Vorteil sein kann. Auch das Bedienen der Bedienelemente der Kamerafunktionen und die Steuerung ermöglichen eine bessere und bequemere Handhabung. Ein abnehmbarer oder verstellbarer Griff kann an unterschiedliche Bedürfnisse und Arbeitsumgebungen angepasst werden. Je nach Situation kann der Griff entfernt oder angebracht werden, um die Flexibilität bei der Verwendung der Kamera zu erhöhen.

Moderne Kameras mit GPS-Funktion

Für die Protokollierung sowie die Beweislage sind moderne Kameras mit GPS-Funktion ausgestattet. Hiermit können die geografische Postion der Kameras, die Uhrzeit sowie das Datum festgehalten werden.

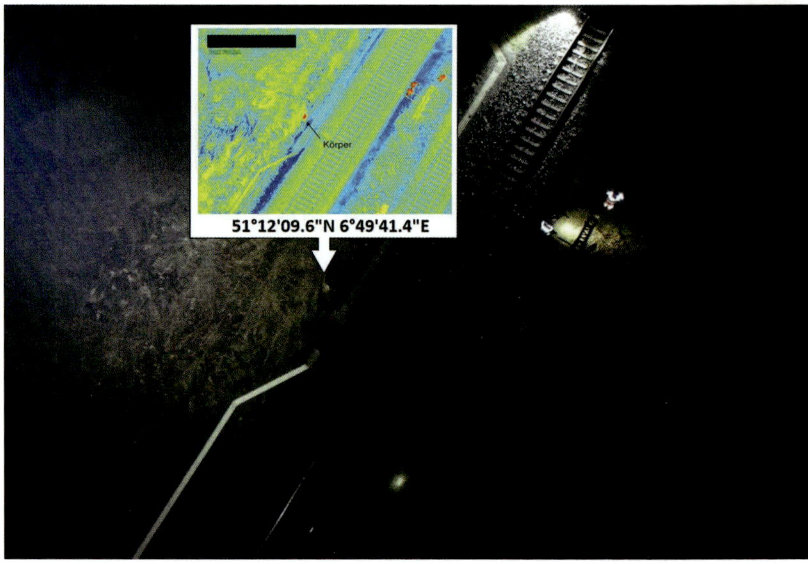

Abb. 13: Fotomontage zur Visualisierung einer GPS-Darstellung auf Grundlage einer Bildvorlage des DRK Fulda (Quelle: Originalbilder: Drohnenstaffel DRK-Kreisverband Fulda e.V., Fotomontage: Guido Volkmar)

2 Physikalische Grundlagen

Als Grundlage für den Einsatz einer Wärmebildkamera ist die Betrachtung der physikalischen Grundlagen des Lichts, der Wärme und der Wärmeübertragung sinnvoll.

Wie bei jedem anderen Thema auch, erleichtert ein solides Fundament das spätere Verständnis. Nicht nur für die einzelnen Phänomene, sondern insbesondere auch für spätere komplexe Zusammenhänge.

2.1 Was ist Licht?

Licht

Kleine Teilchen, große Wirkung: Licht ist eines der großen Wunder des Universums. Es beschäftigte schon die alten Griechen und seither viele berühmte Wissenschaftler – von Isaac Newton bis Albert Einstein.

Schon immer waren die Menschen von Licht fasziniert und bestrebt, hinter sein Geheimnis zu kommen. Im alten Griechenland glaubte Aristoteles, dass sich Licht ähnlich bewege wie Wasserwellen, Pythagoras (ca. 570–480 v. Chr.) dagegen war überzeugt, dass das menschliche Auge „heiße Sehstrahlen" aussende, die von anderen Objekten wieder „zurückgedrängt" werden. Allerdings: Wäre diese Theorie richtig, müsste der Mensch auch im Dunkeln sehen können …

2.1.1 Lichtgeschwindigkeit 300.000 km/s

Heute lernen Physikschüler, dass Licht sowohl als Welle als auch als Teilchen zu verstehen ist und dass es enorm schnell unterwegs ist. Lichtschalter an – schon wird es hell.

Heute wissen wir, dass sich Licht in Luft und Vakuum mit knapp 300.000 Kilometern pro Sekunde ausbreitet. Die Lichtgeschwindigkeit ist damit die höchste bekannte Geschwindigkeit. Licht benötigt vom Mond zur Erde etwa 1,3 Sekunden. Das Licht der Sonne, die 150 Millionen Kilometer von der Erde entfernt ist, erreicht uns nach 8,3 Minuten.

2.1.2 Von Wellen und Teilchen

Von Wellen und Teilchen

Die Ausbreitung von Licht lässt sich gut mit Lichtstrahlen beschreiben: Licht aus einer punktförmigen Lichtquelle, das durch einen engen Spalt fällt, wird gebeugt. Hinter dem Spalt entsteht ein linienförmiges Muster.

Das Wellenmodell des Lichts, nach dem sich Licht ähnlich einer Wasserwelle bewegt, entwickelte Christiaan Huygens bereits im 17. Jahrhundert. Fast zeitgleich vertrat Isaac Newton die Theorie, dass Licht aus kleinsten Teilchen oder Korpuskeln (= Körperchen) besteht und sich geradlinig ausbreitet. Lange Zeit war unter den Wissenschaftlern keine Einigkeit darüber zu erzielen, welches Modell nun das richtige sei.

Im 19. Jahrhundert erklärte dann James Clerk Maxwell Licht als elektromagnetische Welle, bestehend aus elektrischen und magnetischen Feldern, die sich zeitlich und räumlich ändern können. Die Maxwell'sche Theorie bahnte den Weg für die Elektrifizierung der Welt. Und Albert Einsteins Relativitätstheorie führte schließlich die beiden konkurrierenden Ansätze – Wellen- und Korpuskelmodell – wieder zusammen: Danach ist Licht eine Welle, die in kleinen Stößen (= Quanten) ausgesandt wird. Anders ausgedrückt: Licht ist der sichtbare Teil der elektromagnetischen Strahlung, die aus schwingenden Energiequanten besteht. Es braucht eine bestimmte Zeit vom Ort der Entstehung bis zum Auge des Betrachters.

Max Planck beschreibt die Quantentheorie mit der Formel:

$$\mathbf{E = h \cdot v}$$

Dabei ist die Energie E eines Energiequants (einer Strahlung) proportional abhängig von deren Frequenz f, multipliziert mit einer Konstanten h (Planck'sches Wirkungsquantum).

2.1.3 Sichtbare Strahlung heißt Licht

Sichtbare Strahlung

Das menschliche Auge ist nur für einen relativ kleinen Bereich innerhalb des elektromagnetischen Spektrums empfänglich. Die sichtbare Strahlung unterscheidet sich von anderen elektromagnetischen Strahlungen nur durch die Wellenlänge. So sind Lichtwellen wesentlich kürzer als z.B. langwellige Rundfunk- und Radarwellen.

Die Wellenlänge wird in Nanometer (nm) gemessen. Die Wellenlänge der sichtbaren Strahlung liegt zwischen 380 nm und 780 nm (1 Nanometer = 10^{-9} m, also der milliardste Teil eines Meters).

2.1.4 Jede Spektralfarbe entspricht einer bestimmten Wellenlänge

Spektralfarben

Schon Newton entdeckte, dass weißes Sonnenlicht fünf Farben enthält: Violett, Blau, Grün, Gelb und Rot. Richtet man ein enges Lichtbündel auf ein Glasprisma und projiziert die austretenden Strahlen auf eine weiße Fläche, erscheint ein farbiges Spektrum – gut sichtbar auch in der Natur, wenn sich ein Regenbogen über die Landschaft spannt.

Jede Farbe entspricht einer bestimmten Wellenlänge. Vom kurzwelligen Blau (< 450 nm) über Grün und Gelb bis zum langwelligen Rot (> 600 nm) weist das Spektrum des Sonnenlichts einen fließenden Übergang auf. Die Mischung aller Farben ergibt weißes Licht.

Natürliche Farben sind relativ, denn wir sehen nur die Farben, die unter einer bestimmten Beleuchtungssituation reflektiert werden. So werden farbige Gegenstände auch nur dann richtig erkannt, wenn im Spektrum einer Lichtquelle alle Farben vorhanden sind. Dies ist etwa beim Sonnenlicht, bei Halogenlampen oder LEDs mit sehr guten Farbwiedergabeeigenschaften ($R_a \geq 90$) der Fall.

2.1.5 Infrarote (IR) und ultraviolette (UV) Strahlung

Bilder des täglichen Lebens

Mit unseren Augen sehen wir die Welt im sichtbaren Licht. Dieses Licht nimmt nur einen kleinen Teil des vorhandenen Strahlungsspektrums ein, der weitaus größte Teil ist unsichtbar. Die Strahlung anderer Spektralbereiche liefert immer zusätzliche Informationen. Diese zusätzliche Information möchten wir uns für den Feuerwehreinsatz zu Nutze machen.

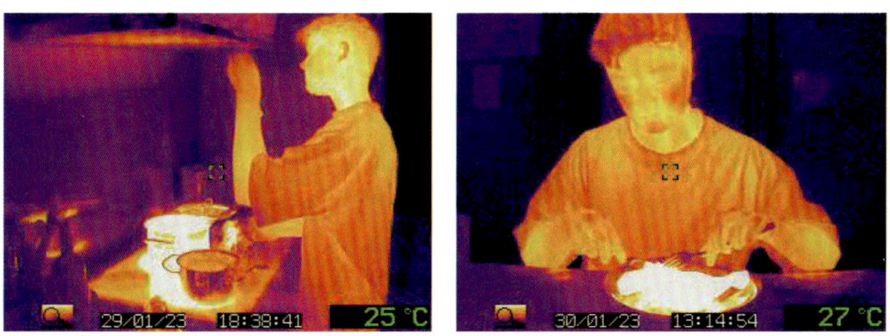

Abb. 14a und b: Auch wir Menschen geben im Ruhezustand permanent Wärmeenergie ab. Diese können wir ebenfalls mit einer Wärmebildkamera sichtbar machen. Durch die von uns Menschen abgegebene Wärmeenergie sollen zukünftig auch sogenannte Passivhäuser[1] betrieben werden. Der durchschnittliche menschliche Körper produziert im Ruhezustand etwa 100 Watt Leistung und erreicht während des Trainings 300–400 Watt. Das entspricht 2.000 kcal, die an einem Tag verbraucht werden. (Quelle: Guido Volkmar)

[1] Das Passivhaus ist ein Niedrigenergiehaus. Es ist hochgedämmt und lässt sehr wenig Wärme entweichen. Es nutzt passiv vorhandene Wärmequellen wie die Sonneneinstrahlung, die Abwärme der Bewohner und der elektrischen Geräte und die Wärmerückgewinnung der Lüftungsanlage.

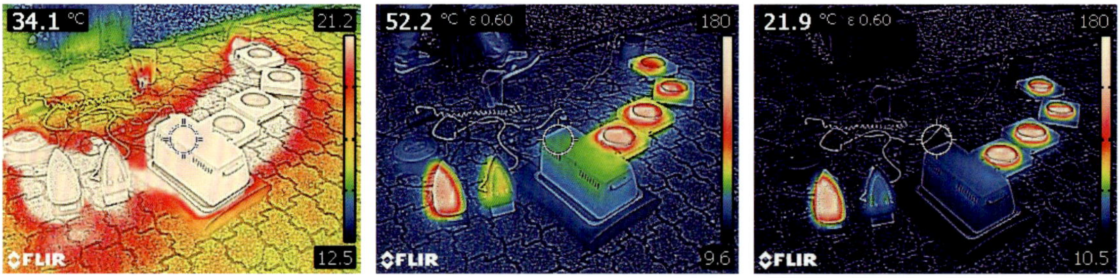

Abb. 15a bis c: Die mit diesen Bildern dokumentierte Komplexität der Thermografie speziell im Feuerwehreinsatz wird der Inhalt des vorliegenden Buches sein. Es wird nicht einfach – aber bestimmt interessant! (Quelle: Guido Volkmar)

2.1.6 Die Entdeckung der Infrarotstrahlung – Details zum Verständnis

Entdeckung der Infrarotstrahlung

Auf der Suche nach neuen optischen Materialien entdeckte William Herschel im Jahre 1800 durch Zufall die Infrarotstrahlung. Er schwärzte die Spitze eines empfindlichen Quecksilberthermometers und testete damit als Messeinrichtung die Erwärmung der verschiedenen Farben des Spektrums, die sich auf einem Tisch bildeten, indem Sonnenlicht durch ein Glasprisma geleitet wurde. Beim langsamen Bewegen des schwarz gefärbten Thermometers durch die Farben des Spektrums zeigte sich, dass die Temperatur von Violett nach Rot kontinuierlich anstieg. Durch das Bewegen des Thermometers in den dunklen Bereich hinter dem roten Ende des Spektrums sah Herschel, dass die Erwärmung weiter zunahm. Er fand den Punkt der maximalen Erwärmung schließlich weit hinter dem roten Bereich. Heute wird dieser Bereich infraroter Wellenlängenbereich genannt.

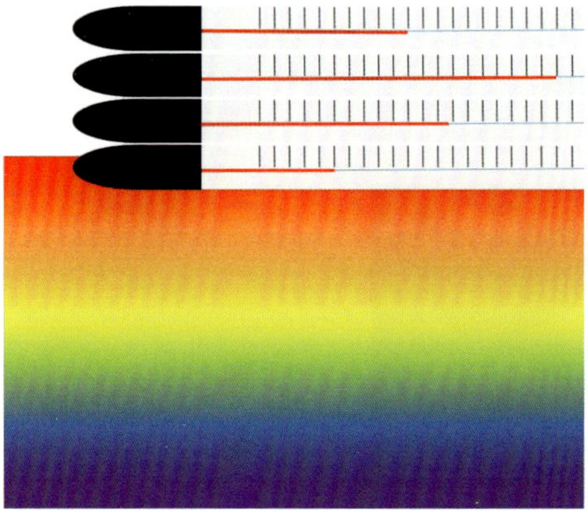

Abb. 16: Skizze des damaligen Versuchsaufbaus von Wilhelm Herschel, bei dem er feststellte, dass außer- und oberhalb des roten Spektrums des sichtbaren Lichtes nichts mehr zu sehen war, dennoch die höchsten Temperauren festgestellt wurden. Die Entdeckung der Infrarot-Strahlung jenseits des roten Lichtes war gemacht. (Quelle: Guido Volkmar, eigene Darstellung)

Oberhalb und unterhalb der sichtbaren Strahlung werden im Strahlungsspektrum der Infrarot-Bereich (IR) und der Ultraviolett-Bereich (UV) definiert.

Der IR-Bereich umfasst die Wellenlängen zwischen 780 nm und 1 mm. Erst wenn IR-Strahlung auf einen Gegenstand trifft, wird sie absorbiert und in Wärme umgewandelt. Ohne die Wärmestrahlung der Sonne würde die Erde in ewigem Eis erstarren. Sonnenlicht spielt auch bei der alternativen Energiegewinnung eine wichtige Rolle, z.B. im Bereich der Photovoltaik und der Solarthermie.

2.2 Wärme

Wärme

Als Verständnismodell für die Erscheinung „Wärme“ greift die Naturwissenschaft gerne auf die Brown’sche (Molekular-)Bewegung zurück.

In diesem Modell geht man davon aus, dass sich die einzelnen Materieteilchen (bestehend aus Atomen und Molekülen) am absoluten Nullpunkt (0 K bzw. –273,15 °C) in Ruhe befinden. Am absoluten Nullpunkt verfügt die Materie quasi über keine Energie. Alles steht still.

Wenn die Materie von außen durch Energiezufuhr angeregt wird, fangen die einzelnen Teilchen an sich zu bewegen. Die Bewegung der Materieteilchen wird von uns als Temperatur verstanden.

Die Temperatur eines Stoffes kann deshalb als Maß für die Geschwindigkeit der darin enthaltenen Teilchen angesehen werden. Mit höherer Temperatur und damit größerer Teilchengeschwindigkeit nimmt auch die Bewegungsenergie der Teilchen zu. Es gilt deshalb:

Je höher die Temperatur eines Stoffes, desto größer die Bewegungsenergie der einzelnen darin enthaltenen Teilchen!

2.2.1 Warum wird der Kaffee kalt? – Grundlagen der Thermodynamik

Folgende drei Wärmeübertragungsarten werden voneinander unterschieden:

- Wärmeleitung
- Wärmeströmung
- Wärmestrahlung

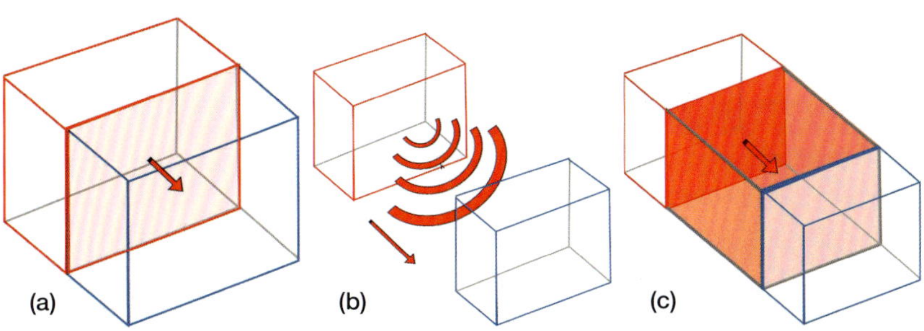

Abb. 17a bis c: Vergleich der Darstellungen von (a) Wärmeleitung, (b) Wärmestrahlung und (c) Wärmemitführung. Hierauf basieren nicht nur die physikalischen Grundlagen der Funktionalität einer Wärmebildkamera, sondern auch einsatztaktische Vorgehensweisen. Erwähnenswert ist, dass die Wärmestrahlung als elektromagnetische Welle ohne Vorhandensein von einem Medium oder Fluid oder Materie überhaupt übertragen werden kann. (Quelle: Guido Volkmar)

2.2.2 Wärmeleitung

Wärmeleitung

Die Wärmeleitung – auch Wärmediffusion oder Konduktion genannt – beschreibt die Weitergabe von thermischer Energie von einem Materieteilchen auf ein anderes.

Dabei muss es nicht zwingend die gleiche Atom- oder Molekülsorte sein, wie wir aus praktischer Erfahrung aus zahlreichen Beispielen kennen. Es werden nicht nur die Eisenatome einer Eisenstange erwärmt, sondern auch die unmittelbar an der Eisenstange befindlichen Moleküle der Befestigungsschelle.

Die Atome oder Moleküle „stoßen" aufgrund der thermischen Bewegung gegeneinander. Hierdurch werden bisher in Ruhe befindliche Teilchen angestoßen und aus ihrer Ruhelage gebracht. Jetzt bewegt sich dieses gerade angestoßene Teilchen selbst. Es hat jetzt Bewegungsenergie und somit Wärmeenergie.

Durch diese „Stoßtheorie" lässt sich einerseits die Energieübertragung generell veranschaulichen, andererseits auch der Sachverhalt, dass die „Stoßenergie" immer nur vom (viel) bewegten (heiß) auf (wenig) unbewegte (kalt) Teilchen übertragen werden kann. Wärmeenergie wird immer vom Energiemaximum zum Energieminimum fließen. Die thermische Energie, sprich die Wärme, fließt dabei – gemäß dem zweiten Hauptsatz der Thermodynamik – immer nur in Richtung geringerer Temperatur. Dabei geht keine (Wärme-)Energie verloren; es gilt der Energieerhaltungssatz.

Drei grundlegende Erfahrungssätze, auf denen sich die gesamte Thermodynamik (Wärmelehre) aufbaut.

1. Hauptsatz der Thermodynamik:
Wärme ist eine Form der Energie; sie kann in andere Energieformen umgewandelt werden und umgekehrt. In einem abgeschlossenen System bleibt die Summe aller Energiearten (mechanische, thermische, elektrische, magnetische, chemische Energie usw.) konstant **(Energieerhaltungssatz)**.

2. Hauptsatz der Thermodynamik (Entropiesatz):
Wärme kann nicht von selbst von einem kälteren auf einen wärmeren Körper übergehen.

3. Hauptsatz der Thermodynamik (Nernst-Wärmetheorem):
Der absolute Nullpunkt (0 K = –273,15 °C) ist prinzipiell nicht erreichbar.

Als **nullten Hauptsatz der Thermodynamik** nimmt man häufig den folgenden Satz hinzu:

Bringt man zwei Körper verschiedener Temperatur genügend lange in Berührung, so gleichen sich ihre Temperaturen einander an.

Ist in einem abgeschlossenen System (z.B. dem System Erde) eine Gesamtenergie vorhanden, so bleibt diese über die Zeit erhalten. Energie geht nie verloren, sie wird in andere Energieformen umgewandelt.

Die elektrische Energie, die einer Glühlampe zugeführt wird, wird also vollständig in andere Energieformen umgewandelt (und nicht verbraucht!). Die Glühlampe wandelt beispielsweise die elektrische Energie in Strahlungsenergie (Licht) und thermische Energie (Wärme) um.

■ Der Kaffee oder Tee wird automatisch kalt, aber nie automatisch warm

Und einen Schritt weiter gedacht verstehen wir an dieser Stelle, dass eine gute Dämmung die Wärmestrahlung nach außen nicht ohne weiteres weitergeben wird.

Bei thermografischen Aufnahmen von Häusern können wir thermische Unzulänglichkeiten aufgrund von Wärmeleitung feststellen.

Abb. 18: Beispiel einer Gebäudethermografie (mit einer Kamera für Feuerwehreinsatz!). Obwohl diese Kamera aufgrund unterschiedlicher physikalischer Parameter nicht für eine Gebäudethermografie geeignet ist, sind thermische Unterschiede an der Gebäudefassade gut erkennbar. Diese Erkennbarkeit sollte sich auch der Einheitsführer zu Nutze machen, wie wir in Kapitel 4.1.3 besprechen werden. (Quelle: Guido Volkmar)

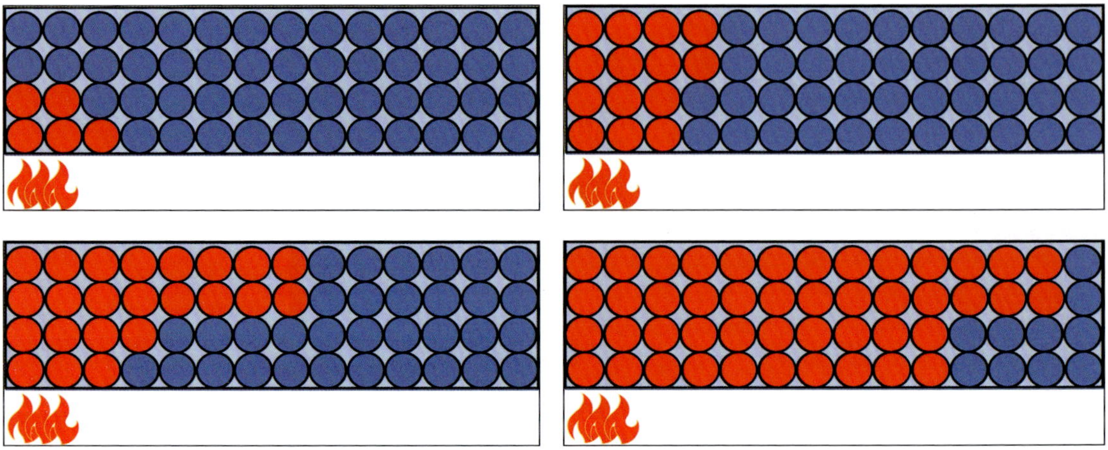

Abb. 19a bis d: Darstellung der Wärmeleitung als Teilchenmodell basierend auf der Brown'schen Molekularbewegung. (Quelle: Guido Volkmar)

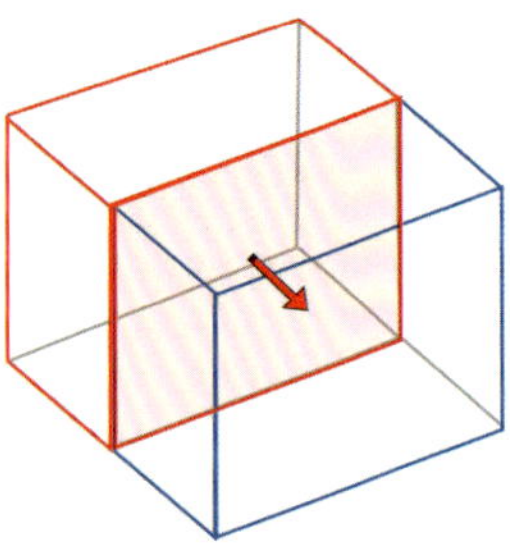

Abb. 20: Darstellung der Wärmeleitung. (Quelle: Guido Volkmar)

Bei der Wärmeleitung wird die innere Energie von der Materie weitergegeben, ohne dass diese selbst mitbewegt wird. Die Teilchen führen eine sogenannte thermische Bewegung aus. Je größer die Temperatur eines Körpers, desto größer ist die mittlere kinetische Energie der Teilchen. Wärmeleitung tritt auf in

- Festkörpern
- Flüssigkeiten oder
- Gasen

In der Wärmeleitung liegen folgende einsatztaktischen Beispiele begründet: Abdrücke (als passive Strahler) auf Boden, Glasscheiben, Sitzen, Flächen usw.

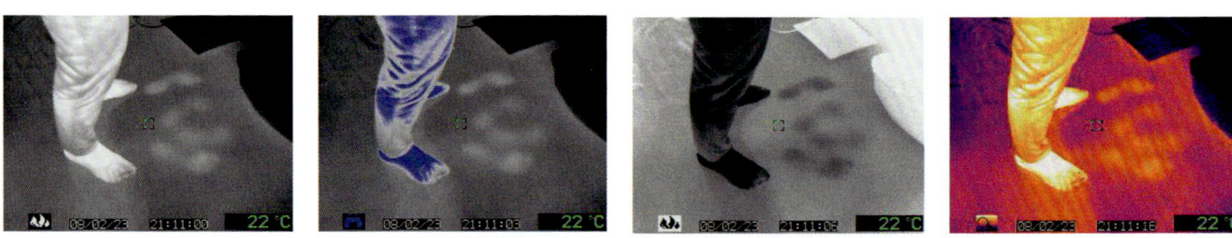

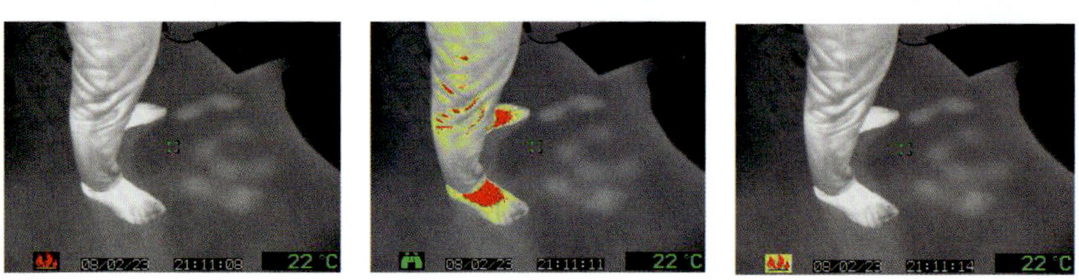

Abb. 21a bis g: Darstellung unterschiedlicher Wärmeabdrücke von Füßen auf einem Holzfußboden bei Verwendung unterschiedlicher Farbpaletten der Wärmebildkamera. (Quelle: Guido Volkmar)

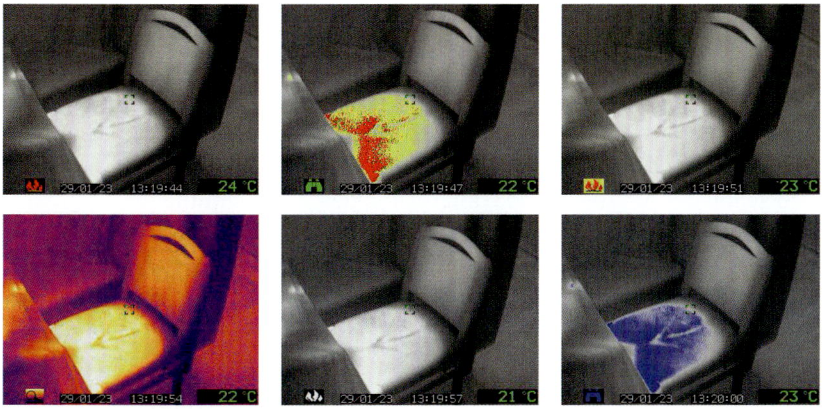

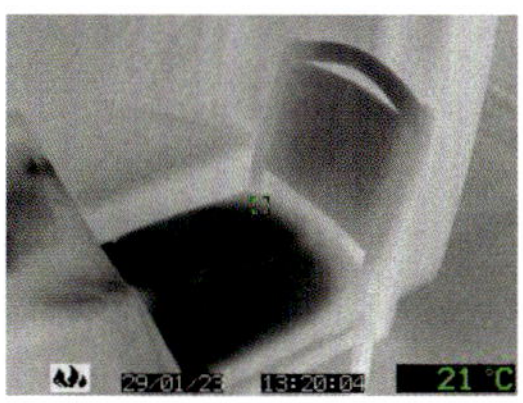

Abb. 22a bis g: Darstellung unterschiedlicher Wärmeabdrücke von einer Person (nach ihrem Verlassen) auf einem Stuhl bei Verwendung unterschiedlicher Farbpaletten der Wärmebildkamera. Ähnliche Wärmeabdrücke können (!) z.B. auch in PKWs vorhanden sein und auf sich im Fahrzeug befundene Personen hinweisen. (Quelle: Guido Volkmar)

Durchwärmungen (als aktive Strahler) an Gefäßen, Füllstandsmessungen, Fassaden

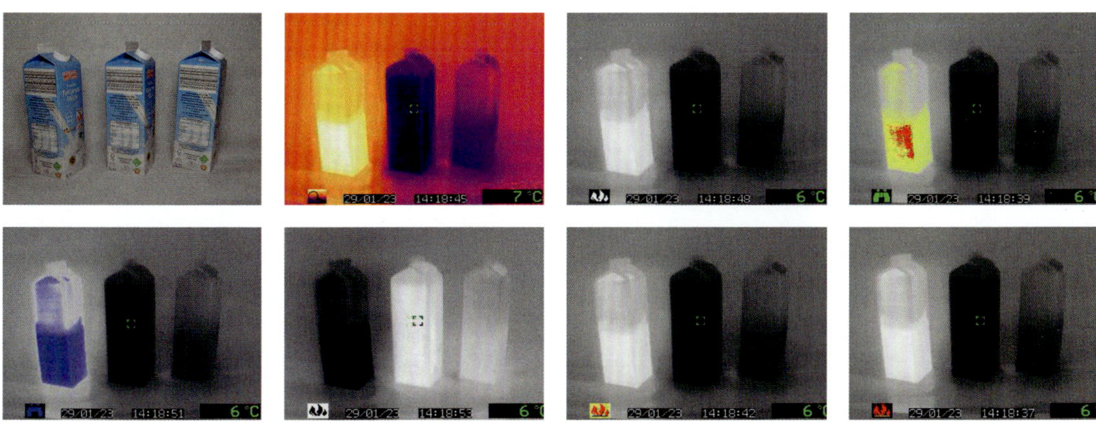

Abb. 23a bis h: Darstellung der Wärmebilder unterschiedlicher Füllstände mit unterschiedlichen Temperaturen bei Verwendung unterschiedlicher Farbpaletten der Wärmebildkamera. (Quelle: Guido Volkmar)

2.2.3 Wärmeströmung

Wärmeströmung

Die Wärmeströmung oder auch Konvektion ist ebenfalls wie die Wärmeleitung an Materie gebunden. Das bedeutet, dass bei der Wärmemitführung, wie die Wärmeströmung ebenfalls genannt werden kann, die Wärme mit einem Stoff „mitgenommen“ wird. Allein aus der Benennung ergibt sich schon der physikalische Hintergrund des „wärmemitnehmenden Stoffes“: Er wird beweglich sein!

Diese „bewegliche Materie“ wird auch als Fluid bezeichnet, um die Fließeigenschaften des jeweiligen Wärmeträgers zu unterstreichen. Dabei ist der Aggregatzustand des Stoffes, ob er flüssig oder gasförmig ist, unerheblich.

Das Fluid nimmt thermische Energie auf. Hierdurch verändert sich die Dichte des Fluids. Von der Anormalität des Lösungsmittels Wasser bei 4 °C einmal abgesehen, wird die Dichte des Fluids normalerweise mit zunehmender Energieaufnahme geringer. Das Fluid wird leichter! Und nimmt die aufgenommene Energie mit.

Durch den Versuch kann die Situation des Wärmetransports eines Brandgeschehens realistisch unter einfachen und gesicherten Bedingungen visualisiert, erläutert, bewertet und verstanden werden.

2.2.3.1 Versuch zur Wärmeströmung

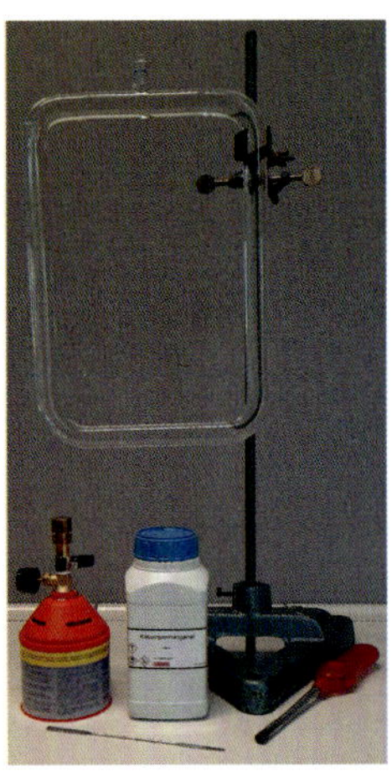

Grundsätzlicher Versuchsaufbau: Ein umlaufendes Glasrohr wird mit kaltem Wasser gefüllt. Zur Anfärbung wird in diesem Beispiel Kaliumpermanganat $KMnO_4$ verwendet. Alternativ kann auch einfache Tinte verwendet werden.

Der Füllstand des kalten Versuchsaufbaus wird so gewählt, dass ausreichend Volumen für die zu erwartende Wärmeausdehnung gegeben ist. Einerseits zur Bestätigung der Ausdehnung des Volumens bei Erwärmung, andererseits, um den Reinigungsaufwand zu minimieren.

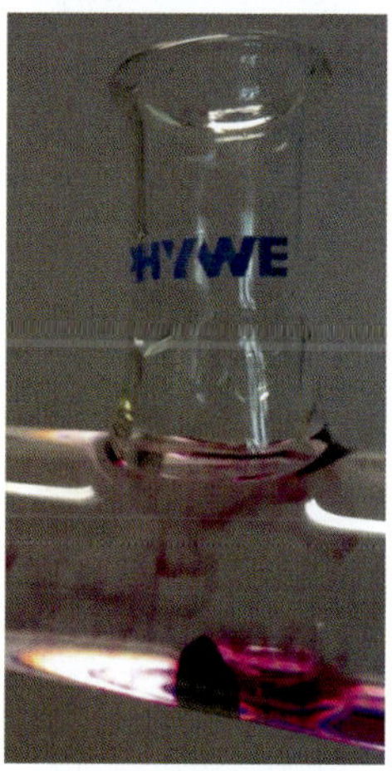

Das Färbemittel wird zugegeben. Durch die einheitliche Temperatur im Wasser ist keine Strömung oder Schlierenbildung zu erkennen. Die zu sehende Verfärbung ist in der ersten Auflösung des Färbemittels begründet.

Der Versuch startet durch Zündung des Bunsenbrenners in der unteren linken Ecke. Hierdurch wird zunächst das Glasrohr und darauf das Wasser unten links erwärmt. Die Dichte des warmen Wassers wird geringer und das erwärmte Wasser steigt auf. Gleichzeitig strömt von der anderen Seite des offenen Systems kaltes Wasser nach. Ein Wärmekreislauf entsteht, angetrieben durch die zugeführte Energie.

Jetzt gilt es die visualisierte Wärmeströmung zu betrachten und zu bewerten.

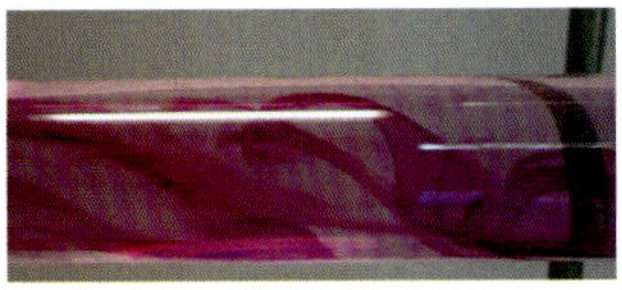

Wie deutlich erkennbar, bildet sich anfänglich nicht eine kontinuierliche „Wärmefront“, die sich durch das umlaufende Glasrohr schiebt, sondern, durch die Schlieren visualisiert, einzelne erwärmte Strömungen, die sich mit dem kälteren Umgebungswasser nicht direkt mischen. Es sind einzelne „Strömungspfade“ auszumachen.

Nach kurzer Zeit ist fast das gesamte umlaufende Glasrohr komplett eingefärbt. Jetzt ist die Wahrnehmung einzelner, stärker erwärmter Strömungen mit dem bloßen Auge nicht mehr sichtbar. Dennoch werden diese Strömungen solange vorhanden sein, bis das gesamte Wasser einheitlich auf eine Endtemperatur entsprechend des Versuchsaufbaues durchwärmt wurde.

Am Ende des Versuches hat sich das Gesamtvolumen durch die Erwärmung deutlich sichtbar vergrößert. Die Volumenvergrößerung geht auch haptisch mit einer spürbaren Erwärmung des gesamten Versuchsaufbaues einher.

Ein jetzt aufgenommenes Wärmebild zeigt lediglich in der Ecke des Bunsenbrenners eine erhöhte Temperatur. Der restliche Aufbau ist bei umfänglicher Durchwärmung auch einheitlich im Wärmebild erkennbar.

Abb. 24: Bilderfolge zum Versuch zur Wärmeströmung. (Quelle: Guido Volkmar)

Das entsprechende Teilchenmodell versucht den Vorgang weiter zu vereinfachen.

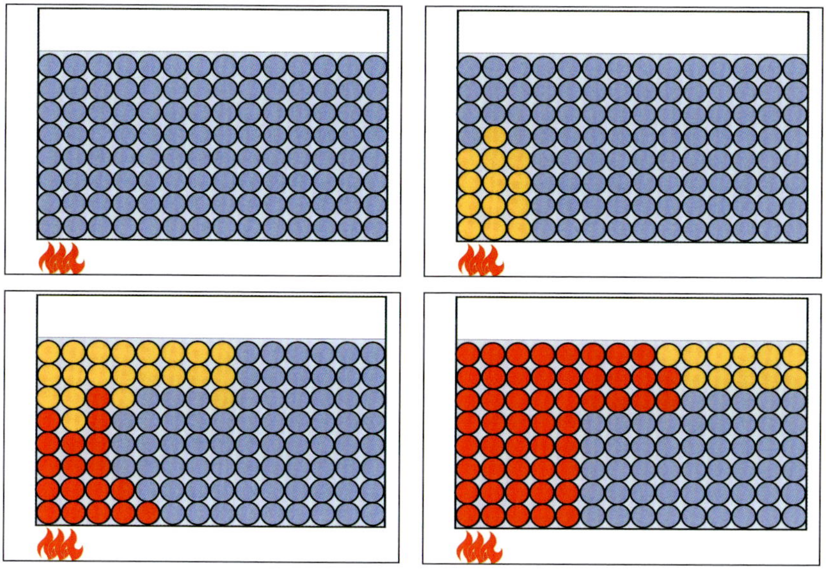

Abb. 25a bis d: Darstellung der Wärmemitführung als Teilchenmodell basierend auf der Brown'schen Molekularbewegung. (Quelle: Guido Volkmar)

Durch die Änderung der Dichte des Fluids entsteht eine Strömung, da das leichtere Fluid aufsteigt und, da kein Vakuum entsteht, anderes kälteres Fluid nachströmt.

Dieses Prinzip kennen wir von der Heizkörperheizung in unseren Wohnräumen. Und hierdurch können wir uns den Fortschritt der Positionierung der Heizkörper unter den Fenstern erklären. Waren früher die Heizkörper an der Rauminnenwand (geringere Leitungslängen, einfacherer Einbau), sind sie heute unter den Fenstern.

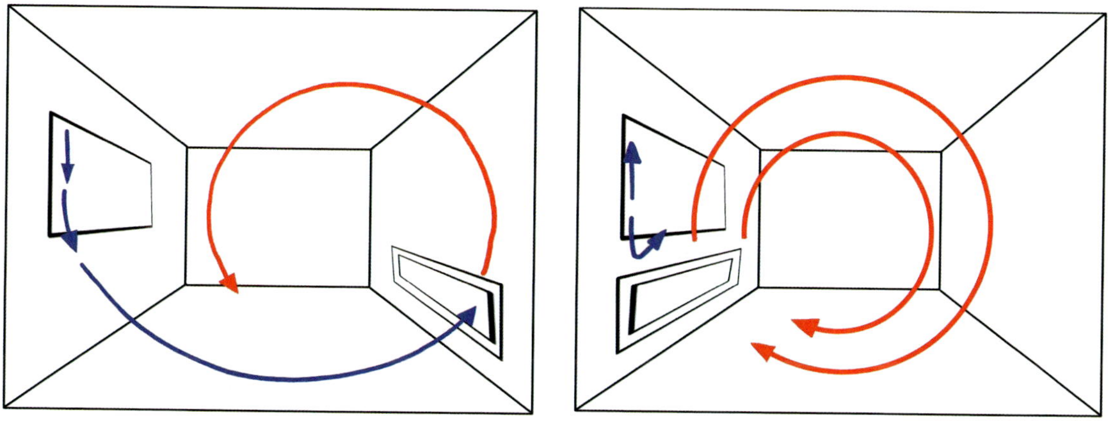

Abb. 26a und b: Darstellung der Wärmekonvektion in geschlossenen Systemen am Beispiel der Heizungskonvektion. (Quelle: Guido Volkmar)

Früher ist die warme Luft an der Rauminnenseite aufgestiegen und zum kalten Fenster geflossen. Dort hat sie sich abgekühlt und die kalte Luft über den Boden zum Wandheizkörper „mitgeführt". Es war immer fußkalt!

Heute wird die kalte Luft im Fensterbereich erwärmt, steigt auf, fließt unter der Decke zur Wand, kühlt dort ab und fließt (im Vergleich zu früher – warm) über den Boden zurück. Welch ein Komfortgewinn!

Das hier dargestellte Beispiel ist für den späteren Innenangriff von einsatztaktischer Relevanz, da die physikalischen Grundbedingungen zwischen Raumluftheizung und Brandgeschehen identisch sind. Vom Temperaturniveau einmal abgesehen. Beim späteren einsatztaktisch sinnvollen Würfelblick beim Brandeinsatz ist die Position 1 des Raumscans logisch vorgegeben: zuerst zur Decke, nach oben schauen!

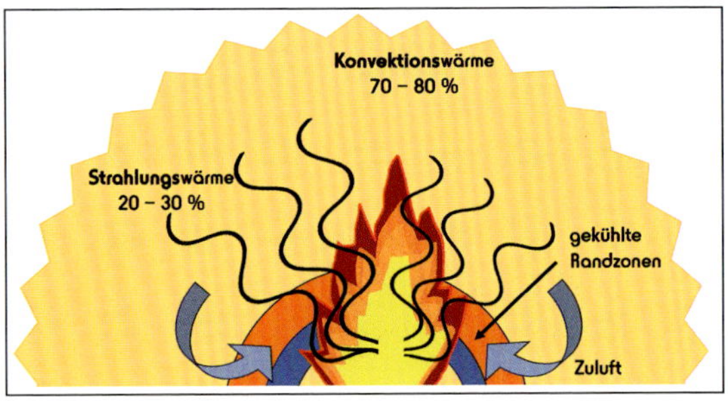

Abb. 27: Wärmeverteilung eines Brands. (Quelle: Guido Volkmar)

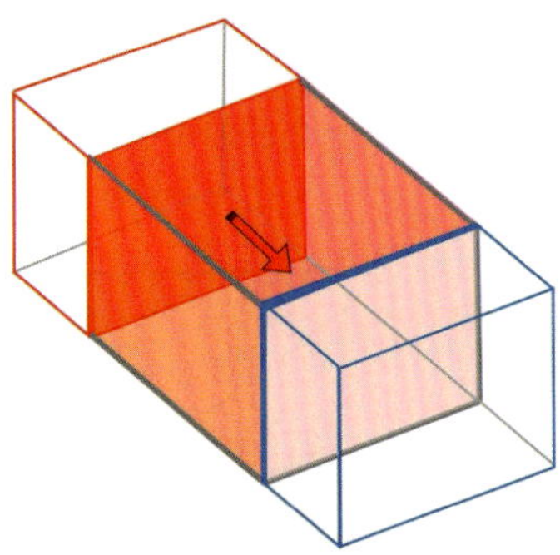

Abb. 28: Darstellung der Wärmemitführung. (Quelle: Guido Volkmar)

Konvektion oder Wärmemitführung ist die Mitführung von thermischer Energie in strömenden Flüssigkeiten oder Gasen.

2.2.3.2 Natürliche Konvektion

Der Strömungsprozess kommt durch einen örtlichen, temperaturbedingten Dichteunterschied von alleine in Gang. Der bekannteste Fall ist die Windentstehung durch unterschiedliche Hoch- und Tiefdruckgebiete. Aber auch auf- und ablandige Winde entstehen zu unterschiedlichen Zeiten über unterschiedlichen Geländeoberflächen (Festland/Meer). Die Kenntnis dieser physikalischen Grundlagen erfreut immer wieder viele Wassersportler beim Kiten, Surfen und Segeln.

2.2.4 Wärmestrahlung

Wärmestrahlung

Die Atome oder Moleküle „reiben" aufgrund der thermischen Bewegung aneinander. Wird zum Verständnis hierzu das Bohr'sche Atommodell mit seinen unterschiedlichen Schalen (die unterschiedliche Energieniveaus darstellen) herangezogen, kann man verstehen, dass durch die zusätzliche durch „Reiben" aufgenommene Energie ein Elektron von einer Schale auf eine höhere Schale springt. Dieses Elektron ist jetzt auf einem höheren Energieniveau und kann dann wieder zurückfallen. Beim Zurückfallen wird wiederum Energie als „Energiepaket" (ein Photon) emittiert, und diese Photonen sind in der Summe die Wärmestrahlung.

Wie in Kapitel 2.1 erwähnt, handelt es sich bei der Wärmestrahlung um eine elektromagnetische Wellenstrahlung mit all ihren physikalischen Eigenschaften.

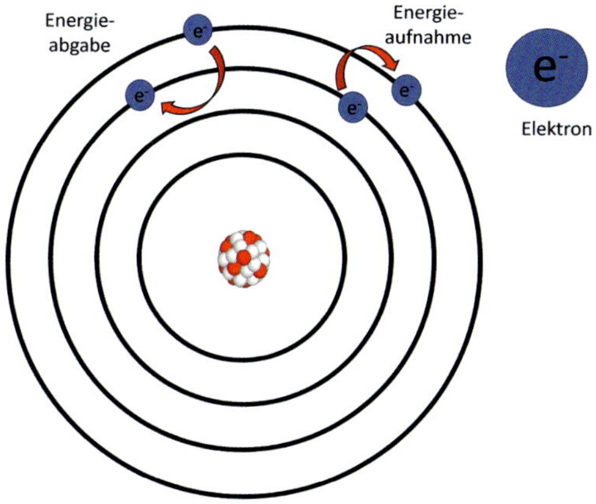

Abb. 29: Darstellung des Elektronenüberganges zwischen einzelnen Energieniveaus am Bohr'schen Atommodell. (Quelle: Guido Volkmar)

Bohr'sches Atommodell

Sie ist in erster Linie nicht wie die beiden anderen Wärmeübertragungsarten an Materie gebunden, sondern kann sich frei und in alle Richtungen gleichzeitig ausbreiten.

Anders wäre der Energietransport durch Wärmestrahlung von der Sonne zur Erde nicht zu erklären.

Obwohl sich die Wärmestrahlung gleichzeitig in alle Richtungen ausbreiten kann, ist jeder einzelne „Strahl" bzw. jede „Welle" für sich betrachtet geradlinig. Während Wärmeleitung und Wärmemitführung, da sie an ein Medium gebunden sind, sich auch um eine Ecke herum ausbreiten können, wenn das Medium um diese Ecke herum fließt, wird die Wärmestrahlung an uns vorbeigleiten, wenn wir ihr aus dem Weg gehen. Hier wird sich der ein oder andere direkt im Strahlenschutzeinsatz wiederfinden und an den Grundsatz „Deckung suchen" denken.

Wenn das abschirmende Material entsprechend aufgebaut und ausreichend dimensioniert ist, wird es auch die Wärmestrahlung abhalten. Wer kennt nicht die Hinweise in der Ausbildung hinter einer Wand, einem Türblatt, einer Kommode, „Schutz und Deckung" vor der Strahlung zu suchen?!

Abstandsgesetz

Wenn die Wärmestrahlung sich wie eine elektromagnetische Welle verhält, ist auch ein weiterer Grundsatz aus dem Strahlenschutz richtig: Die Energie nimmt ab mit dem Quadrat der Entfernung.

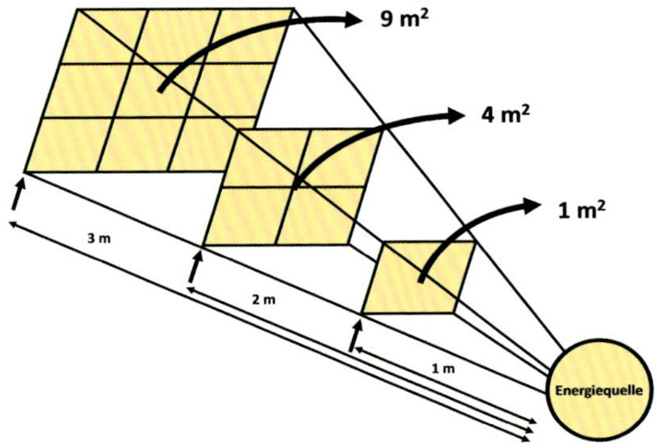

Abb. 30: Darstellung des Abstandsgesetzes für elektromagnetische Wellenstrahlung. „Licht(energie) nimmt ab mit dem Quadrat der Entfernung!" (Quelle: Guido Volkmar)

Diese Erkenntnis bedeutet einsatztaktisch einerseits, dass wir uns nicht zu nah dem Brandherd nähern, sondern über die Ausnutzung der Wurfweite des Löschmittels Gedanken machen sollten. Andererseits erklärt sie die Erkennbarkeit und Sichtweite einer Wärmebildkamera im späteren Einsatz. Die Energie, die vom „gesuchten Körper" abgegeben wird, wird über die Entfernung deutlich abnehmen. Ob die Auflösung der verwendeten technischen Bausteine diesen Effekt kompensieren können, werden wir später in Kapitel 5.1.1 weiter betrachten.

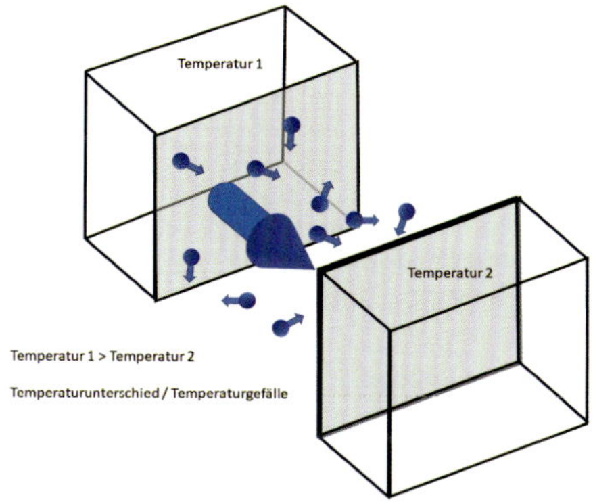

Abb. 31: Darstellung Teilchenmodell der Wärmestrahlung.
(Quelle: Guido Volkmar)

Wärmestrahlung benötigt kein Überträgermedium und erfolgt daher auch durch materiefreien Raum hindurch. Die Energieübertragung erfolgt durch sich ausbreitende elektromagnetische Wellen.

2.2.5 Vom Leichten zum Schweren

Physik am Lagerfeuer

Nachdem wir uns zuvor über die physikalischen Grundlagen der Wärmeübertragungsmöglichkeiten unterhalten haben, liegt der nächste Schritt in der Übertragung dieser physikalischen Phänomene auf den Einsatz der Wärmebildkamera für den Feuerwehreinsatz vor uns.

$$q = h\Delta T$$

q: lokale Wärmestromdichte [Wm^{-2}]
h: Wärmeübertragungskoeffizient [$Wm^{-2}K^{-1}$]
ΔT: Temperaturdifferenz [K]

$$q = -k\nabla T$$

q: lokale Wärmestromdichte [Wm^{-2}]
k: Wärmestromdichte [$Wm^{-2}K^{-1}$]
∇T: Temperaturgradient [Km^{-1}]

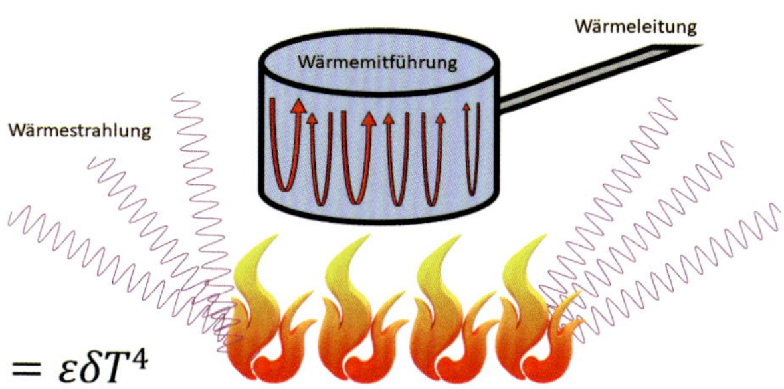

$$q = \varepsilon\delta T^4$$

q: Leistung, die vom Objekt ausgeht [Wm^{-2}]
δ: Stefan-Boltzmann Konstante [$Wm^{-2}K^{-4}$]
ε: Emmissionsgrad der Oberfläche des Materials [Km^{-1}]

Abb. 32: Darstellung aller drei Wärmeübertragungsmöglichkeiten inkl. des mathematischen Zusammenhangs. (Quelle: Guido Volkmar, eigene Darstellung)

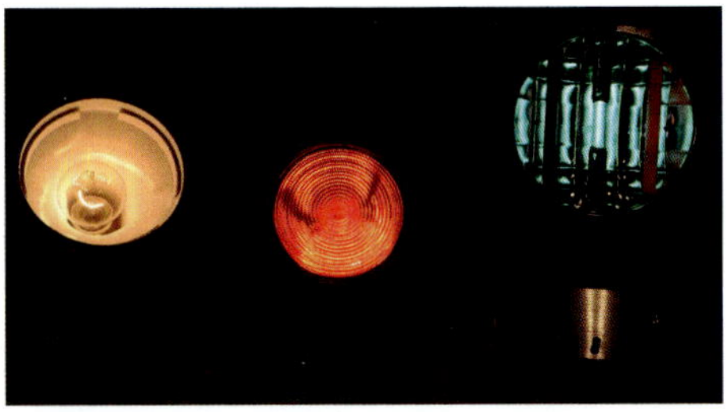

Abb. 33a bis o: Übersicht unterschiedlicher Energiequellen. Links eine 60 Watt Glühbirne, in der Mitte eine Infrarotleuchte und ganz rechts ein Selbstbräuner aus den 1970er-Jahren. In den Bildern darunter wird jeweils der Zustand nach Einschalten (oben) und dann der Zustand während des Betriebs (unten) dargestellt. Hierbei sind erstmalig unterschiedliche Temperaturanzeigen in Abhängigkeit des verwendeten Kameramodus und deren Farbpalette sichtbar. (Quelle: Guido Volkmar)

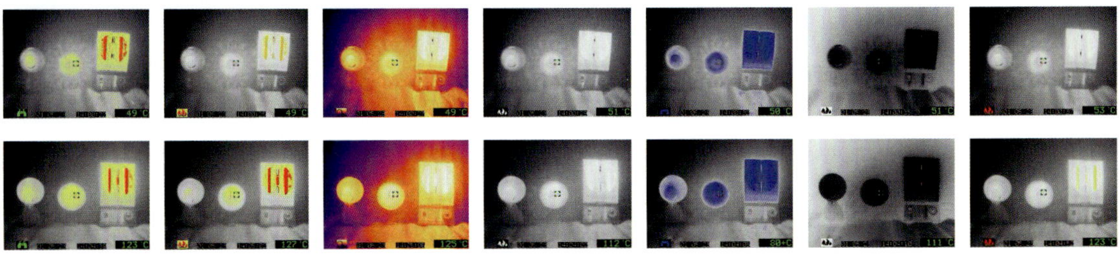

2.3 Elektromagnetische Strahlung – Licht, Infrarotstrahlung

Elektromagnetische Wellenstrahlung

Materie oberhalb des absoluten Nullpunkts von –273,15 °C strahlt elektromagnetische Wellen unterschiedlicher Wellenlängen aus. In den Planck'schen Kurven ist beschrieben, in welchen Wellenlängenbereichen Strahlung mit welchen Energien (abhängig von der Temperatur) ausgesendet wird.

Ein Eisklotz strahlt, ebenso glühender Stahl. Mit höheren Temperaturen steigt nicht nur die Energie, sondern auch die Frequenz, mit der die maximale Energie abgestrahlt wird. Bei etwa 550 °C glüht Stahl auch für das Auge sichtbar. Die Sonne strahlt bei etwa 6.000 °C vorwiegend im sichtbaren Wellenlängenbereich. Dass verschiedene Wellenlängen abgestrahlt werden, wird deutlich, wenn Sonnenlicht durch ein Prisma geleitet und dabei ein Regenbogenspektrum mit den Spektralfarben sichtbar wird.

Glas als transparenter Körper?

Glas eignet sich nicht für die Optik einer Infrarotkamera, da Glas Strahlung im Bereich 8–12 µm nicht hindurchlässt. Dementsprechend werden Infrarotoptiken vorwiegend aus Germanium hergestellt.

Eine Infrarotkamera ermöglicht es – mit gewissen Einschränkungen – durch Atmosphäre hindurchzusehen. Die Atmosphäre lässt das sichtbare Licht ebenso passieren wie Infrarotstrahlung im Bereich 3–5 µm oder 8–12 µm.

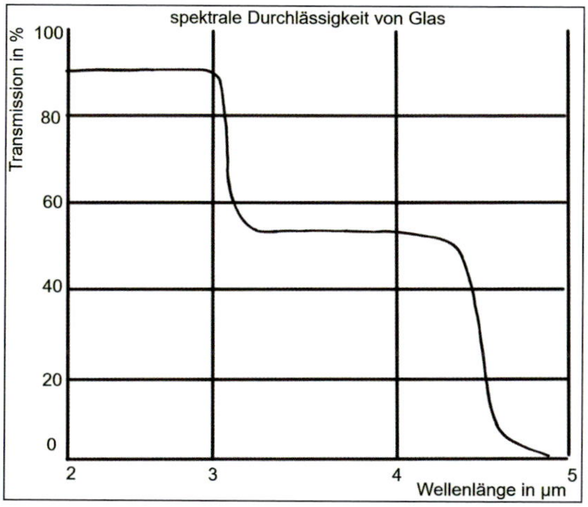

Abb. 34: Spektrale Durchlässigkeit von Glas. (Quelle: Guido Volkmar, eigene, abgeänderte Darstellung nach Optris GmbH)

Abb. 35a bis d: In der Realaufnahme links sind die Personen hinter der Glasscheibe inklusive ihrer Ausrüstung zu erkennen. Auf den zeitgleich erstellten rechts angeordneten Wärmebildern ist eine Wahrnehmung durch die Glasscheibe (dunkles Quadrat in der linken Bildhälfte) nicht möglich. (Quelle: Guido Volkmar)

Transparenz von Luft

Gaskomponenten können die Sicht einer Infrarotkamera – ähnlich wie im sichtbaren Bereich Nebel oder Rauch – beispielsweise um 2 µm oder 6 µm beeinträchtigen. Da Rauch und Nebel jedoch keine Beeinträchtigung des ermittelten Bildes (Thermogramm) hervorrufen, eignet sich die Infrarotkamera gut für Feuerwehreinsätze, um sogar in verrauchten Gebäuden erfolgreich z.B. nach Personen suchen zu können.

Allerdings können Staub, Rauch und Schwebstoffe in der Atmosphäre zur Verschmutzung der Optik und so auf indirekte Weise zu falschen Messergebnissen führen.

Aus der folgenden Abbildung ist ersichtlich, dass die Durchlässigkeit (Transmission) der Luft sehr stark wellenlängenabhängig ist. Bereiche mit hoher Dämpfung wechseln sich mit Bereichen hoher Durchlässigkeit, den so genannten atmosphärischen Fenstern ab. Im langwelligen atmosphärischen Fenster (8 ... 14 µm) ist die Durchlässigkeit gleichmäßig hoch, dagegen treten im kurzwelligen Bereich messbare Abschwächungen durch die Atmosphäre auf, welche zu verfälschten Messergebnissen führen können. Typische Messfenster dort sind 1,1 ... 1,7 µm, 2 ... 2,5 µm und 3 ... 5 µm.

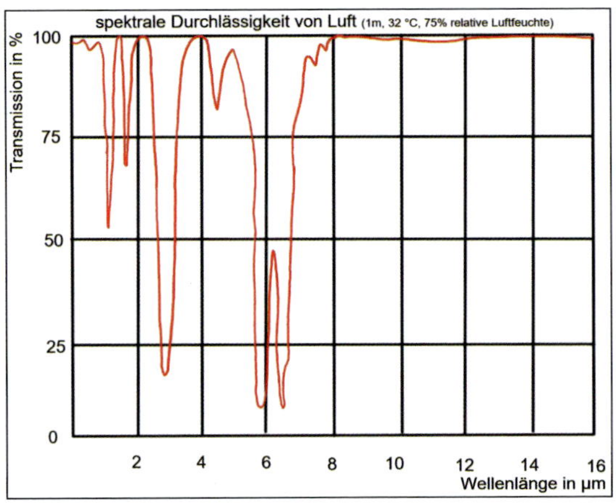

Abb. 36: Spektraler Transmissionsgrad von Luft (1 m, 32 °C, 75 % r. F.). (Quelle: Guido Volkmar, eigene, abgeänderte Darstellung nach Optris GmbH)

2.3.1 Emission, Transmission, Reflexion (ETR)

Emission, Transmission, Reflexion

- Emission ist die Eigenstrahlung von Materie.
- Transmission ist die Durchlässigkeit von Materie in Bezug auf Strahlung.
- Reflexion ist die Materialeigenschaft, Strahlung zu reflektieren.

2.3.2 Formaler Zusammenhang zwischen ETR

Die Strahlung, die von einem Punkt aus im Auge, der Videokamera oder der Infrarotkamera ankommt, setzt sich zusammen aus Emission, Transmission und Reflexion.

Die Größen Emission, Transmission und Reflexion geben die jeweiligen Strahlungsanteile in %, bzw. von 0 bis 1 an. Die Summe der Anteile ist immer 1 oder 100 %.

Das menschliche Auge kann bestimmte Bereiche des Strahlungsspektrums als sichtbares Licht wahrnehmen. Ein 1.200 °C heißes Stück Stahl erscheint uns Menschen z.B. weißgelb glühend. Kühlt der Stahl ab, erscheint er zunehmend dunkelrot und „leuchtet" unterhalb von etwa 550 °C gar nicht mehr.

Dennoch sendet das Material zu jeder Zeit und bei jeder Temperatur eine spezifische Strahlung aus, die wir nur nicht sehen – eben die Infrarotstrahlung.

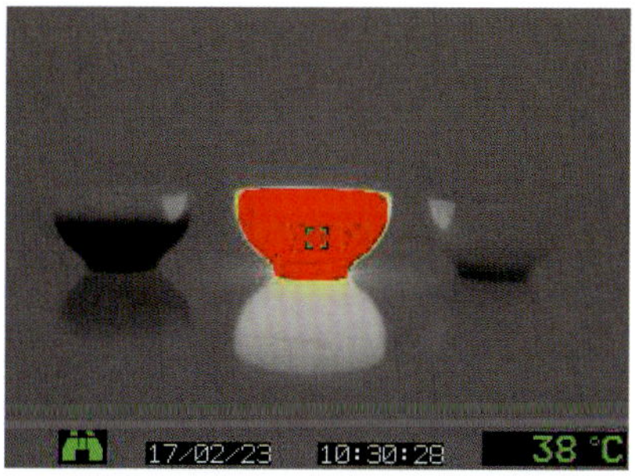

Abb. 37a und b: Auf der linken Seite drei einheitliche Keramikschalen, deren Inhalt durch den Kamerablickwinkel nicht einsehbar ist. Auf der rechten Seite ein dazugehöriges Wärmebild. Mehrere Feststellungen lassen sich hierbei festhalten. Die Temperatur der mittleren Schale beträgt 38 °C. Sie ist komplett rot. Sie erzeugt eine Reflexion auf der Unterlage in Weiß. Links ist eine Schale, die etwa in der Mitte nach unten schwarz gefärbt ist. Der obere Bereich erscheint grau. Sie erzeugt eine Reflexion auf der Unterlage in dunkelgrau. Die rechte Schale ist komplett grau. Sie erzeugt keine Reflexion auf der Unterlage. Allerdings hat sie auf der linken Seite eine Reflexion wie die linke Schale auf ihrer rechten Seite. Welche Schlussfolgerungen ziehen wir aus diesem Bild inkl. der Erläuterungen? (Quelle: Guido Volkmar)

Moderne Infrarot- oder Wärmebildkameras erfassen Infrarotstrahlung in einem Temperaturbereich von ca. –20 °C bis 1.200 °C.

Eine Wärmebildkamera misst die Oberflächenstrahlung eines Objekts

Oberflächenstrahlung

Mittels Thermografie lassen sich ausschließlich Temperaturen messen, die von der Oberfläche eines Materials ausgehen. Temperaturen von Luft oder Gasen, Temperaturen hinter Hindernissen, auf der Rückseite oder im Inneren einer Aufschüttung bleiben der Thermografie verborgen.

Ein für die Infrarotmesstechnik optimales Messobjekt ist schwarz und hat eine extrem raue Oberfläche, die nicht spiegelt. Solche Objekte kommen in der Natur kaum vor. Objekte mit diesen optimalen Infraroteigenschaften bezeichnet man als „Schwarze Strahler". Der Name kommt daher, dass diese Strahler so schwarz sind, dass die Tiefe des Objekts nicht mehr erkennbar ist.

Schwarzer Körper

Wenn Sie beispielsweise einen Fußball mit einer dicken Gipsschicht versehen und anschließend in diesen Fußball ein Loch von 2 cm Durchmesser bohren, wäre es für Sie unmöglich, die Tiefe des Loches abzuschätzen. Wäre dieser Fußball nun an allen Stellen gleichmäßig beheizt, hätten Sie einen ausgezeichneten schwarzen Strahler gebaut, der seine Infrarotenergie optimal aus diesem Loch abstrahlen kann. Dieser Fußball hätte einen Emissionsgrad $\varepsilon = 1$ und würde als Kugelstrahler bezeichnet werden.

Es gibt auch Körper, die eher Strahlung von anderen Gegenständen reflektieren, also annähernd gar nicht strahlen. Bei diesen sogenannten „nicht schwarzen" Oberflächen muss zur Ermittlung der Temperatur die Strahlungsleistung über den Emissionsgrad ε korrigiert werden. Ebenso spielt die Transmission eine Rolle, also die Durchlässigkeit eines Materials für Infrarotstrahlung.

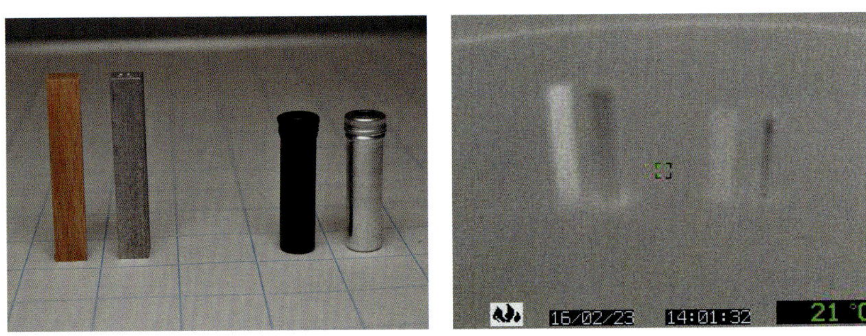

Abb. 38a und b: Auf der linken Seite befinden sich in der linken Bildhälfte ein Quaderstab aus Holz und Metall und in der rechten Bildhälfte in geringerer Bauhöhe ein schwarzes und ein silbernes Metalldöschen mit Schraubverschluss. Auf dem rechten Bild ist das entsprechende Wärmebild dargestellt. Was stellen wir fest? (Quelle: Guido Volkmar)

Glücklicherweise besitzt eine Vielzahl nichtmetallischer Stoffe im langwelligen Spektralbereich unabhängig von ihrer Oberflächenbeschaffenheit einen hohen und relativ konstanten Emissionsgrad. Hierzu gehören

- die menschliche Haut ebenso wie
- die meisten mineralischen Bau- und Anstrichstoffe
- Gummi
- viele Lacke
- Emaille usw.

2.3.3 Emission, Transmission, Reflexion im sichtbaren Bereich

Emission: z.B. durch den Wolframfaden einer Glühlampe

Transmission: z.B. ein Glasfenster, ein transparentes Acrylglas oder Wasser

Reflexion: z.B. eine polierte Metalloberfläche, ein Badezimmerspiegel oder die Wasseroberfläche ab einem bestimmten Totalreflexionswinkel

2.3.4 Emission, Transmission, Reflexion im Infrarotbereich

Emission: ideal schwarzer Strahler, matte dunkle Oberflächen, Beton, Stein

Transmission: bestimmte Salzkristalle BaF_2, ZnSe, Germanium, Silizium, sehr dünne Kunststofffolien

Reflexion: Kupfer, Aluminium, Zinkblech, polierter Marmor, Glas

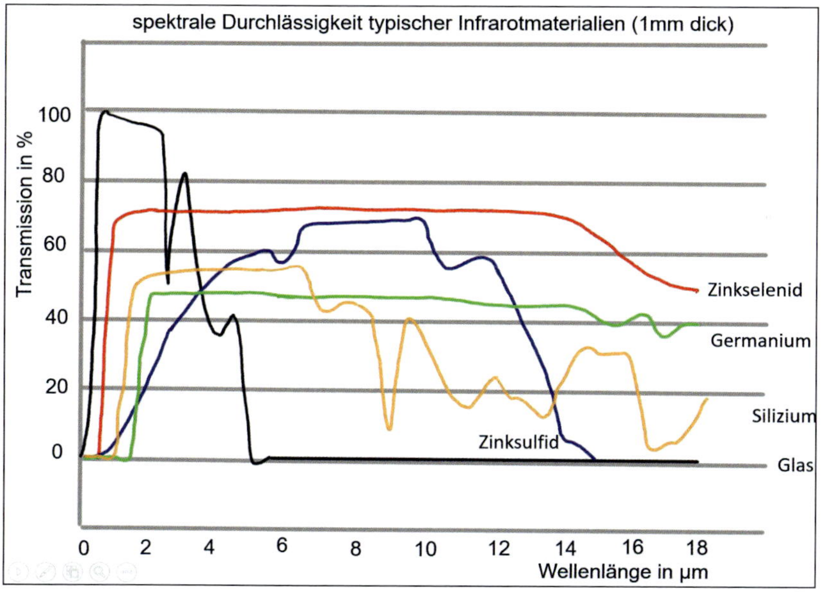

Abb. 39: Transmission typischer Infrarotmaterialien (1 mm dick) von Glas, Germanium (Ge), Silizium (Si), Zinksulfid (ZnS), Zinkselenid (ZnSE).
(Quelle: Guido Volkmar, geänderte eigene Darstellung nach Optris GmbH)

Exkurs:

Wo ich im Normalfall bei Licht durchsehen kann, bin ich bei der Wärmebildkamera blind!

Wann ist eine Mülltüte transparent?

Warum kann ich durch die eine Folie blicken und durch eine andere nicht?

Die von Infrarotkameras genutzte Strahlung liegt im Wellenlängenbereich von 0,7–1.000 µm. Wärmebildkameras nutzen allerdings aufgrund der typischen Emissionswellenlängen in der Nähe der Umgebungstemperatur (Wiensches Verschiebungsgesetz) den Spektralbereich von 3,5–14 µm (mittleres Infrarot, kurz MIR).

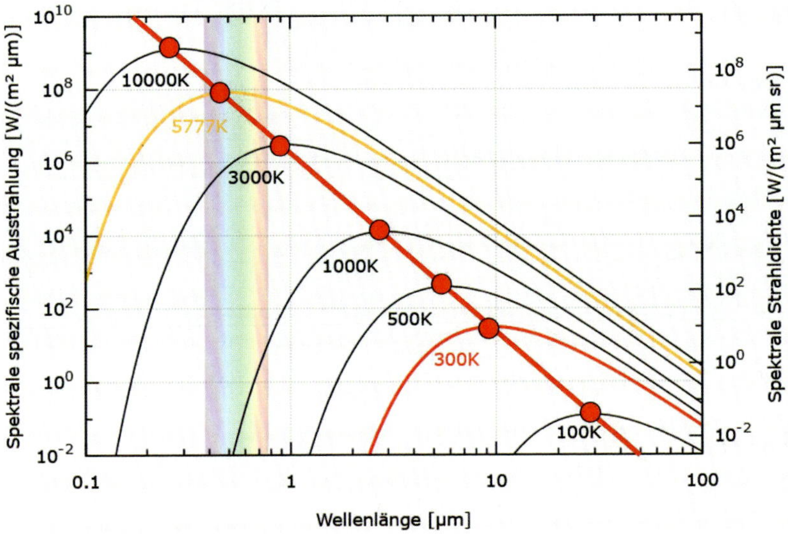

Abb. 40: Darstellung Wiensches Verschiebungsgesetz. (Quelle: Guido Volkmar, eigene Darstellung)

Wiensches Verschiebungsgesetz

Die Transmissionsgrade von Kunststofffolien variieren mit der Wellenlänge. Sie verhalten sich umgekehrt proportional zur Dicke, wobei dünne Materialien durchlässiger sind als dicke Kunststoffe. Optimale Temperaturmessungen können bei Wellenlängen durchgeführt werden, bei denen der Transmissionsgrad unabhängig von der Dicke annähernd Null ist. Polyethylen, Polypropylen, Nylon und Polystyrol sind z.B. bei 3,43 µm IR-undurchlässig, Polyester, Polyurethan, PTFE, FEP und Polyamid dagegen bei 7,9 µm. Bei dickeren (> 0,4 mm) und pigmentierten Folien kann eine Wellenlänge zwischen 8 und 14 µm zur Temperaturmessung ausgewählt werden.

Einfache weitere Alternativen zur Darstellung der Transparenz von Kunststofffolien sind die Verwendung von Luftballons und einfachen Mülltüten.

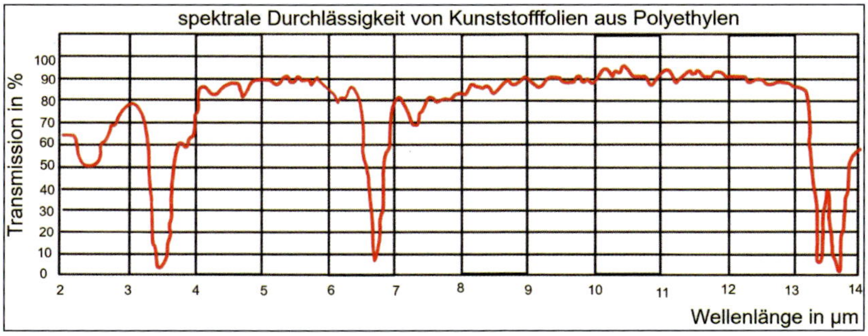

Abb. 41: Spektrale Durchlässigkeit von Kunststofffolien aus Polyethylen. (Quelle: Guido Volkmar, eigene Darstellung)

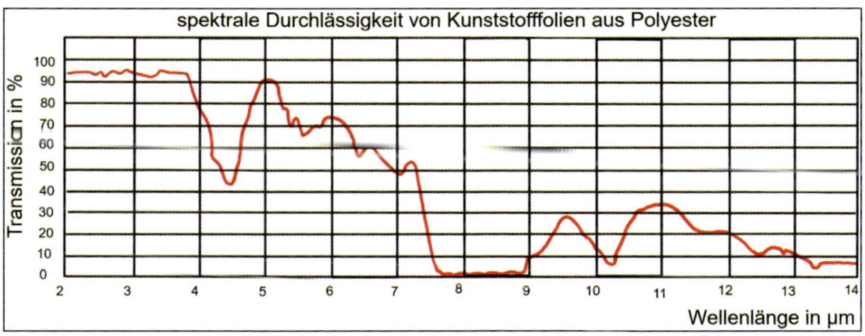

Abb. 42: Spektrale Durchlässigkeit von Kunststofffolien aus Polyester. (Quelle: Guido Volkmar, eigene Darstellung)

Frei nach dem Grundsatz „Ausbildung darf Spaß machen“ ist selbstverständlich alles erlaubt, was der Lernzielerreichung zuträglich erscheint.

Versuch mit Luftballons

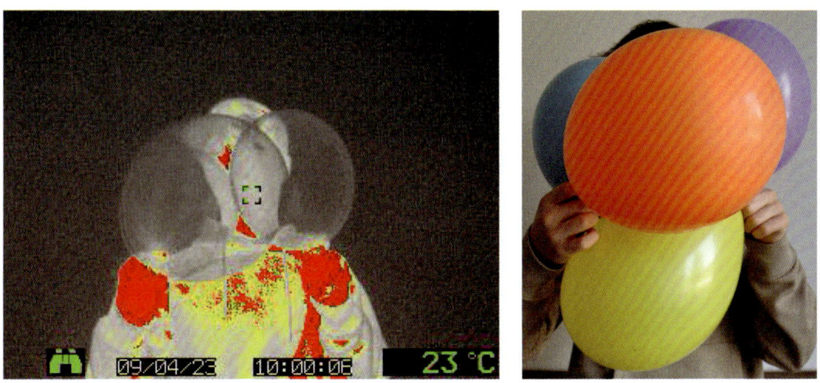

Abb. 43a und b: Transparenz von dünnen Folien für Infrarotstrahlung am Beispiel von Luftballons. Im Wärmebild links ist der Kopf deutlich zu erkennen. Im rechten Realbild ist der Kopf der Person hinter den Luftballons verborgen. (Quelle: Guido Volkmar)

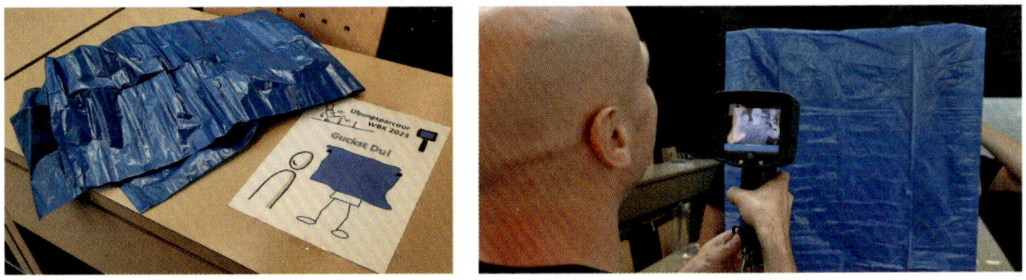

Abb. 44a und b: Ein unterrichtsbegleitender, auf die Praxis vorbereitender Übungsparcour kann Erstaunen und dementsprechendes Interesse der Teilnehmer auf den komplexen Ausbildungsbereich des Wärmebildkameratrainings hervorrufen. Die ansonsten undurchsichtige Mülltüte wird im Wärmebild transparent! (Quelle: Guido Volkmar)

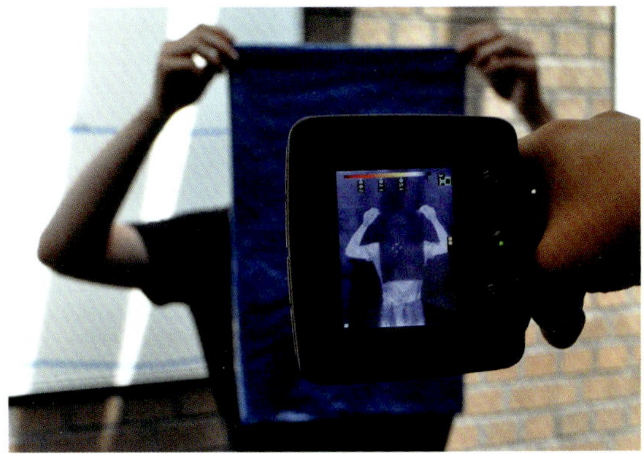

Abb. 45: Auch bei mehrfach gefalteten, doppellagigen Mülltüten ist die Transparenz gegeben. Wie oft kann ich die Mülltüte falten und noch etwas erkennen? Wo liegt die Grenze? Hier liegt der hintergründige Sinn jeder Ausbildung: Wofür brauche ich das? Was ist der Nutzen? Wo sind die Grenzen? Niemand wird im Einsatz durch Mülltüten gucken. Sich mit dem Gerät „Wärmebildkamera" auseinanderzusetzen, ist jedoch zwingend erforderlich. Sie wundern sich über den komischen Griff und die gedrehte Handhaltung der Wärmebildkamera? Freuen Sie sich auf Kapitel 4.2.2. Da wird dieser „grip" erläutert. (Quelle: Guido Volkmar)

2.3.5 Einfluss des Emissionswerts auf den Messwert bei der Thermografie

Emissionswerte sind entscheidend

Thermografie steht im engen Zusammenhang mit dem Begriff Emissionswert. Da für die meisten Materialien die Transmission (Durchlässigkeit für Strahlung) eher gering ist, bleiben noch Reflexion und Emission als wichtige Messfaktoren, um in der Summe die anfangs erwähnten 100 % bzw. den Wert 1 zu erhalten.

Angenommen, man steht in einem Raum und möchte die Temperatur einer Glasscheibe eines Fensters messen. Die Glasscheibe hat einen Emissionswert von 0,5. Das bedeutet, dass die Strahlung, die an der Kamera ankommt, sich zusammensetzt aus 50 % Glasstrahlung (glastemperaturabhängig) und 50 % Strahlung, die von der Oberfläche reflektiert wird. Spiegelt sich in der Glasscheibe eine matte dunkle Innenraumwand, so kann man näherungsweise die Innenraumtemperatur von z.B. 20 °C und den Emissionswert von 0,5 bzw. 50 % an der Kamera für Gebäudethermografie oder in der entsprechenden Auswertesoftware für beispielsweise Energieberater einstellen.

Spiegelt sich jedoch ein Heizkörper mit 65 °C in der Scheibe, oder sieht sich der Infrarotkameramann selbst dort, dann muss der entsprechende Wert als Hintergrundtemperatur angesetzt werden.

Solche Einstellmöglichkeiten stehen im Feuerwehreinsatz nicht zur Verfügung. Hier sind die Emissionswerte von 0,93–0,97 fest eingestellt. Materialien mit einem Emissionswert im Bereich von 0,8–0,95 gelten als gut thermografierbar.

Versucht man nun im Hochsommer bei Außentemperaturen von 35 °C und strahlend blauem Himmel die Glasoberflächentemperatur eines Fensters von der Straße aus zu messen, so kann der Himmel (z.B. –20 °C) reflektieren oder aber z.B. die schwarze Schieferfassade des Nachbarhauses (60 °C) und im Ergebnis stellen sich ohne korrekte Hintergrundtemperaturberücksichtigung erhebliche Messfehler ein.

Metalloberflächen

Besonders schwierig ist diese Messung bei Kupfer oder Aluminiumoberflächen. Hier liegt der Emissionswert bei weniger als 1 %. Nun ist der Messwert zu 99 % abhängig von der reflektierten Umgebung.

Aber auch hierfür gibt es für den Feuerwehreinsatz praktikable Möglichkeiten einer Temperaturfeststellung. Es muss jeder Einsatzkraft hierbei jedoch bewusst sein, dass die Feststellungen gegebenenfalls mit großen Messfehlern behaftet sind.

Vergleich der Bügeleisen

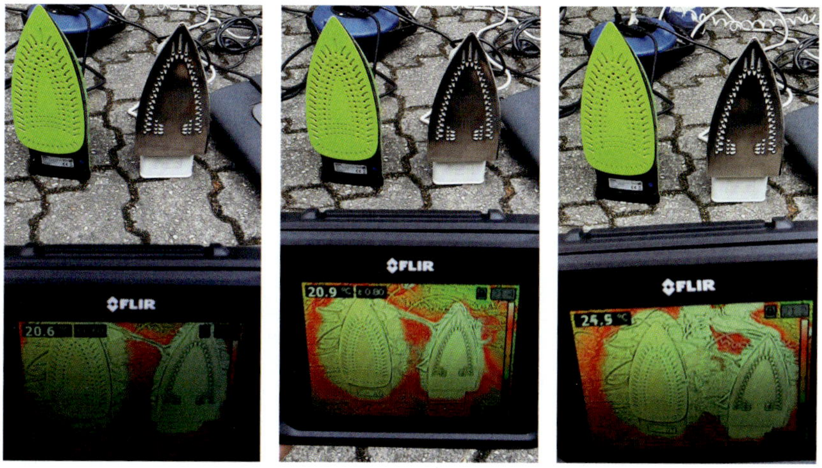

Abb. 46a bis c: In den drei oberen Bildern wurde der Emissionsgrad der verwendeten Kamera von 0,6 über 0,8 bis zu 0,9 (ohne Anzeige im Wärmebild) verstellt. Die Unterschiede in der Darstellung in Abhängigkeit vom Emissionswert lassen sich teilweise an den abgebildeten Bügeleisen, aber auch an den Umgebungen und Hintergründen der Bügeleisen (im Rahmen der drucktechnischen Möglichkeiten) erkennen. Die Bilder sollen die Abhängigkeit der Displaydarstellung vom zu bewertenden Material und voreingestellten Emissionswert verdeutlichen. (Quelle: Guido Volkmar)

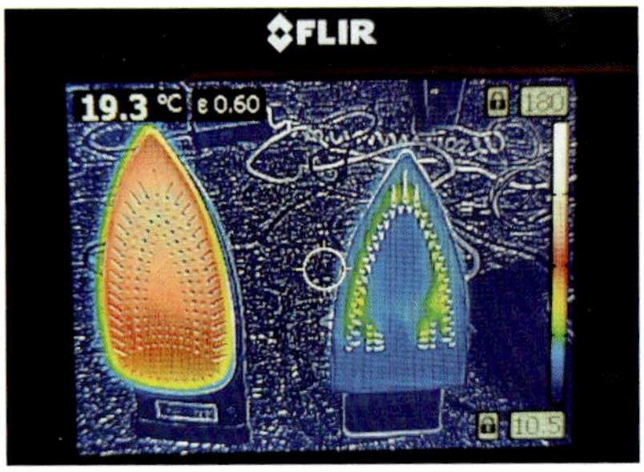

Abb. 47: Nebenstehend die gleiche Situation mit der gleichen Kamera bei einem voreingestellten Emissionswert von 0,6 bei Verwendung einer anderen Farbpalette. Hier sind die unterschiedlichen Beschichtungen und der daraus unterschiedlichen Darstellungen deutlich zu erkennen. (Quelle: Guido Volkmar)

2.4 Tipps und Tricks für die Messtechnik – Hinweise zur Thermografie

Tipps & Tricks

2.4.1 Tipps für den Emissionswert

Metall, Kupfer, Alu sollten schwarz gefärbt, geölt oder mit Wasser besprüht werden (keinesfalls bei elektrischen Anlagen!).

Im Zweifelsfall immer mit der Kamera ein paar Zentimeter nach rechts und links bewegen und sehen, ob die vermeintlichen heißen Stellen im Infrarotbild mitwandern. Wandern sie mit, sind es Reflexionen. Wandern sie nicht mit, handelt es sich um echte heiße Stellen. Sind diese z.B. auf Kupfer oder Aluminium, so ist es vermutlich wesentlich heißer, als die Infrarotkamera anzeigt!

2.4.2 Die Entfernung zum Messobjekt

Bei Entfernungen zwischen Infrarotkamera und Messobjekt von einigen Metern hat die Atmosphäre bei Normalbedingungen praktisch keinen Einfluss auf die Messung. Erst bei Messungen über einige hundert Meter müsste der Messwert für eine aussagekräftige Interpretation rechnerisch korrigiert werden. Für einen Feuerwehreinsatz ist das verzichtbar.

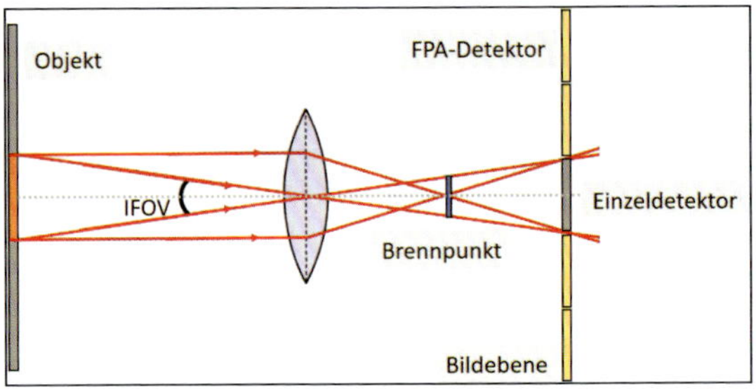

Abb. 48: Darstellung des Strahlungsgangs bei einer Wärmebildkamera. Der Wert IFOV ist die Größe der einzelnen Pixel auf der Objektebene und kann nur durch Austausch von Objektiven bei einer Kamera verändert werden. Wärmebildkameras der Feuerwehr haben feste Optiken. (Quelle: Guido Volkmar)

Die geometrische Auflösung ist der wichtigste Faktor für die Qualität eines Wärmebilds.

IFOV

Das wesentliche Qualitätskriterium ist die Bestimmung des „momentanen Sichtfelds" oder „**I**nstantaneous **F**ield **o**f **V**iew" (IFOVgeo). In Abhängigkeit von der Entfernung zum Objekt werden durch die Größe des Sichtfelds mehr als ausschließlich die Bildinformationen des Objekts aufgenommen. Dabei sinkt mit steigender Entfernung die Genauigkeit dessen, was als kleinstes Objekt, als einzelner Pixel, auf dem Wärmebild noch zu erkennen ist.

Die praktische Anwendung wird in Kapitel 5.1.6 beschrieben.

2.4.3 Die Größe des Messobjekts

Infrarotkameras haben heute beispielsweise 320 × 240 Bild- bzw. Messpunkte. Theoretisch könnte man berechnen, in welchem Abstand ein kleines Objekt gerade ein Pixel vollständig ausfüllt und dann messen. Leider sind aber Optiken keine idealen Systeme, so dass immer Beugungseffekte berücksichtigt werden müssen. Das bedeutet, dass ein heißer Bereich im Bild wenigstens 10 Messpunkte ausfüllen sollte, damit ein korrekter Wert gemessen werden kann.

Ausschlaggebend ist dabei nicht die Entfernung zum Messobjekt, sondern die Anzahl der ausgefüllten Messpunkte.

Messfleck

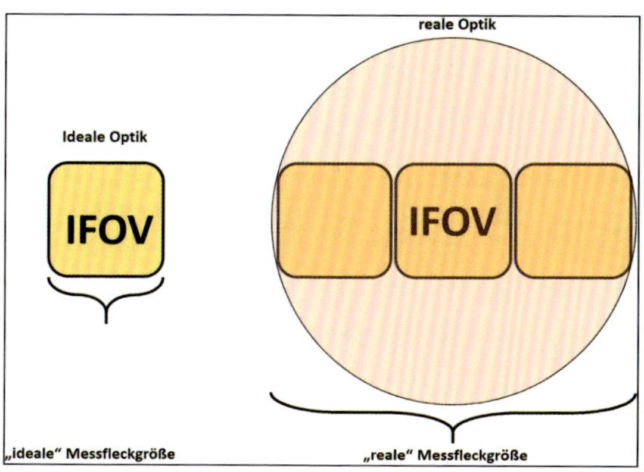

Abb. 49: Darstellung des Größenunterschieds zwischen einer idealen und einer realistischen Messfleckgröße. Aus diesen physikalischen Bedingungen ist die Auflösungsqualität beeinflusst. (Quelle: Guido Volkmar, eigene Darstellung)

Dieses kleinste, noch erkennbare Objekt wird als „Messfleck" bezeichnet und in Milliradiant (mrad) angegeben. Bei einer Detektorauflösung von 160 × 120 Pixeln und einem Abstand von 1 Meter bei einer Objektivöffnung von 34° (FOV) wird der Messfleck mit 3,3 mrad berechnet. In unserem Beispiel bei 1 Meter Abstand entspricht das einer Fehlerfeststellung von 3,3 mm.

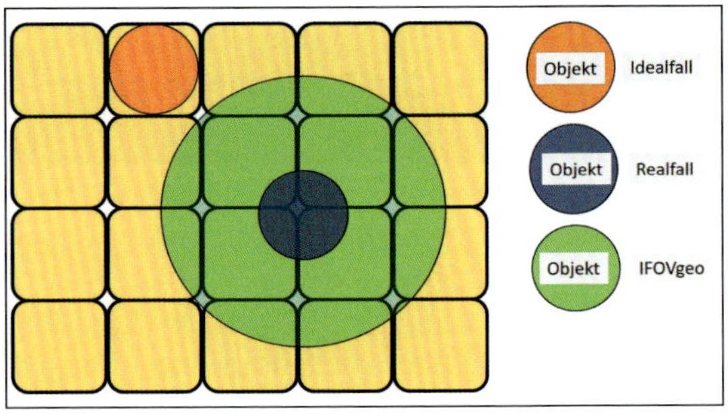

Abb. 50: Darstellung der unterschiedlichen Varianten des Messflecks. Liegt das Objekt optimalerweise genau auf einem Messfleck, wären die Auflösung und die Darstellung 100 %. Durch die Einflüsse der im Realfall eintreffenden Positionierung bei zusätzlicher Auflösungsqualität werden höhere, jedoch nie perfekte Darstellungen erreicht. (Quelle: Guido Volkmar, eigene Darstellung)

Was nützt uns diese Information? Sie bedeutet, dass, wenn der festzustellende Messpunkt kleiner ist als der mögliche Messfleck der Detektorauflösung, wir keine Feststellung haben werden. Die Lösung ist entweder eine Verringerung der Distanz zwischen Kamera und festzustellendem Objekt oder eine andere Optik.

Diese physikalische Tatsache begründet die Reichweite, wie weit eine Wärmebildkamera „schauen" kann.

Ortung
Erkennung
Identifikation

Hierin liegt der Unterschied zwischen **Ortung – Erkennung – Identifikation**.

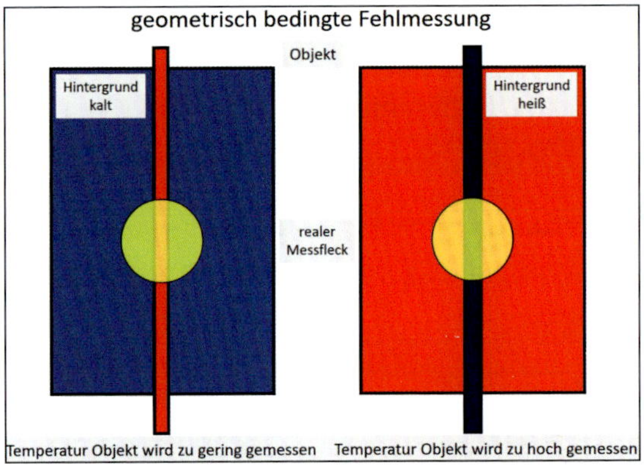

Abb. 51: Darstellung einer geometrisch bedingten Fehlmessung. Die dargestellten Objekte sind im Vergleich zum jeweiligen Hintergrund zu gering dimensioniert. Sie werden von den größeren Hintergründen überlagert und fallen messtechnisch nicht auf. (Quelle: Guido Volkmar, eigene Darstellung)

Physikalisch ebenso zu begründen ist die in Kapitel 3.2.1 beschriebene und bildlich dargestellte Überstrahlung von z.B. bewusstlosen Personen vor einem Brandherd.

Wenn die Silhouette der Person im Vergleich zum wärmeabstrahlenden Hintergrund zu klein ist, fällt sie messtechnisch der Überstrahlung zum Opfer und kann nicht detektiert werden.

2.5 Die Infrarotkamera

Eine Infrarotkamera bildet Temperaturen ab. Dies kann schwarz/weiß erfolgen, dann entsprechen die Helligkeiten den Temperaturen. Üblicherweise werden jedoch bei messtechnischen Anwendungen verschiedene Falschfarbendarstellungen gewählt. Die Zuordnung von Farben zu Temperaturen wird vom Betrachter oft intuitiv von blau nach rot also von kalt nach warm erwartet. Im Kamerabild liefert ein Farbbalken die Zuordnung der Temperaturen zu den Farben.

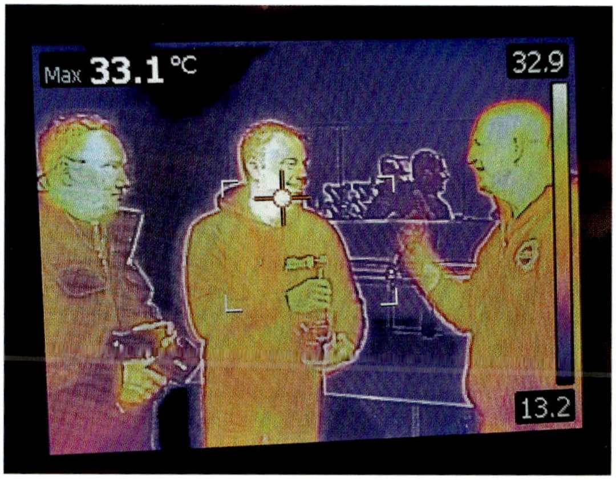

Abb. 52: Durch die gleiche Farbe werden die sogenannten Isothermen, die Bereiche mit einer Temperatur, dargestellt. Entsprechend des Farbbalkens im rechten Bildrand kann der Farbe eine Temperatur zugewiesen werden. Blau ist in diesem Beispiel kühler und orange wärmer als violett. Eine konkrete Temperaturzuweisung gestaltet sich indes schwierig. (Quelle: Guido Volkmar)

Radiometer

Eine Infrarotkamera ist ein kalibriertes System und wird auch als Radiometer bezeichnet. Für die absolute Messgenauigkeit der Kamera spielen verschiedene Faktoren eine Rolle. Unter anderem werden in der Kamera die Temperaturen der Optik oder des Detektors gemessen, um die internen Kalibrierkennlinien korrekt zu parametrieren.

Auch wenn in unseren Einsätzen durch Feuerwehreinsatzkräfte keine absolute Messgenauigkeit in der Innenbrandbekämpfung erforderlich ist, so ist die Technik unserer verwendeten Wärmebildkameras dennoch eine nicht zu unterschätzende, für die von uns interpretierbare visuelle Darstellung auf dem Display beeinflussende Größe.

Erst wenn die grundsätzlichen technischen Voraussetzungen für das später auf dem Display angezeigte Bild bekannt sind, kann es auch in anspruchsvollen Situationen zu einer aussagekräftigen Bewertung kommen.

Wenn ein Maschinist das Phänomen der Kavitation weder im Unterricht gehört oder in der Ausbildung bestenfalls erfahren hat, wird er im späteren Einsatz bei spontaner Veränderung der Geräuschkulisse an der Einsatzstelle diese Möglichkeit nicht in seine Bewertung mit einbeziehen. Und

Kavitation kommt sicherlich nicht an jeder Einsatzstelle vor. Dennoch lohnt sich der Hinweis darauf in der Ausbildung allemal.

Wichtig ist deshalb immer, dass die Kamera (für messtechnisch exakte Gebäudethermografieergebnisse!) selbst thermisch stabil ist. Man sollte also bei einer Gebäudethermografie nicht mit der 20 °C warmen Kamera aus dem Auto steigen und bei Außentemperaturen von –20 °C korrekte Messwerte erwarten. Diese erhält man erst, wenn die Kamera selbst thermisch stabil ist, also etwa ½ Stunde bei –20 °C läuft.

Hieraus ergibt sich zwangsläufig für unsere Messwerte in der Innenbrandbekämpfung, dass die Temperaturangaben schon aus technischen Gründen nicht mit Thermometerangaben zu verwechseln sind.

Die Wärmebildkamera ist kein Thermometer!

Ein Punkt-Pyrometer (Fernthermometer) zeigt einen Messwert an – eine Wärmebildkamera erzeugt ein Bild.

Ein Punkt-Pyrometer misst lediglich die Temperatur eines einzigen Punkts – eine Wärmebildkamera liefert Temperaturmesswerte für jeden Pixel des gesamten Wärmebilds.

Hinzu kommen zahlreiche Beeinflussungen, die der jeweilige Nutzer in das „Messsystem Wärmebildkamera im Innenangriff" seinerseits einträgt.

Wir sehen: Es gibt viel zu tun! Und deshalb widmen wir den einzelnen Phänomenen noch etwas Aufmerksamkeit.

2.5.1 Hinweise aus der Gebäudethermografie – für unsere Einsätze bei der Feuerwehr ebenfalls interessant?

Tipps Elektrothermografie

Tipps Elektrothermografie

- **Metalloberflächen nicht für reale Messwerte verwenden!**
- **Blanke Kupferschienen nicht beachten!**
- **Alu- oder Zinkblechgehäuse sowie warme Kabelkanäle sollten geöffnet werden! Die Kabel darin sind dann vermutlich deutlich wärmer.**
- **Schütze und Trafos enthalten Spulen, die durchaus 60–70 °C warm werden!**
- **Kabelabgänge von Kupferschienen, Kabelisolierung oder Schrumpfschlauch am Kabelschuh messen!**

Tipps Gebäude

Tipps Gebäude

- Vorsicht bei Dachrinnen: diese sind meist aus Zink oder Kupfer und reflektieren unter Umständen den Himmel.
- Von außen betrachtete Glasscheiben reflektieren Bäume, gegenüberliegende Gebäude oder den Himmel und die Wolken.
- Alte, blanke Alufenster und Türen reflektieren ebenfalls.
- Doppelglasscheiben sind durch Blechprofile getrennt, die eine bauartbedingte Wärmebrücke darstellen.
- Innenecken oder Kanten in Räumen stellen eine geometrische Wärmebrücke dar und sind meist kälter als die Wand oder Decke.
- Zinkblechfassaden reflektieren.

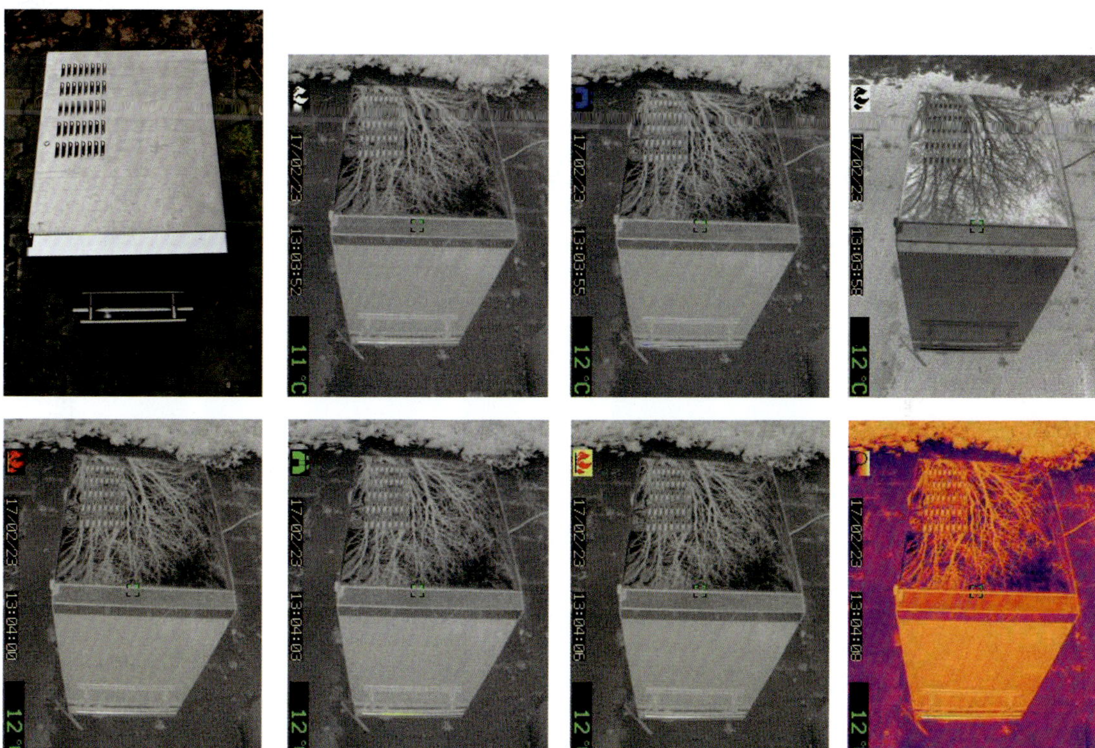

Abb. 53a bis h: Darstellung von Reflexion auf einer glatten Metalloberfläche. Es spiegelt sich ein benachbarter Baum im Wärmebild der Metalloberfläche. Diese Spiegelung ist im Original nicht in Erscheinung getreten, obwohl Ort, Position und Kamerawinkel quasi identisch sind. (Quelle: Guido Volkmar)

Emission

2.5.2 Emission

Mit Emission wird die Abgabe von Wärmeenergie von einem Körper an seine Umgebung beschrieben. Wie zuvor erwähnt verfügt jeder Körper oberhalb des absoluten Nullpunktes von 0 K bzw. –273,15 °C über Bewegungs- und somit Wärmeenergie, die er auf die zuvor beschriebenen Übertragungsarten entsprechend des Energiegefälles abgeben kann.

Interessanterweise gibt nicht jeder Körper in gleicher Weise Energie ab. Die sogenannte Eigenstrahlung eines jeden Körpers hängt von seiner Eigenenergie ab. Je wärmer der Körper, desto höher ist seine Energieabgabe. Beide Größen stehen miteinander in direkter Proportionalität.

2.6 Phänomene der Wärmeenergie

Wärmeenergie

Bevor wir von der technischen Beschreibung zur einsatztaktischen Umsetzung kommen, hier eine Übersicht:

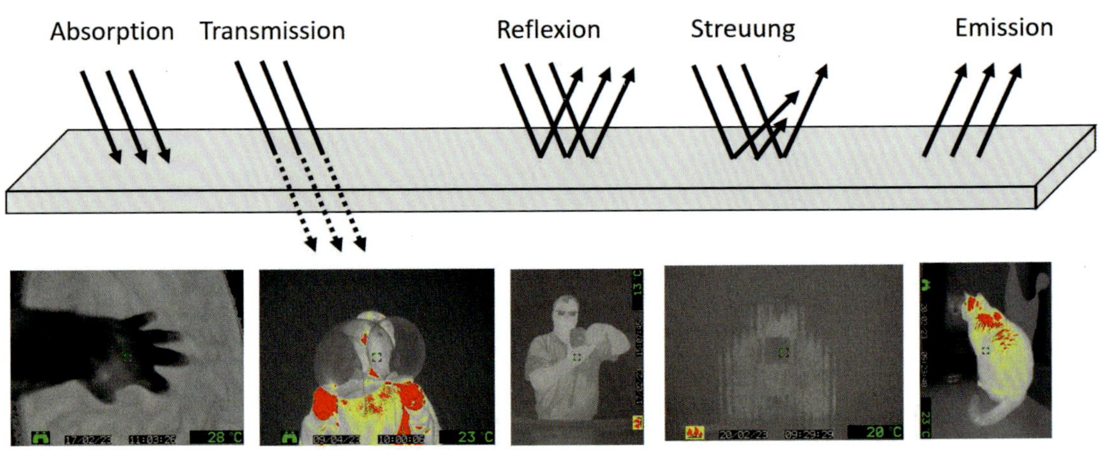

Abb. 54 und 55: Übersicht Wärmeenergie mit einem Bildbeispiel zu jedem Phänomen. (Quelle: Guido Volkmar)

Phänomene der Infrarotstrahlung

Absorption	Hand im Wasser
Transmission	Luftballons vor Gesicht
Reflexion	Selbstbild an Glasscheibe
Streuung	Selbstbild an Drahtglasscheibe
Emission	Wärmebild einer Katze vor Glasscheibe

■ Versuche mit dem Leslie-Würfel

Leslie-Würfel – eine Überraschung?

Bei dem hier dargestellten Versuch handelt es sich um einen Leslie-Würfel. Die Besonderheit dieses „Würfels" ist **gleiches Volumen gleicher Temperatur mit vier unterschiedlichen Seiten**. Da für unsere Anwendung im Rahmen einer Aus- und Fortbildung eine prinzipielle Visualisierung reicht, wurde, wie deutlich zu sehen, eine wasserfeste Umverpackung mit einfachen Hilfsmitteln sinnvoll umgestaltet. Zwei unterschiedliche Papiersorten mit unterschiedlicher Oberfläche auf den gegenüberliegenden Seiten werden ergänzt durch die unterschiedlichen Seiten einer Rettungsdecke.

Hinweis für den Nachbau:

Wenn Aufnahmen gemacht und später betrachtet werden sollen, bietet sich eine Umverpackung mit Ausguss an. So können auch bei ausschließlicher Betrachtung der Wärmebilder zur späteren Nachbearbeitung die einzelnen Seiten durch die Position des Ausgusses zugeordnet werden.

Um die unterschiedlichen Seitenausführungen darzustellen, wurden schräge Realbilder von der Umverpackung angefertigt. Die Wärmebilder wurden in der direkten Draufsicht erstellt, um das Messfeld der Wärmebildkamera zentral auf der Umverpackung halten zu können.

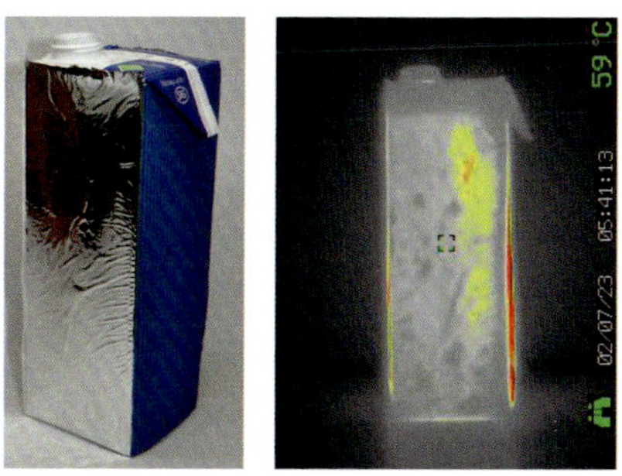

Abb. 56: Leslie-Würfel silberne Seite: 59 °C. (Quelle: Guido Volkmar)

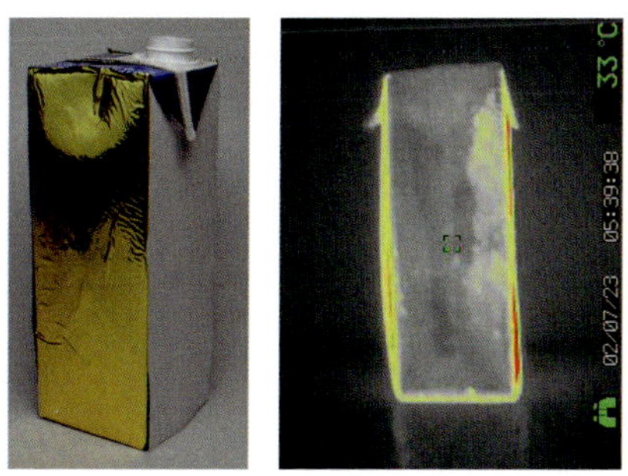

Abb. 57: Leslie-Würfel goldene Seite: 33 °C. (Quelle: Guido Volkmar)

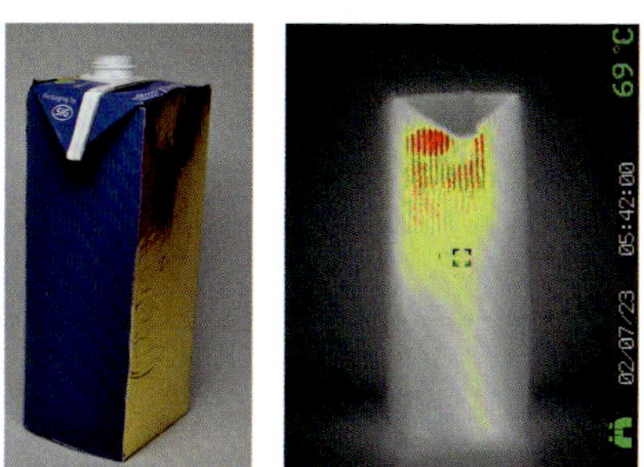

Abb. 58: Leslie-Würfel blaue (Papier-) Seite: 69 °C. (Quelle: Guido Volkmar)

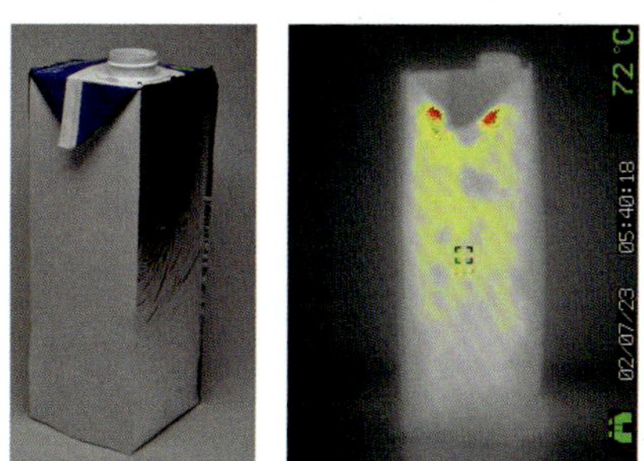

Abb. 59: Leslie-Würfel weiße (Papier-) Seite: 72 °C. (Quelle: Guido Volkmar)

Durch diesen (einfach zu reproduzierenden) Versuch kann die Auswirkung der Notwendigkeit des Verständnisses des Emissionsbegriffs schnell und einfach visualisiert, erklärt und verstanden werden.

Im nächsten Schritt ist zu betrachten, woher ein Körper, der selbst Energie emittiert, diese Energie erhalten hat. Er kann sie in sich selbst haben (beispielsweise durch chemische Reaktion). Er kann jedoch ebenfalls Energie von außen erhalten. Dann sind wir bei dem Phänomen der Absorption.

2.6.1 Absorption

Absorption

Ein Körper kann von einem anderen Körper emittierte Energie aufnehmen und somit seine Eigenenergie erhöhen.

Er absorbiert die Energie. Ein klassisches Bespiel ist das Erwärmen von Nahrungsmitteln auf unterschiedliche Arten.

Das Lebensmittel ist meist kälter als die Umgebung, wird durch Energiezugabe im Topf oder Pfanne auf einem Herd oder alternativ Backofen oder Mikrowelle auf unterschiedliche Arten mit Energie von außen versorgt und steigert somit seine Eigenenergie, bis es zum Verzehr geeignet ist. Die Energieübertragungsarten sind entsprechend vielfältig und unterschiedlich. Das Ergebnis ist indes gleich. Das Lebensmittel wird wärmer durch Absorption. Es hat ein Energieübertrag stattgefunden.

Im weiteren Verlauf werden wir die Absorption nochmals betrachten. Dann jedoch aus der Perspektive des ausstrahlenden Körpers.

2.6.2 Transmission

Transmission

Eine weitere Möglichkeit, Energie aufzunehmen, liegt in der Transmission. Die Transmission beschreibt den Durchgang von Energie durch einen Körper. Den Klassiker für sichtbares Licht kennen wir. Es handelt sich um Glas. Hier gehen große Teile der Lichtenergie durch das Glas hindurch. Die Transmission ist sehr hoch. Wir sprechen von einem transparenten Körper. Allerdings stimmt diese Aussage nicht zu 100 %. Die durchgelassene Energie ist auf ein bestimmtes Wellenlängenspektrum begrenzt. In erster Linie ist hierbei das visuelle Licht im Wellenlängenbereich 380 nm und 780 nm gemeint. Abseits dieses Bereiches ist Glas in seiner Transparenz stark eingeschränkt. Auch wenn unterschiedliche Gläser aufgrund ihrer Zusammensetzung variable Wellenlängenbereiche passieren lassen, hängt die Transparenz ebenfalls vom aufzunehmenden Kameraspektrum ab. Wie wir später sehen werden, ist gerade für unser bei der Wärmebildkamera verwendetes Wellenspektrum Glas nahezu „undurchsichtig“. Insbesondere bei den für die Feuerwehr vorgegebenen Kamera-Parametern und Vorgaben.

Die Energie, die bei der Transmission nicht abgegeben wird bzw. durch den Körper hindurch geht, wird vom durchstrahlten Körper aufgenommen und erwärmt ihn entsprechend.

Ob sich dieser Effekt eventuell im weiteren Verlauf auf unser Einsatzgeschehen positiv auswirken wird, werden wir noch erfahren.

2.6.3 Reflexion an glatten Oberflächen – gerichtete Reflexion

Reflexion

Als weiteren Effekt haben wir die Reflexion von Energie an der Oberfläche von Körpern. Eine von außen auf einen Körper auftreffende Energie wird entsprechend der Oberflächenbeschaffenheit und dem Winkel der auftreffenden Strahlung als auch dem Winkel der zur Wahrnehmung erforderlichen Kamera beeinflusst.

Gerade sehr glatte Oberflächen wie Fliesen, PVC- oder Linoleumböden oder auch Metalloberflächen haben einen sehr hohen Reflexionsgrad. Auf diese Oberflächen auftretende Strahlung wird reflektiert und es ergibt sich der Effekt eines Spiegels.

Gleichzeitig ist die Temperaturmessung an sehr glatten und somit reflektierenden Oberflächen kaum möglich.

Der genaue physikalische Hintergrund liegt in der Wärmestrahlung der Umgebung.

Wie zahlreiche Bilder im vorliegenden Buch belegen, ist nicht nur die Reflexion der Wärmestrahlung teilweise für die inkorrekte messtechnische Feststellung von Temperaturen, sondern insbesondere auch für eventuelle Fehlinterpretationen im Realeinsatz verantwortlich.

Da eine Wärmebildkamera ausschließlich Strahlung empfängt und keine eigene Strahlung aussendet (wie beispielsweise ein Echolot usw.) kann dieses Phänomen auch nicht durch eine Einstellung an der Kamera ausgeschaltet werden.

Eine fundierte Kenntnis der Hintergründe ist für die Bewertung der Anzeige auf einer Wärmebildkamera notwendig. Diese Basis soll im weiteren Verlauf gefestigt werden.

Zunächst ist die Quelle der reflektierten Strahlung interessant. Im einfachsten Fall ist es der Mensch selbst, der die Wärmebildkamera verwendet. Seine von ihm abgegebene Wärmestrahlung wird von einer glatten Oberfläche „zurückgestrahlt“ und von der Wärmebildkamera aufgenommen und wiedergegeben. Der Mensch sieht sein eigenes Spiegelbild!

Dieser Effekt ist hinlänglich bekannt und dennoch erläuternswert, da er trotz (oder vielleicht auch gerade?) seiner Einfachheit die Grundlage des notwendigen Trainings darstellt. Und das nicht nur hinsichtlich des

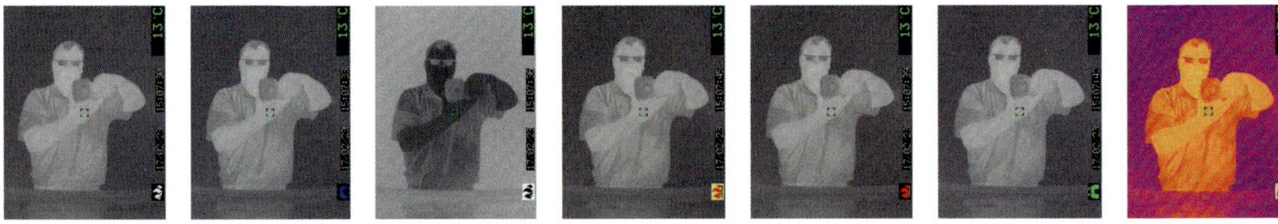

Abb. 60a bis g: Darstellung des Spiegelbilds des Autors mit unterschiedlichen Farbpaletten der Wärmebilddarstellung. (Quelle: Guido Volkmar)

speziellen Trainings mit der Wärmebildkamera, sondern bei JEDEM einzelnen Training, bei dem eine Wärmebildkamera angewendet werden soll! Unabhängig vom jeweiligen Lernziel der Übung (Einsatztaktik, Atemschutznotfall, CBRN ...)!

Egal, wie einfach ein Effekt zu verstehen ist, er muss jedem zunächst ein Mal verdeutlicht und gezeigt werden.

Und frei nach dem Motto **„Verstehen ist das neue Lernen!"** kann sich aus dem Gezeigten ein Verständnis entwickeln. Und hieraus in den nächsten Stufen die Möglichkeit, neue komplexe Situationen zu interpretieren und zu bewerten.

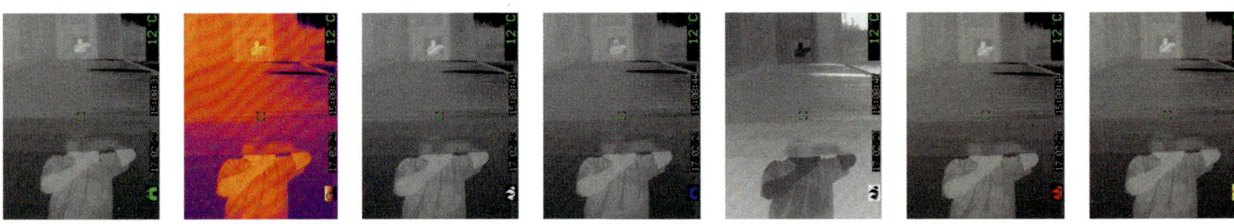

Abb. 61a bis g: Welche reale Situation wird hier dargestellt? Oder handelt es sich um Zauberei? (Quelle: Guido Volkmar)

Als Beispiel hierfür sei die Tatsache der Reflexion von Wärmestrahlung für die Bewertung durch einen außenstehenden Einheitsführer im Rahmen der Erkundung aufgeführt. Wie wird er reagieren, wenn er unwahrscheinliche Messwerte auf seiner Wärmebildkamera erhält?

Abb. 62a bis c: Darstellung einer Spiegelung Himmel in Außentür. (Quelle: FLIR)

Wird er eigenständig ohne vorherige Übungs- und Trainingssituationen eine Reflexion des freien Himmels auf einer glatten Stahltüroberfläche in seine Bewertung mit einbeziehen? Wahrscheinlich erst dann, wenn er sich zuvor auf unterschiedliche Arten mit der Wärmebildkamera, ihren Möglichkeiten und Grenzen auseinandergesetzt hat.

Gerade in der heutigen Zeit, wo jede am Einsatz beteiligte Person ein breites Spektrum an Wissen bereithalten soll, ist die alleinige Anhäufung von Wissen nicht mehr zielführend. Der tatsächliche und gewinnbringende Quell der Erkenntnis kommt durch die Verknüpfung von erlangtem Wissen mit der aktuellen Situation.

Wenn also praktische Trainings durchgeführt werden, ist eine theoretische Aufbereitung zu den einzelnen Effekten durchaus sinnvoll, um die Hintergründe zu festigen und eine Möglichkeit der späteren Interpretationen zu geben.[1]

Abb. 63: Darstellung einzelner Temperaturwerte. (Quelle: Guido Volkmar, Hintergrund freepik)

Wie sich dann basierend auf dem Effekt der Reflexion zeigt, ist nicht nur die senkrechte Reflexion möglich (Spiegelbild in Spiegel), sondern auch die Berücksichtigung von Einfalls- und Ausfallwinkel (Reflexion des Himmels bei geöffnetem Hallentor auf innenliegender Stahltür).

Diese Tatsache findet ebenfalls in der Vertikalen statt. So kann die heiße Rauchschicht in einer Wasserlache gespiegelt werden. Ist die heiße Rauchschicht entgegen der im Bild dargestellten Situation jedoch vielleicht durch einen Unterzug für die Einsatzkraft nicht unmittelbar sichtbar, so kann der Effekt der Spiegelung über die Wasserlache sicher eine sinnvolle Ergänzung des Erkundungsergebnisses sein. Für die Umsetzung dieses „um die Ecke Messens“ muss der Wärmebildkameranutzer zuvor jedoch die Technik verstanden haben, um sie taktisch sinnvoll einsetzen zu können.

Wer kennt ihn nicht, den Merksatz, der uns seit den 1990er-Jahren des letzten Jahrhunderts schon begleitet:

Taktik ohne Technik ist hilflos – Technik ohne Taktik ist sinnlos

Und wie wahr ist er nach wie vor! Und wird es sicher auch weiterhin bleiben!

[1] Danke an Egor Friedrichs für die intensiven Diskussionen darüber, ob eine theoretische Erklärung VOR der Praxis kommen sollte oder erst nach den durch die Teilnehmer erlebten Erfahrungen. Wir bleiben im Austausch!

Daher freuen wir Autoren uns sehr, im Rahmen der ecomed-SICHERHEIT-Reihe „TTE – Technik – Taktik – Einsatz“ einen kleinen Beitrag zum weiteren Verständnis zur effektiveren Nutzung von Wärmebildkameras beitragen zu dürfen.

Technik – Taktik – beteiligter Mensch

An dieser Stelle der kurze Hinweis auf die Wichtigkeit der Betrachtung aller „6 Würfelseiten“ beim Würfelblick!
Das gleiche Phänomen kann ausgenutzt werden, wenn beispielsweise Reflexionsflächen in einer Küche genutzt werden, um hinter eine Kochinsel zu gucken.

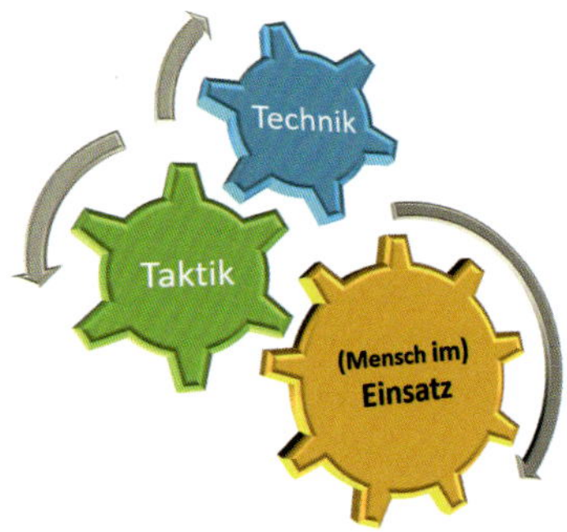

Abb. 64: Darstellung des Zusammenspiels von Technik & Taktik und der beteiligten Menschen. (Quelle: Guido Volkmar)

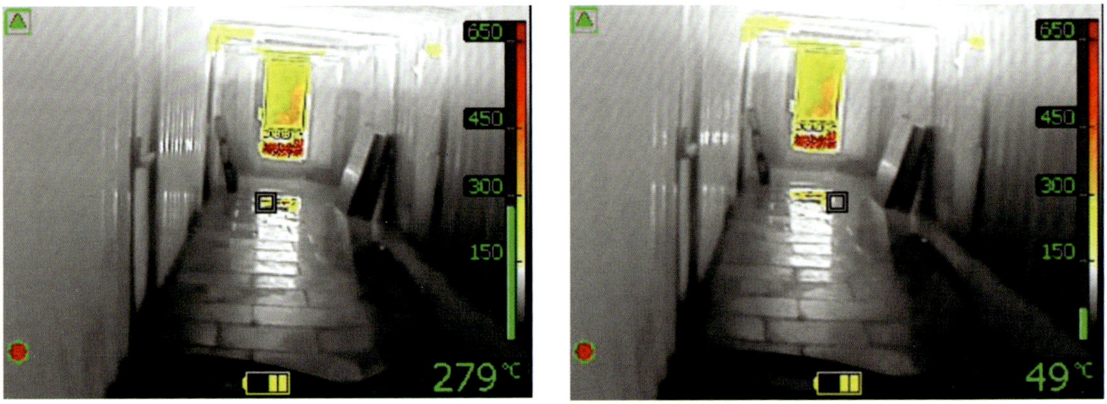

Abb. 65a und b: Messung genau neben der Reflexion und Messung in der Reflexion → 279 °C → Realtemperatur 49 °C. (Quelle: FLIR)

2.6.4 Reflexion an unebenen Oberflächen – diffuse Reflexion

Neben des positiven Effekts, mit der Spiegelung von Wärmestrahlung an einer glatten, z.B. metallenen Oberfläche, um oder hinter andere, die Erkundung störende oder die Sicht behindernde Einbauten zu schauen, ist ebenso die negative Beeinflussung durch eine raue, unebene Oberflächenstruktur interessant.

Die Reflexionen des Wärmebildkameranutzers in der Drahtglasscheibe sind durch die unebene Oberfläche der spiegelnden Drahtglasscheibe mit einem „unscharfen“ Realbild vergleichbar, wie wir es von einer Aufnahme mit einer mit sichtbarem Licht arbeitenden Kamera kennen.

Die Verwendung unterschiedlicher Farbpaletten ergibt keine Verbesserung, da die auf die Wärmebildkamera eintreffende Wärmestrahlung schon diffus ist.

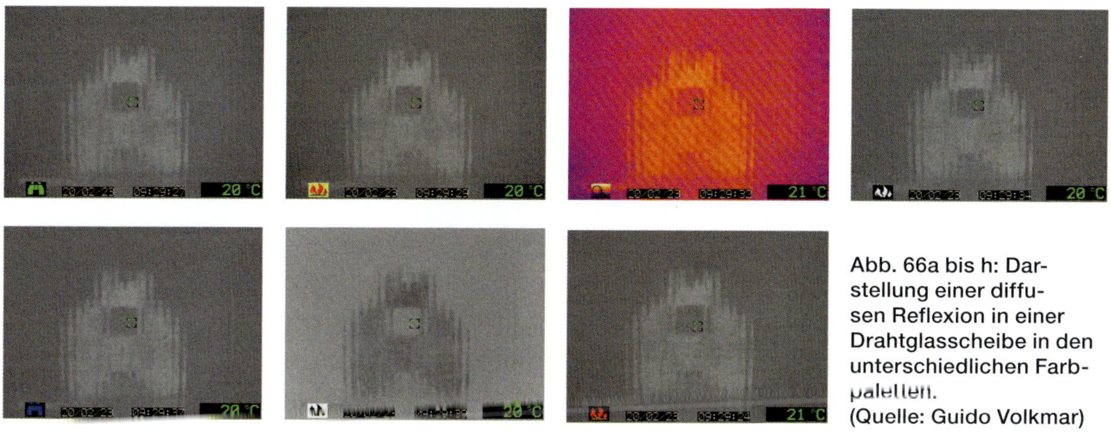

Abb. 66a bis h: Darstellung einer diffusen Reflexion in einer Drahtglasscheibe in den unterschiedlichen Farbpaletten.
(Quelle: Guido Volkmar)

An der nachfolgenden Grafik kann der Unterschied zwischen gerichteter und diffuser Reflexion dargestellt werden.

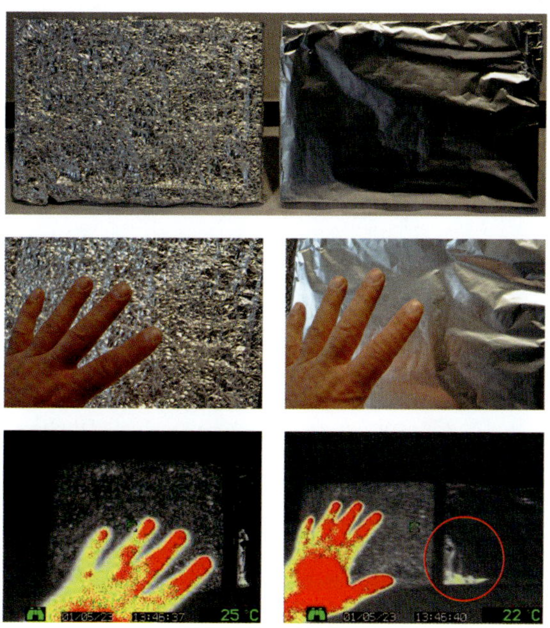

Abb. 67a bis e: Bilderfolge zur Darstellung des physikalischen Hintergrunds von einer gerichteten und diffusen Reflexion – besser im Selbstversuch zu erfahren, da die Bewegung der Hand hier nicht darstellbar ist.
(Quelle: Guido Volkmar)

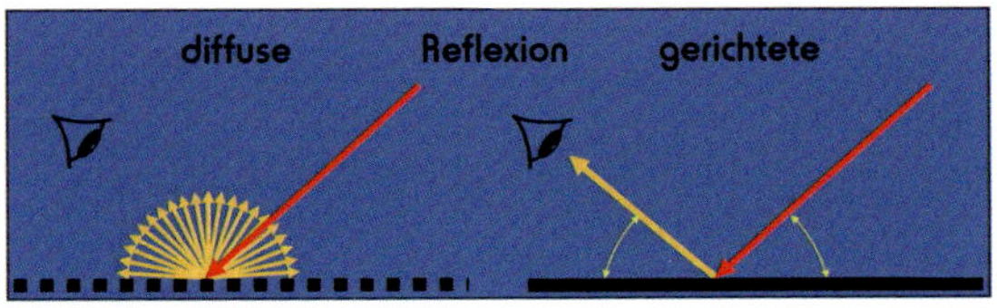

Abb. 68: Grafische Darstellung der unterschiedlichen Reflexionsvarianten. (Quelle: Guido Volkmar)

Den gleichen Effekt wird auch die Betrachtung einer verrosteten Metalloberfläche geben. Hierbei wird es auch zu keiner eindeutigen Bewertung kommen können.

Abb. 69: Bei einer verrosteten Oberfläche handelt es sich um eine unebene Oberfläche. Im Gegensatz zu einer glatten Metalloberfläche ist hier mit einer diffusen Reflexion zu rechnen. (Quelle: Guido Volkmar)

Hieraus erklärt sich einerseits eine „unscharfe" Wiedergabe des Spiegelbildes (Beispiel Reflexion an einer Glasscheibe, rechts im Bild) und der sehr guten Wiedergabe am Metalltablett (links im Bild).

Metalltablett	Links Metalltablett – rechts Glasscheibe	Glasscheibe

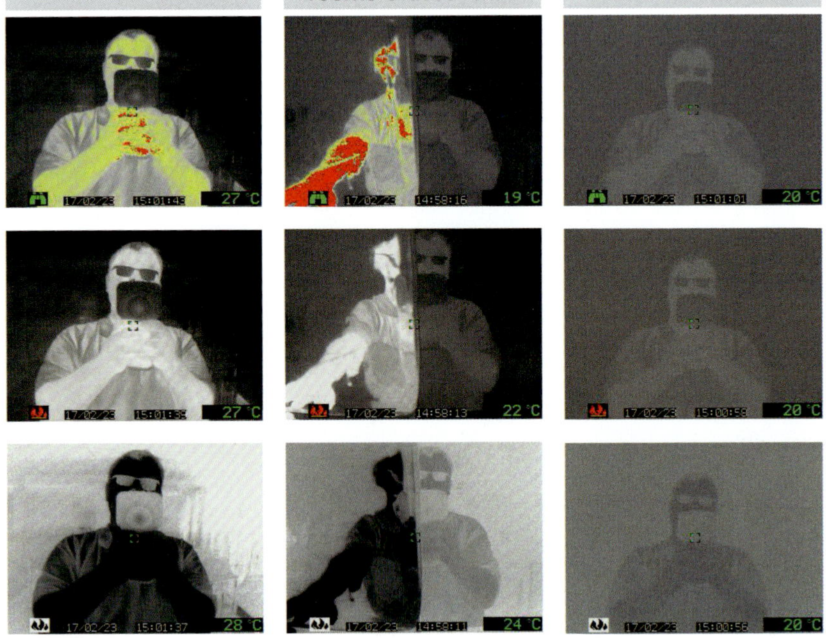

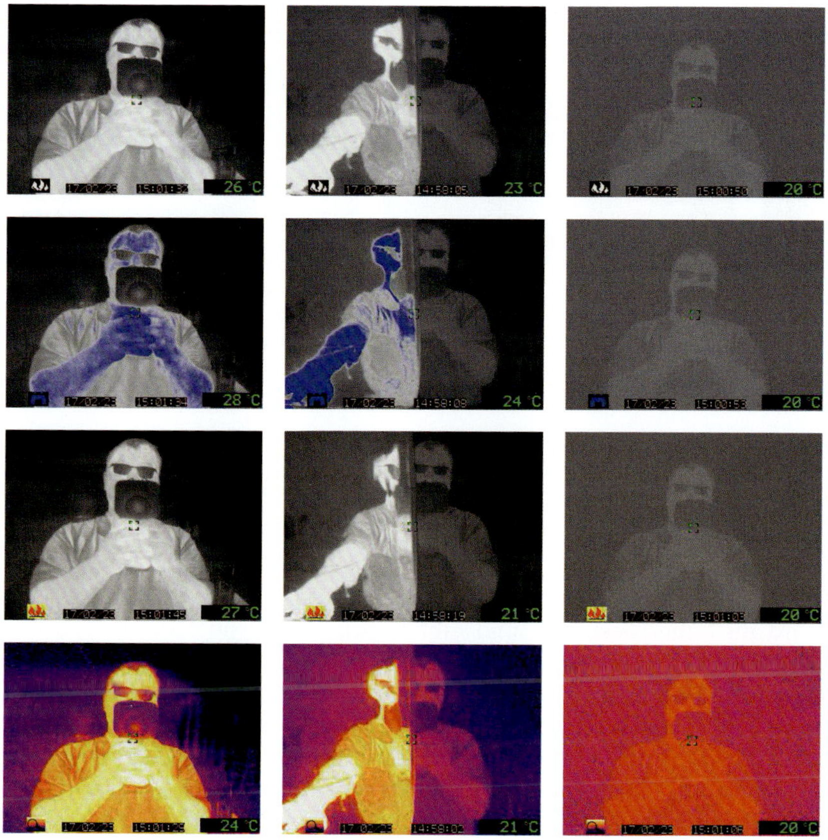

Abb. 70: Links die Reflexion an einem Metalltablett, in der Mitte gleichzeitige Reflexion von Metallblech links und Glasscheibe rechts, rechts die Reflexion an einer Glasscheibe im Wärmebild. Wird die Oberfläche noch „rauer", kommt es zu keiner Reflexion mehr, da die aus der Umgebung auftreffenden Strahlen (vom Beobachter) nicht in Richtung Kamera zurückgespiegelt werden. Keine Strahlung – kein Bild! (Quelle: Guido Volkmar)

2.6.5 Bildsättigung

Bildsättigung

Die Darstellungsgenauigkeit einer Wärmebildkamera hängt entscheidend von der aufgenommenen Wärmemenge ab. Wie die nachfolgenden Bilder zeigen, sind einige Einstellvarianten für höhere Energiemengen nicht geeignet. Es kommt zu einer Übersättigung des Bildes und damit einhergehend einer unzureichenden Darstellung.

Die Auswahl des für die jeweilige Einsatzsituation geeigneten Modus ist von entscheidender Bedeutung für eine optimale Wärmebildkameranutzung und somit für einen schnellen und sicheren Einsatzerfolg!

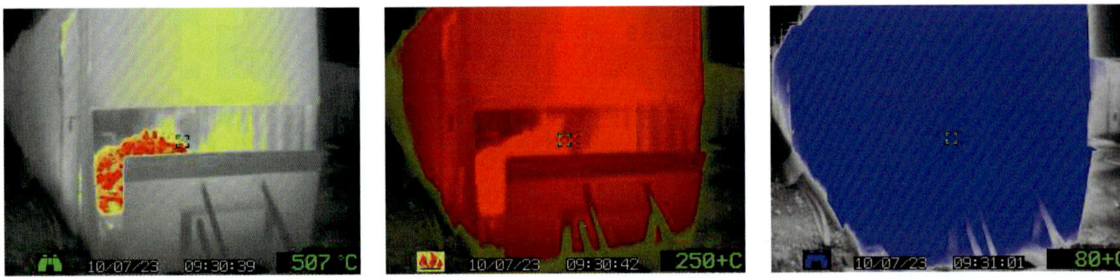

Abb. 71a bis c: Darstellung unterschiedlicher Modi bei erhöhter Energieaufnahme. Beim Standardmodus ist die Darstellung gut mit einer realistischen, wenn auch nicht 100 %ig korrekten Temperaturangabe. Im Wärmemodus ist der maximale Temperaturbereich von 250 °C überschritten. Dennoch wird die Umgebung noch rudimentär dargestellt. Im Kältemodus ist der maximale Temperaturbereich von 80 °C ebenfalls überschritten. In diesem Modus wird keine Umgebung mehr dargestellt. (Quelle: Guido Volkmar)

2.6.6 NETD (Noise Equivalent Temperature Difference)

Ein oft angegebener Parameter für den Detektor einer Wärmebildkamera ist die NETD (Noise Equivalent Temperature Difference). Dieser Wert wird im Labor bestimmt und gibt Informationen über die thermische Empfindlichkeit des Detektors. Je geringer dieser Wert ist, desto genauer kann der Detektor kleine Temperaturunterschiede erkennen. Dieser Wert wird in mK (Millikelvin) angegeben. Die heutigen Detektoren besitzen eine NETD von 70 mK bis 35 mK. Diese Werte sind für die Feuerwehr ausreichend, jedoch wird das Bild bei einem niedrigen NETD-Wert weniger verrauscht angezeigt. Dieses ermöglicht eine bessere Erkennung von Konturen.

Kameraklassifizierung

Tab. 1: Eine einfache Gegenüberstellung kann für eine erste Beurteilung hilfreich sein. Viele weitere Details werden im Rahmen einer Beschaffung das Bild abrunden. Und vielleicht wird am Ende die Kamera das Rennen machen, die anfänglich eher abgeschlagen wirkte. Wer feststellt, dass er viel transportieren muss, kann mit einem Sportwagen wenig anfangen. Wer schnell Strecken zurücklegen will, ist mit einem LKW schlecht beraten. Einer Beschaffung sollten umfangreiche Anwendungsanalysen vorangehen. (Quelle: Guido Volkmar)

Spezifikation	Begriff im Produktblatt	wünschenswert
Detektorformat	FPA, Pixel x Pixel-Anzahl	je größer, umso besser
thermische Auflösung	NETD in mK (Millikelvin)	je kleiner, umso besser
geometrische Auflösung	IFOV in mrad (Millirad)	je kleiner, umso besser
zeitliche Auflösung	Bildwiederholungsrate bzw. Bildfrequenz in Hz (Hertz)	je größer, umso besser

3 Anforderungen und Gerätetechnik

3.1 Grundanforderungen an eine Wärmebildkamera entsprechend der NFPA 1801–2021

Kameravielfalt

Seit 2010 gelten in den USA bestimmte Anforderungen an die Wärmebildkameras, die von der Feuerwehr eingesetzt werden. Diese Notwendigkeiten werden durch die NFPA (National Fire Protection Association) gefordert. Entsprechend der Empfehlung NFPA 1801 „Standard on Thermal Imagers for the Fire Service“ werden die Wärmebildkameras 13 unterschiedlichen Tests unterzogen, von denen nachfolgend Auszüge genannt werden:

- mehreren unterschiedlichen Falltests bei unterschiedlichen Temperaturen,
- einem Hitze- und Flammtest
- einem Haltbarkeitstest
- Tests zur Bildqualität usw.

Als weitere Punkte müssen die Wärmebildkameras mit Handschuhen einhändig bedient werden können und der Ein-/Ausschalter muss farblich anders gekennzeichnet werden. Zusätzlich darf er mit keiner anderen Funktion als einer Escape-Funktion belegt werden.

Er muss entsprechend der NFPA 1801 **grün** sein.

Grüner Einschaltknopf

Wärmebildkameras müssen die Anforderungen nach ANSI/ISA 12.12.01 Class 1 Division 2 erfüllen und hierdurch für den Einsatz in potenziell explosionsgefährdeten Bereichen geeignet sein. Weiterhin ist eine vollständige Abdichtung gegen das Eindringen von Staub (IP-Schutzart 6x) notwendig. Die Zoneneinteilung entspricht etwa der europäischen ATEX-

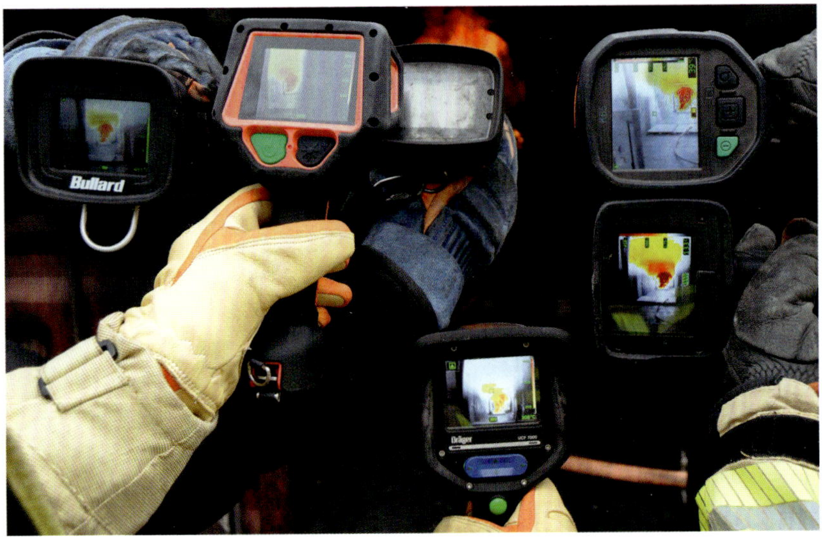

Abb. 72: In dieser Übersicht wird deutlich, dass nicht jede Wärmebildkamera automatisch auch nach NFPA 1801 zugelassen ist. Allein über den grünen Einschaltknopf ist die Unterscheidung leicht vollzogen. Ob eine Zulassung nach NFPA für den jeweiligen Anwendungsbereich notwendig ist, muss standortspezifisch entschieden werden. (Quelle: Guido Volkmar)

Richtlinie der Kategorie 3 (Zone 2). In der Tabelle 2 befindet sich eine Gegenüberstellung der Zonen.

Seit November 2019 muss jedes Löschfahrzeug als Standardbeladung eine Wärmebildkamera mitführen, bei Löschstaffel- und Löschgruppenfahrzeugen ist eine zweite Wärmebildkamera als Standardbeladung aufgenommen und in der Beladungstabelle mit der Fußnote „Kann entfallen, wenn die zweite Wärmebildkamera für den Sicherheitstrupp/zweiten Angriffstrupp von einem anderen Fahrzeug zur Verfügung steht.“ versehen.

Hieraus ergeben sich hinsichtlich der Beschaffung neuer und aktueller Wärmebildkameramodelle große Möglichkeiten. Müssen beide Kameramodelle zwangsläufig gleich sein? Was spricht für und was spricht gegen das gleiche oder ein anderes Modell?

Wir als Autoren wünschen Ihnen Interesse, Geduld und Informationsdurst, sich mit diesen interessanten Überlegungen vor einer Beschaffung unter Beteiligung weiterer Betroffener auseinanderzusetzen.

Ausführung Wärmebildkamera für den Feuerwehreinsatz (Innenangriff)

- geeignet für den Innenangriff
- robust und hitzebeständig
- mit Feuerwehrschutzhandschuhen nach DIN EN 659 bedienbar
- Schutzart IP 67 nach DIN EN 60529 (VDE 0470-1) aufweisen

► Bei den Tanklöschfahrzeugen wird wegen der Begrenzung auf Trupp-Besatzung lediglich eine Wärmebildkamera in die Standardbeladung aufgenommen

Fahrzeugbeladung

Es sollte auf folgendes geachtet werden:

- Die Wärmebildkameras sollten im Fahrzeug geladen werden können und
- über eine Akkulaufzeit von mehr als zwei Stunden verfügen oder es sollten Ersatz-Akkus eingelegt werden können.
- Die Ersatz-Akkus sollten dann unabhängig von der Kamera geladen werden können.
- Das Gewicht sollte nicht über 1,5 kg liegen (wobei viele Kameras schon unter 1 kg wiegen).
- Soll die Kamera auch für Einsätze mit Gefahrgut oder in potenziell explosiven Umgebungen eingesetzt werden, muss auf einen Explosionsschutz geachtet werden.
- Und welche Punkte sind für Sie und Ihre Mannschaft noch wünschenswert oder notwendig?

3.1.1 Das Display und sein Aufbau

NFPA 1801

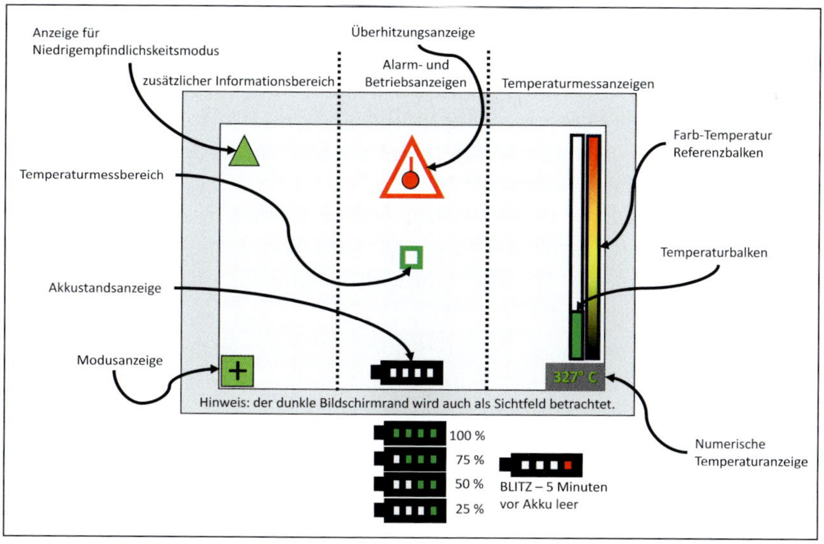

Abb. 73: Prinzipieller Aufbau des Displays einer für die NFPA zugelassenen Wärmebildkamera. Das Wissen um diese zugrunde liegende Systematik kann die Übersicht im Einsatz erleichtern. (Quelle: Guido Volkmar, geändert nach NFPA 1801–2021)

Temperaturbalken

Der Temperaturbalken ist eine Temperaturanzeige in Form eines Balkendiagramms im rechten Teil des Displays. Der angezeigte Balken zeigt die ungefähre Temperatur des Objekts an, das innerhalb der Temperaturmesszone in der Mitte des Displays untersucht wird. Die Genauigkeit der Anzeige hängt von zahlreichen Faktoren ab, u.a. von der Entfernung zum betrachteten Objekt (die Genauigkeit nimmt mit zunehmender Entfernung ab) und dessen Emissionsgrad (Wärmestrahlungseigenschaften). Die meistens Wärmebildkameras sind werkseitig auf einen Emissionsgrad kalibriert, der normalen Baumaterialien entspricht. Bei Objekten, deren Emissionsgrad stark von dieser Norm abweicht (insbesondere bei reflektierenden Objekten wie Metallen und glänzenden Materialien), ist die Genauigkeit der Temperaturanzeige geringer und für eine konkrete Temperaturmessung unbrauchbar.

3.1.2 Explosionsschutz von Wärmebildkameras

EX-Schutz

Für die Zertifizierung für den Explosionsschutz von elektrischen Geräten gibt es international verschiedene Institutionen. Die ATEX-Richtlinie gilt für den Explosionsschutz seit 2003 in Europa. ATEX leitet sich aus dem französischen **At**mosphères **Ex**plosibles ab. Sie ist eine Herstellerrichtlinie und betrifft unter anderem Geräte mit eigener potenzieller Zündquelle.

Da es wie oben beschrieben für Wärmebildkameras für den deutschen und europäischen Markt keine Normung gibt, geben die Hersteller von Wärmebildkameras oft die amerikanische Zoneneinteilung an. Sie bezieht sich auf das ANSI (**A**merican **N**ational **S**tandards **I**nstitute) und das ISA, welches die Internationale Gesellschaft für Automatisierung (**I**nternational **S**ociety of **A**utomation). In ihrer Norm 12.12.01 „Nonincendive Electrical Equipment for Use in Class I and II, Division 2 und Class III, Divisions 1 and 2 Hazardous (Classified) Locations“ zertifizieren sie nichtbrennbares elektrisches Equipment für den Gebrauch in den Klassen I und II, Bereich 2, und Klasse III, Bereiche 1 und 2.

Diese Zertifizierung nach ANSI/ISA 12.12.01 benötigen die Hersteller ohnehin für die NFPA 1801-Zulassung. Vermutlich aus Kostengründen wird oft auf die Zertifizierung nach ATEX verzichtet. Die Zonen nach ATEX und ANSI/ISA werden in Tabelle 2 gegenübergestellt. Für den Einsatz mit gefährlichen Stoffen und Gütern muss anhand einer Gefährdungsanalyse ermittelt werden, ob die Wärmebildkamera für die jeweilige Einsatzsituation geeignet ist.

Tab. 2: Vergleich der Zoneneinteilung der europäischen und amerikanischen Richtlinien (Quelle: Praxishandbuch Brandschutz)

Zoneneinteilung			
Explosionsfähige Atmosphäre	**Ständig oder langzeitig**	**Gelegentlich**	**Selten oder kurzzeitig**
Bezeichnung ATEX	Kategorie 1 Zone 0 (Gas) Zone 20 (Staub)	Kategorie 2 Zone 1 (Gas) Zone 21 (Staub)	Kategorie 3 Zone 2 (Gas) Zone 22 (Staub)
Bezeichnung ANSI/INSA	Class I, Division 1 Class II, Division 1	Class I, Division 1 Class II, Division 1	Class I, Division 2 Class II, Division 2

3.2 Tücken der Technik – Einsatzgrenzen von Wärmebildkameras

Die Grundeinstellungen unserer Wärmebildkameras sind auf den Brandeinsatz ausgerichtet. Das bedeutet, es geht um meist hohe Temperaturen und große Temperaturdifferenzen.

Die Wärmebildkameras für uns als Feuerwehr sind nicht für z. B. Gebäudethermografie im eigentlichen Sinn geeignet. Bei diesen Thermografiekameras für Gebäude werden Temperaturunterschiede von teilweise weniger als 1 °C (!) visualisiert, um Wärmebrücken (die interessanterweise umgangssprachlich „Kältebrücken" genannt werden) aufzuspüren und energetische Gebäudeverbesserungen umzusetzen. Auch sind beispielsweise Wärmebildkameras für die Jagd auf einen Temperaturbereich um die Körperkerntemperatur des zu erlegenden Säugetiers ausgelegt. Also weit entfernt von bis zu 1.000 °C unter der Decke.

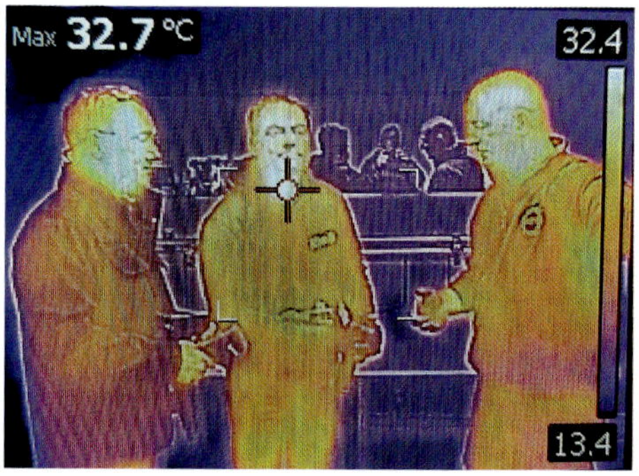

Abb. 74: Je geringer der abzudeckende Temperaturbereich ist, desto genauer kann die Auflösung einer Wärmebildkamera sein. Die thermische Auflösung kann gerätetechnisch weiterhin viele zusätzliche Möglichkeiten liefern. Ob und wie weit sich diese Möglichkeiten für den jeweiligen Einsatzbereich sinnvoll einsetzen lassen, ist nutzerspezifisch zu bewerten. (Quelle: Guido Volkmar)

Die thermische Auflösung (NETD) wird in Millikelvin (mK) angegeben und benennt den kleinsten Temperaturunterschied, den eine Wärmebildkamera erkennen kann. Die heutigen Detektoren von Gebäudethermografiekameras besitzen eine NETD von weniger als 20 mK; die Werte von Kameras für Feuerwehren liegen zwischen 100 mK bis 35 mK.

Diese feine Temperaturunterscheidung, wie sie für Gebäudethermografie sinnvoll ist, wird bei Feuerwehreinsätzen klassischerweise nicht benötigt.

Dennoch verfügen alle Wärmebildkameras aufgrund von Anforderungen aus NFPA 1801 „Standard on Thermal Imagers for the Fire Service" über unterschiedliche „Auflösungsmodi", um auch im Niedertemperaturbereich eine aussagekräftige Visualisierung möglich zu machen.

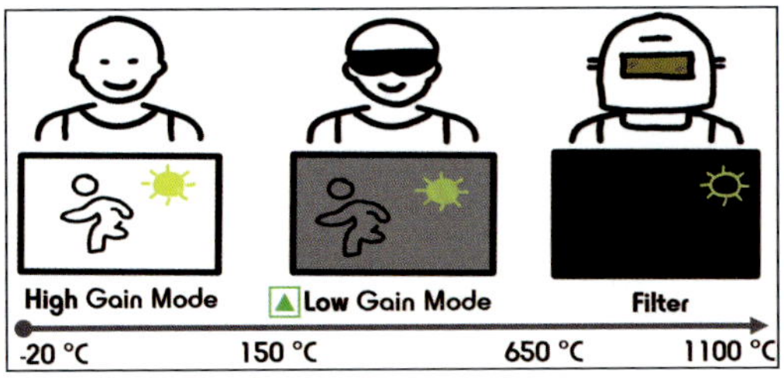

Abb. 75: Darstellung der unterschiedlichen Empfindlichkeitsvarianten von Wärmebildkameras. (Quelle: Guido Volkmar)

Gain Mode

Die Notwendigkeit dieser Umschaltung liegt im Sensoraufbau begründet. Um im Niedrigtemperaturbereich die gewünschte detailgetreue Auflösung zu ermöglichen, muss der Sensor eine gewisse Energiemenge aufnehmen, um die Visualisierung sicherzustellen. Wird die Umgebung für die Messung zu warm, empfängt der Sensor zu viel Energie und kann deshalb keine Energieunterschiede mehr darstellen. Hierbei sind die Grenzen, ab wann es welcher Wärmebildkamera „zu warm" wird, hersteller- und modellabhängig. Der Sensor muss entsprechend vor der erhöhten Energie geschützt werden. Wie im Bild grafisch entsprechend dargestellt trägt der Sensor an dieser Stelle zum Schutz eine „Sonnenbrille". Jetzt werden Teile des Energiestromes ausgefiltert und nur noch eine definierte, jetzt geringere Energiemenge auf den Sensor durchgelassen. Eine bewertbare Visualisierung ist nun möglich. Um dem Anwender diese Umschaltung zu signalisieren, ist auf dem Display nach Vorgabe der NFPA ein grünes Dreieck auf der Grundfläche stehend in einem grünen Quadrat bei dem Empfindlichkeitswechsel (Gain Change) anzuzeigen.

Hohe Umgebungstemperatur → *Hochtemperaturbereich* → *Niedrigempfindlichkeit* → geringe Auflösung und Detailgenauigkeit

Geringe Umgebungstemperatur → *Niedertemperaturbereich* → *Hochempfindlichkeit* → hohe Auflösung und Detailgenauigkeit

Realität vs. Wärmebild

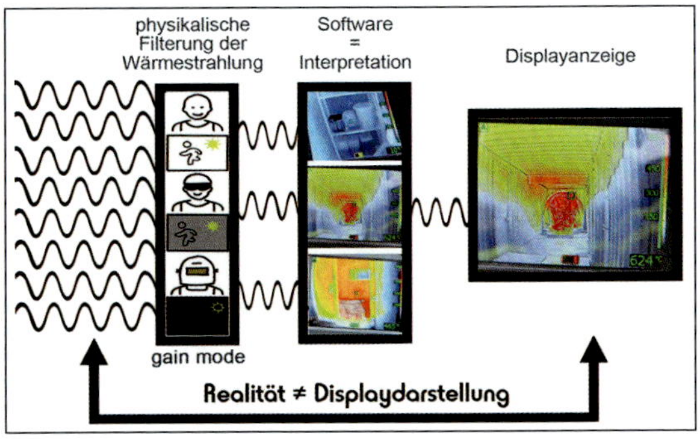

Abb. 76: Die von außen auf den Sensor auftreffende Energiestrahlung wird durch physikalische Gegebenheiten für die nachgeschaltete Software optimiert. Die Software ihrerseits verfügt je nach Ausführung über weitere optimierte Darstellungsmöglichkeiten, um eine sinnvolle Displayanzeige zu ermöglichen.
Die real eintreffende Energie und die Darstellung auf dem Display sind nicht miteinander identisch. Es liegen zwischen Realität und Darstellung unterschiedliche Beeinflussungen. (Quelle: Guido Volkmar)

Umschaltgrenzen

Dass die Umschaltgrenzen hersteller- und teilweise modellabhängig sind, zeigt sich in den folgenden Daten, wann welche Wärmebildkamera umschaltet (Aufzählung **nicht** abschließend und vollständig!):

- FLIR K33-65: Wärmebildkameras der Serie erfordern, dass **2 % der gesamten Pixel innerhalb des Sichtfelds über 150 °C** liegen, um auf niedrige Empfindlichkeit umzuschalten.
- Bullard NXT oder QXT: **3 % der gesamten Pixel im Sichtfeld müssen über 120 °C** sein, um auf niedrige Empfindlichkeit umzuschalten.
- MSA 6000-Serie: erfordert, dass **32 % der gesamten Pixel innerhalb des Sichtfelds über 130 °C** liegen, um auf niedrige Empfindlichkeit umzuschalten.
- Leader 4.1-4.3: Wärmebildkameras der Serie erfordern, dass **5 % der gesamten Pixel innerhalb des Sichtfelds über 150 °C** liegen, um auf niedrige Empfindlichkeit umzuschalten.
- Scott X380: erfordert, dass **ein Pixel über oder unter dem Schwellenwert der Temperaturempfindlichkeitsstufe** liegt, und schaltet automatisch um. Dies ist als Funktion namens „intelligenter Fokus" bekannt, die ein schnelleres Umschalten zwischen verschiedenen Wärmestufen ermöglicht, um schnell Objekte zu identifizieren, die sonst innerhalb dieses Temperaturmodus oder dieser Spanne nicht sichtbar wären.

Hinweis: Wenn der vorgehende Trupp im Brandeinsatz mehr Detailgenauigkeit in der Displaydarstellung benötigt, kann er versuchen, den Fokus (Messfeldquadrat) der Wärmebildkamera nach unten zu richten, um den Wärmeenergieeintrag auf den Sensor zu verringern. Vielleicht schaltet die Wärmebildkamera in den Hochempfindlichkeitsbereich (bei geringerer Energieaufnahme) zurück und kann Details besser darstellen. Einen Versuch ist es sicher wert!

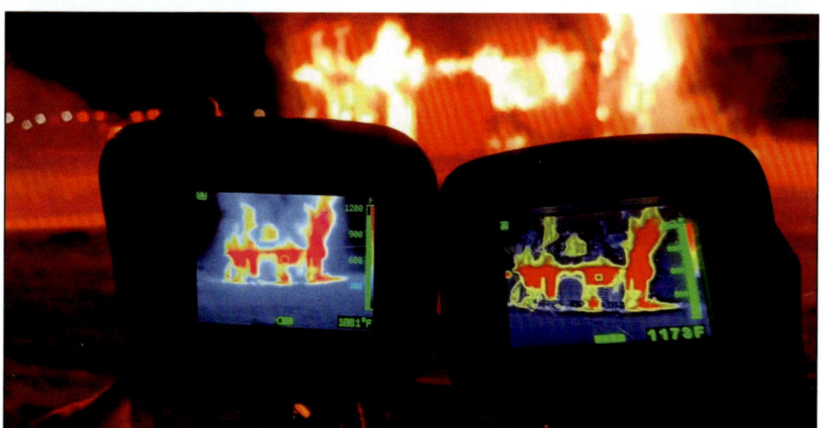

Abb. 77: Insbesondere im Realeinsatz kann die Detailgenauigkeit der Bilddarstellung wertvolle zusätzliche Hinweise generieren. (Quelle: Shawn Bloemker, MaxFireBox.com)

Abb. 78: Das grüne Dreieck in der linken oberen Ecke des Displays einer Wärmebildkamera zeigt die Umschaltung von Hoch- zu Niedrigempfindlichkeitsmodus an, die auf der erhöhten Energieaufnahme beruht. (Quelle: Guido Volkmar)

Das grüne Dreieck kann einsatztaktisch dem Anwender als Temperaturhinweis dienen, ohne dass konkrete Temperaturen sinnvoll auf dem Display ablesbar sein müssen.

Ist das grüne Dreieck auf dem Display zu sehen, ist die Umgebung von der Kameratechnik als so heiß erkannt worden, dass die Software der Kamera auf ihren Hochtemperatur- und somit Niedrigempfindlichkeitsmodus umgeschaltet hat. Hieraus kann der Bediener seine einsatztaktischen Schlüsse ziehen.

3.2.1 Softwareunterstützung zur Bildverbesserung bei Wärmebildkameras

Bei einigen Herstellern verlieren die Darstellungen der Wärmebildkameras im Niedrigempfindlichkeitsmodus ihre Detailgenauigkeit. Zur Kompensation haben die Hersteller Bildverbesserungen und Steigerungen der Kontrastfähigkeiten entwickelt, die herstellerabhängig unterschiedlich bezeichnet werden.

3.2.1.1 FLIR FSX®

FSX (Flexible Scene Enhancement) ist eine Echtzeit-Softwaretechnologie, die Temperaturunterschiede zwischen benachbarten Pixeln erkennt und eine Linie zwischen diesen Pixeln zeichnet. Auf diese Weise erscheint das Bild für den Benutzer viel klarer und schärfer, selbst in Bereichen mit extremer Temperaturdynamik. So lassen sich mit FSX-Bilddetails wie Ecken und Kanten deutlich besser aus dem ursprünglichen Wärmebild herausarbeiten. In Bereichen mit hoher Temperaturdynamik können Zielobjekte auch mit geringem Kontrast zuverlässig erkannt werden. Daneben ermöglicht die K65 auch Videoaufzeichnung und Wiedergabe, was für Nachbesprechung und Ausbildungszwecke nützlich ist.

3.2.1.2 FLIR MSX®

FLIR MSX® (Multi-Spectral Dynamic Imaging, multispektrale dynamische Bildgebung) ergänzt die Wärmebilder in Echtzeit mit physischen Details, um größere Klarheit zu schaffen. Dabei werden Kanten- und Umrissdetails über das Wärmebild gelegt. Wärmebildkameras mit MSX-Funktionen verfügen über zwei Kameras – eine Wärmebildkamera und eine visuelle Kamera (d.h. eine normale Digitalkamera). Bei jeder Aufnahme werden gleichzeitig ein Wärmebild und ein visuelles Bild aufgenommen. MSX ist keine Fusion aus Wärmebild und visuellem Bild. Die Software ist nur dazu konzipiert, nützliche sichtbare Details wie Linien und Kanten zu erfassen, die dann direkt über das Wärmebild gelegt werden. MSX verleiht Bildern, die mit geringen auflösenden Kameras aufgenommen wurden, definierte Details.

MSX kann ein- oder ausgeschaltet werden. Ein Wärmebild und ein digitales Bild werden gespeichert, sodass alle radiometrischen Daten (Temperaturmessung) erhalten bleiben.

Zwei parallele Kamerasysteme

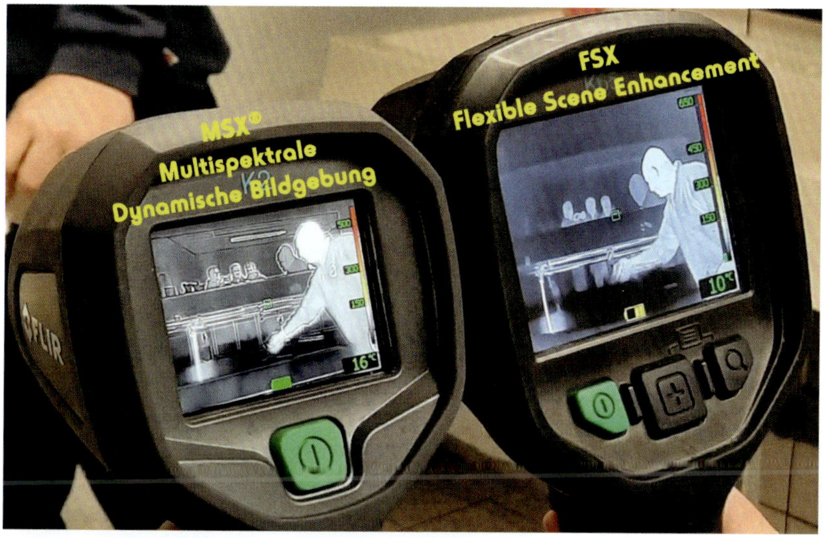

Abb. 79: Hier werden beide Varianten des Herstellers FLIR gegenübergestellt. Links das MSX und rechts das FSX-System. (Quelle: Guido Volkmar)

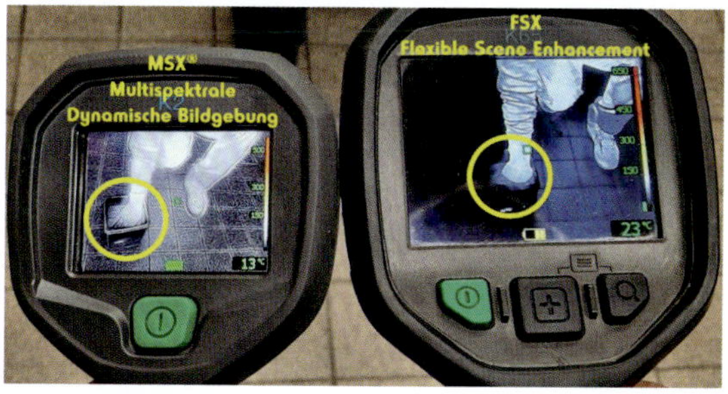

Abb. 80: Auf der rechten Seite ist die ins Wasser getauchte Hand nicht zu erkennen. Hier wird ausschließlich die Wärmestrahlung in der Wärmebildkamera verarbeitet. Im linken Bild wird zusätzlich das Bild der dynamischen Digitalkamera mitverarbeitet. Durch die Kombination beider Bilder kann die Hand im Wasser sichtbar erscheinen. (Quelle: Guido Volkmar)

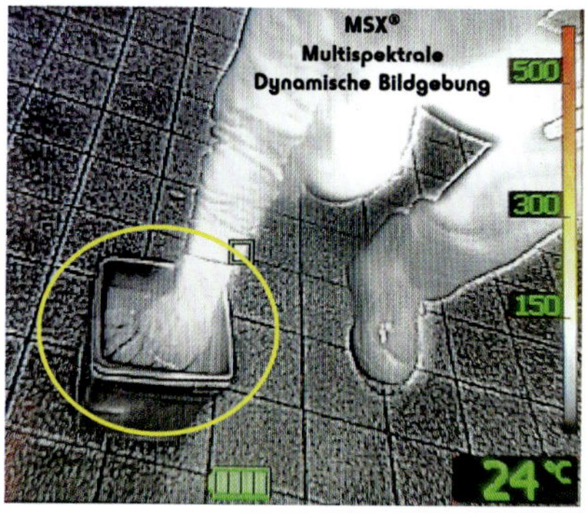

Abb. 81: Die Sichtbarkeit der Finger wird in der Detailaufnahme noch deutlicher. (Quelle: Guido Volkmar)

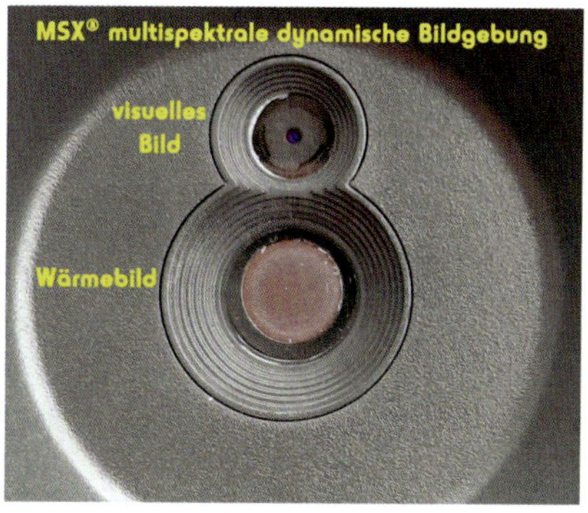

Abb. 82: Der Blick von vorne auf die Objektiveinheit zeigt oben die Linse der digitalen und darunter die Germaniumlinse der Wärmebildkamera. (Quelle: Guido Volkmar)

Gerade die MSX® (Multi-Spectral Dynamic Imaging, multispektrale dynamische Bildgebung) Technologie liefert überraschende Ergebnisse. So kann man mit Wärmebildkameras mit dieser Technologie „scheinbar" auch durch Glas hindurchsehen, wie im vorherigen Bildbeispiel die Hand unter Wasser ebenfalls betrachtet werden konnte.

Diese Technologie funktioniert leider nur in Bereichen ohne Beeinträchtigung von sichtbarem Licht. Bei freier Sicht und Dämmerung werden gute Ergebnisse erzielt. Im verrauchten Bereich können keine virtuellen Bilder bereitgestellt werden. Hier werden ausschließlich Wärmebilder mit allen positiven und negativen Effekten erzeugt.

Da der Vorteil dieser Technologie nach persönlicher Meinung der Autoren nicht im Innenangriff liegt, ist der Nutzer einer Wärmebildkamera mit dieser Technik intensiv auf die Anwendungsmöglichkeiten und Grenzen hinzuweisen. Wie überrascht wird der Wärmebildkameranutzer anfänglich sein, wenn er problemlos durch eine Glasscheibe schauen kann! Und wie viel mehr wird er überrascht sein, wenn er es im späteren Innenangriff spontan nicht mehr kann!

Abb. 83: Hier ist das entsprechende Fotobeispiel zum Text. Auf der linken Bildseite sind zwei Personen auch durch ihre „farbige" Wärmestrahlung zu erkennen. Sie stehen in einer geöffneten Glastür. Rechts daneben sind ebenfalls zwei Personen zu erkennen, allerdings ohne ihre farbige Wärmestrahlung. Dennoch erkennt man ihre Umrisse sehr gut, insbesondere ihre Hände. Diese beiden Personen stehen HINTER einer Glasscheibe. Normalerweise wären sie für eine Wärmebildkamera nicht sichtbar. (Quelle: Guido Volkmar)

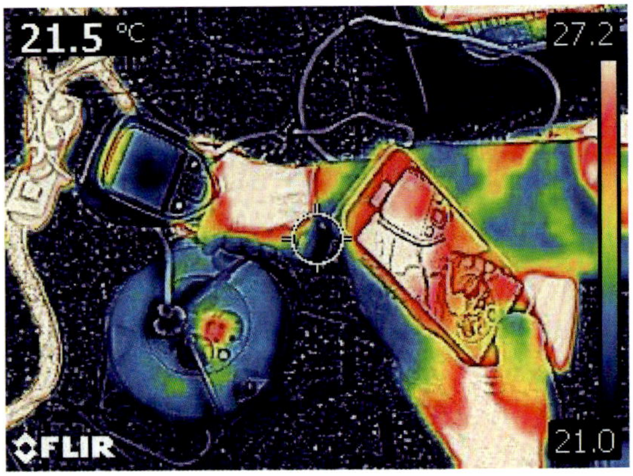

Abb. 84: In diesem Bild wird das Wärmebild einer Wärmebildkamera durch ein Smartphone abfotografiert. Auf dem Display der Wärmebildkamera sind keine Details zu erkennen, sehr wohl aber auf dem Display des Handys. Hier erkennt man eindeutig die Kontur der abfotografierten Wärmebildkamera, obwohl es sich bei der Displayoberfläche des Handys ebenfalls um eine Glasscheibe handelt. Mit einer normalen Wärmebildkamera würde man auf dem Display des Handys ebenfalls nichts erkennen. (Quelle: Guido Volkmar)

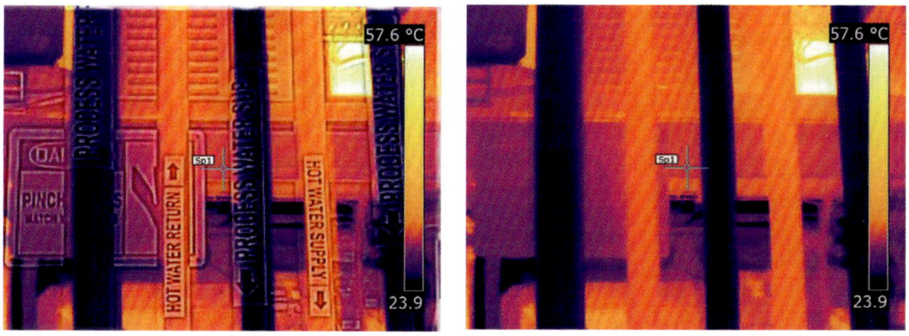

Abb. 85a und b: Linke Seite ohne MSX, rechte Seite mit MSX → die Beschriftung ist lesbar. Interessante Anwendung für alle Bereiche, bei denen Schrift oder Kennzeichnungen wichtig sind. Zum Beispiel beim CBRN-Einsatz?! Ein CBRN-Einsatz findet meistens im Freien statt und ist in den meisten Fällen ohne beeinträchtigende Rauchentwicklung. (Quelle: FLIR)

- Information schafft Vertrauen! Umfangreiche Information und Ausbildung ist unerlässlich!
- Auch bei Wärmebildkameras gibt es keine „eierlegende Wollmilchsau". Für optimale Ergebnisse sind unterschiedliche Kameramodelle notwendig, die ihren speziellen Aufgaben gerecht werden

Einige Feuerwehren beschreiten diesen Weg, je nach Einsatzbereich und spezifischer Aufgaben unterschiedliche Wärmebildkameras zu beschaffen.

Für jeden Anwendungsbereich eine eigene WBK

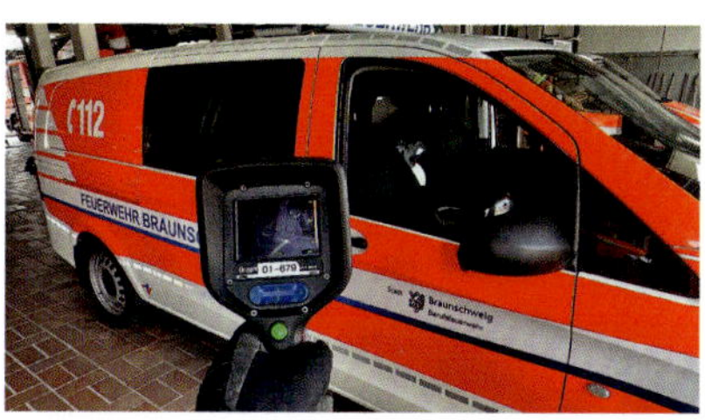

Abb. 86a: Für den Einsatzleiter wird auf dem Einsatzleitwagen eine Dräger UCF 9000 mitgeführt. Durch das durch den Einsatzleiter andersgeartete Aufgabenspektrum hier liegt die Dokumentationsfähigkeit für die Berufsfeuerwehr Braunschweig im Vordergrund. (Quelle: Thomas Keck, Berufsfeuerwehr Braunschweig)

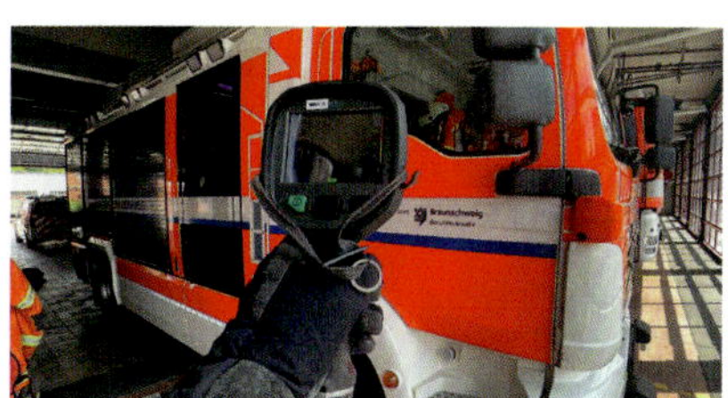

Abb. 86b: Für den Ersteinsatz wird auf dem Löschgruppenfahrzeug eine FLIR K55 eingesetzt. Sie zeichnet sich durch einfache Bedienbarkeit bei gleichzeitiger Funktionalität ohne versehentliche Verstellmöglichkeiten aus. (Quelle: Thomas Keck, Berufsfeuerwehr Braunschweig)

Kamerabild vs. Wahrnehmung

Die Energieaufnahme ist oberhalb des weiter messbaren Bereichs. Die Detailgenauigkeit ist dank der Softwareunterstützung sehr hoch.

Abb. 87: Der Brandherd und die thermische Verteilung werden detailreich dargestellt. (Quelle: Guido Volkmar)

Bei beiden Wärmebildkameras ist die jeweilige Person am linken Bildrand des Displays gut zu erkennen.

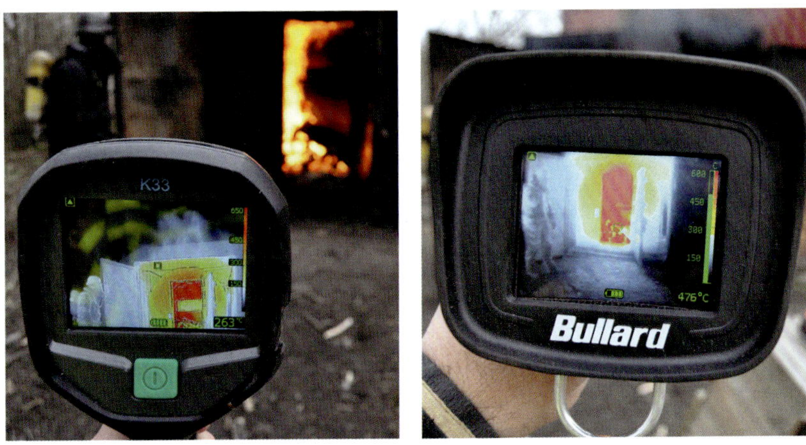

Abb. 88a und b: Die Person auf der linken Seite im FLIR- und Bullard-Wärmebild ist gut zu erkennen. (Quelle: Guido Volkmar)

Welche Erkenntnisse entnehmen Sie aus der vorliegenden Displayanzeige?

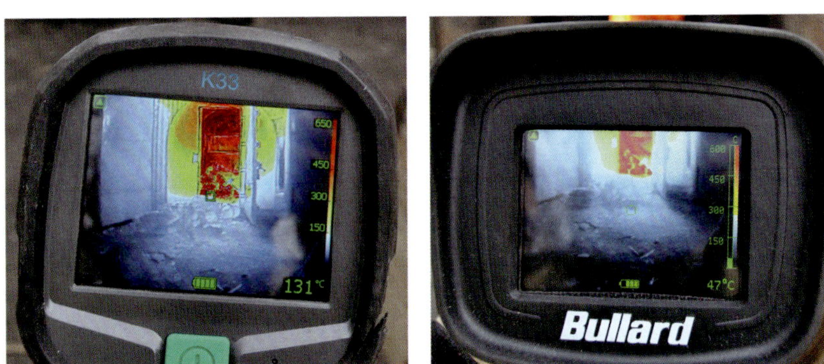

Abb. 89a und b: Darstellung des FLIR- und Bullard-Wärmebilds, leicht nach unten geschwenkt. (Quelle: Guido Volkmar)

3.2.1.3 FOR-System

Seit 2022 sind alle LEADER G-CORE Infrarotmodule mit dem **FOR-System** (**F**ast **O**bject **R**ecognition) ausgestattet:

G-Core Modul ohne FOR-System G-Core Modul mit FOR-System

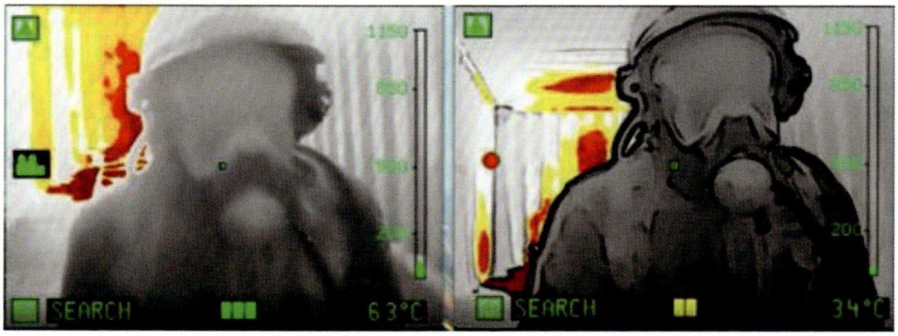

Abb. 90: Objekte oder Personen auf dem Bild sind von einem deutlichen schwarzen Umriss umgeben, der eine deutlich schnellere Erkennung und Beurteilung der Szene ermöglicht. Das Bild ist kontrastreicher und hat einen helleren Hintergrund für ein deutlicheres Bild. (Quelle: LEADER Group)

Das FOR-System ist **standardmäßig in allen Farbmodi** aktiviert und wird in den Modi FIRE und INVERSE bei Temperaturen über 150 °C automatisch deaktiviert. Damit sollen Störungen der Farbverläufe bei hohen Temperaturen vermieden werden, bei denen die Bildanalyse wichtig ist.

Tab. 3: FOR-System (Quelle: LEADER Group)

	FIRE MODE	**SEARCH MODE**	**INV. MODE**	**COLD MODE**	**MULTICOLOR**
FOR-System (Fast Object Recognition)	Nur aktiv bei < 150 °C	Immer aktiv	Nur aktiv bei < 150 °C	Immer aktiv	Immer aktiv

3.2.2 Temperaturdifferenzen sind das A und O

Weshalb die angezeigten Temperaturwerte ggf. nicht sinnvoll auswertbar sind, wird in Kapitel 2.5 ausführlich besprochen.

An dieser Stelle sei der Hinweis erlaubt, dass erste Ideen dahin gehen, konkrete Temperaturzahlenwerte auf dem Display zukünftig nicht mehr darzustellen. Vielmehr sollen nur noch die unterschiedlichen nach Hersteller zu Hersteller variierenden Farbdarstellungen die vorhandenen Temperaturbereiche visualisieren.

Eine konkrete, in allen Situationen verlässliche Temperaturmessung ist mit einer Wärmebildkamera nicht möglich! Insbesondere nicht mit einer Wärmebildkamera, die für den Feuerwehreinsatz verwendet werden soll.

Einer der Gründe ist der in Kapitel 2.3.5 angesprochene Emissionsgrad, der von Material zu Material unterschiedlich ist und bei Wärmebildkameras für den Feuerwehreinsatz mit 0,93–0,97 fix und unverstellbar vorgesehen ist. Mit diesem Wert werden die meisten Materialien sinnvoll abgedeckt. Allerdings mit dem Nachteil, dass konkrete Temperaturmessungen auf einen Grad genau nicht durchgeführt werden können. Für die Belange bei der Feuerwehr vollkommen ausreichend, da Tendenzen und Temperaturunterschied sinnvoll dargestellt werden können, aber als „genaue" Temperaturmessung ungeeignet.

Im Zusammenhang mit den unterschiedlichen Modi für die Bewertung der Energiegehalte durch entsprechende Farbwiedergabe auf dem Display wird an dieser Stelle auf Kapitel 3.3.2 verwiesen, in dem die unterschiedlichen Modi erläutert werden. Zusätzlich wird bei den unterschiedlichen Beispielen im vorliegenden Buch versucht, von jedem Versuchsaufbau möglichst jede Farbpalette darzustellen, um die einzelnen Unterschiede zu verdeutlichen.

So effektiv eine Wärmebildkamera bei Temperaturdifferenzen ist, so uneffektiv ist sie gleichzeitig bei annähernd gleichen Temperaturen auch unterschiedlicher Materialien. Da der Emissionsgrad herstellerabhängig in einem Bereich zwischen 0,93–0,97 für eine Wärmebildkamera fest eingestellt ist, müssen wir mit dieser Unzulänglichkeit umgehen, da wir seitens der Kameraeinstellung und der sich hieraus ergebenden Kamerawahrnehmung meist keine Veränderung vor Ort vornehmen können.

Temperaturdifferenz → Wärmebild

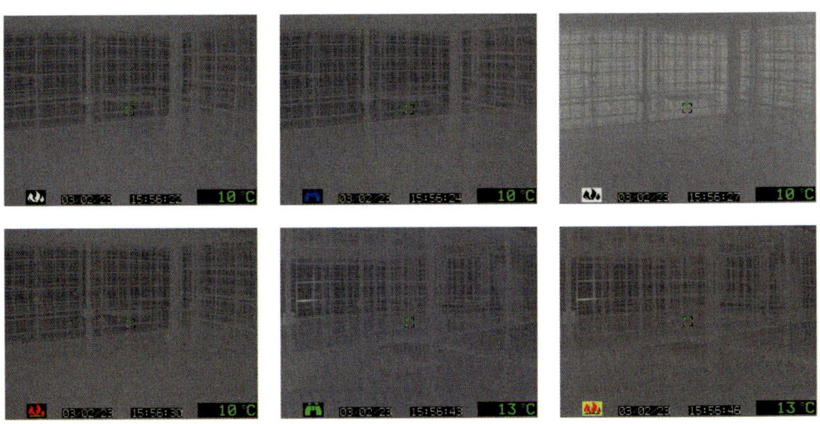

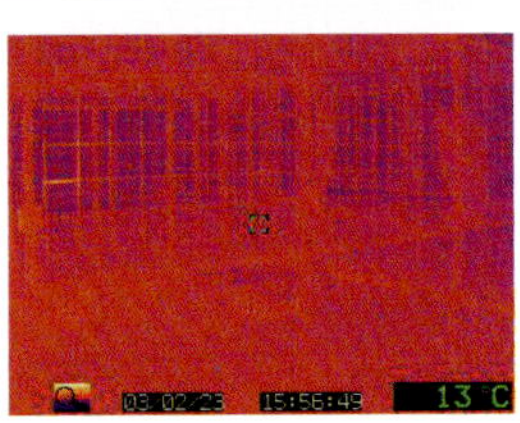

Abb. 91a bis g: Die Bilder unterstreichen erneut eindeutig, dass bei Abwesenheit von Temperaturdifferenzen kein kontrastreiches Bild mit einer Wärmebildkamera erzeugt werden kann. (Quelle: Guido Volkmar)

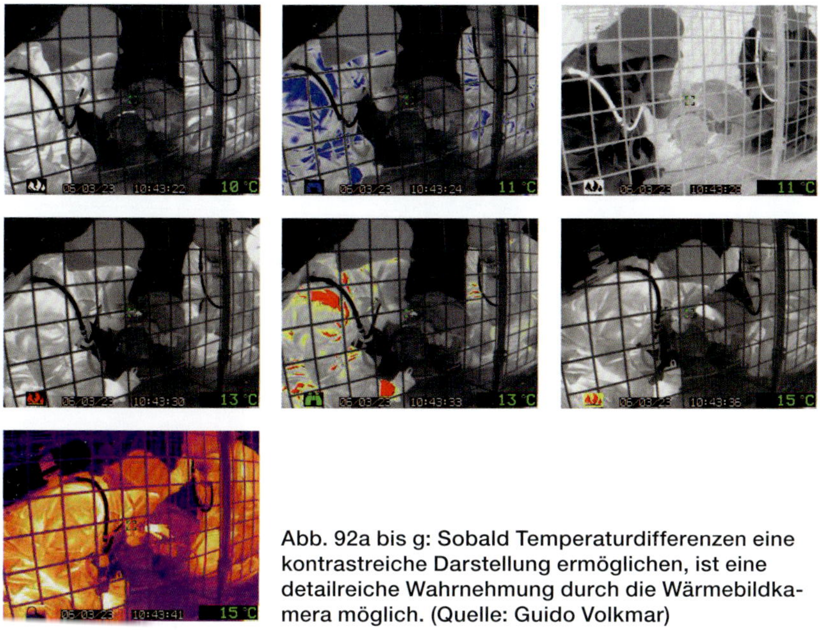

Abb. 92a bis g: Sobald Temperaturdifferenzen eine kontrastreiche Darstellung ermöglichen, ist eine detailreiche Wahrnehmung durch die Wärmebildkamera möglich. (Quelle: Guido Volkmar)

Je nach ausgewählter Farbpalette können mehr oder weniger Details bewertet werden. Zusätzlich wurden alle Bilder aufgrund des Temperaturniveaus im Hochempfindlichkeitsbereich aufgenommen, da die vorhandene Wärmeenergie den Messensor nicht überflutet hat.

Wichtig ist an dieser Stelle, dass die unzureichende Darstellung bei einheitlicher Temperatur und Fehlen von Temperaturdifferenzen von der realen Temperatur unabhängig ist.

Für die Wärmebildkamera ist es unerheblich, ob sie die gleiche, einheitliche Temperatur bei 20 °C oder bei 220 °C detektiert. Wenn die Temperatur im gesamten Bereich gleich ist, wird sie kein Bild, also keine Unterschiede, die ein Bild darstellen, anzeigen können.

Da die meisten Übungen und Trainings im Umgebungstemperaturbereich durchgeführt werden, wird dieser Effekt für höhere Raumtemperaturen ausgelassen. Gleichzeitig bleibt der Lerneffekt hierfür aus, da die Nutzer der Wärmebildkamera davon ausgehen, dass bei höheren Temperaturen „selbstverständlich" ein besseres (bedeutet detailreicheres) Bild auf dem Display erscheinen wird als in einer nicht beheizten Atemschutzübungsstrecke.

Das gilt ebenfalls für einige andere Effekte wie u.a. das „Übersehen" einer bewusstlosen Person in unmittelbarer Nähe eines Brandherds. Auch hier kann durch die Wärmestrahlung die bewusstlose Person so erwärmt oder zumindest angestrahlt worden sein, dass sie im Hochtemperaturmodus (d.h. im Niedrigempfindlichkeitsmodus) einer Wärmebildkamera von dem Brandherd auf Entfernung nicht zu unterscheiden ist.

BETTER
UNDER
FIRE
Wärmebildkameras und WBK-Training
Bullard®
www.bullard.com
SAFETY. SINCE 1898.™

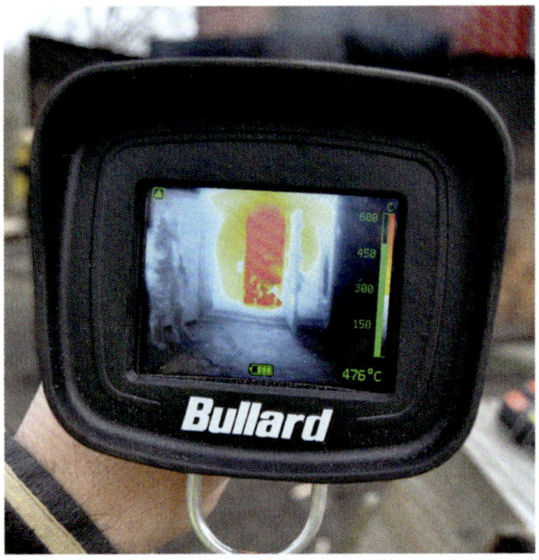

Abb. 93: Person am linken Rand zu erkennen. (Quelle: Guido Volkmar)

Abb. 94: Person vor dem Brandraum nicht zu erkennen. (Quelle: Guido Volkmar)

Abb. 95: Person vor dem Brandraum kaum zu erkennen. (Quelle: Guido Volkmar)

Abb. 96: Im Realbild (oberhalb der Wärmebildkamera) ist die vorhandene reale Person vor dem Brandraum gut zu erkennen. Die physikalischen Hintergründe sind ab Kapitel 2.4.3 erläutert. (Quelle: Guido Volkmar)

Schutzkleidung speichert Wärme

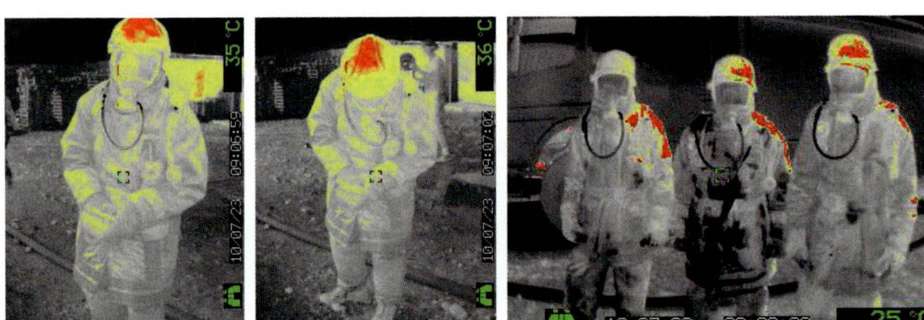

Abb. 97a bis c: Wärmeaufnahme von Ausbilder und Teilnehmer nach einer Realbrandausbildungsübung. Deutlich ist die in der Schutzkleidung gespeicherte Wärme auch nach Verlassen der Anlage zu erkennen. Die höchste Wärmeenergie hat eindeutig der Helm. Auch wenn die Wärmeenergie in der Schutzkleidung eventuell nicht wahrgenommen wird, so nimmt der Körper sie auf und wird durch sie beeinflusst (Stichwort: Hitzestress). (Quelle: Guido Volkmar)

3.2.3 Wärmebilddämpfung durch Löschwasser

Bilderfolge zur Verdeutlichung der Wahrnehmungsabschwächung für eine Wärmebildkamera durch Löschwasser als Dämpfungsbeispiel bei einem Strahlrohrtraining mit offener Flamme:

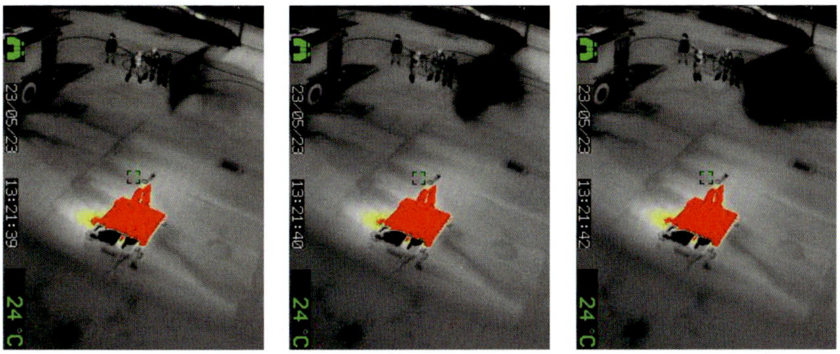

Trupp in Bereitstellung mit Schlauchaufsicht, Test Wassernebel, Simulationsflamme aus, Anzeige von Restwärme aus Vorversuchen.

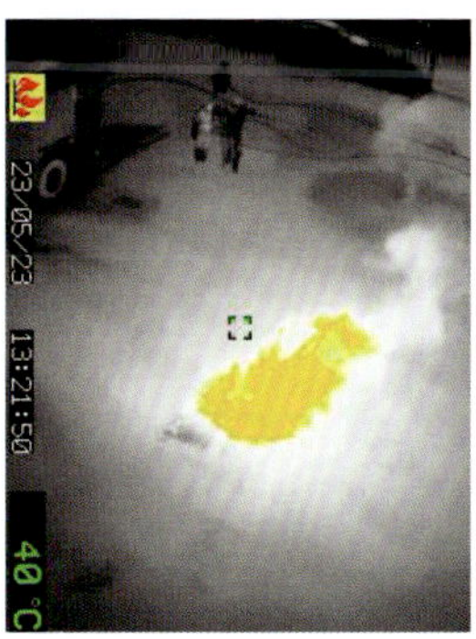

Trupp in Bereitstellung mit Schlauchaufsicht, Flammenfackel aus.

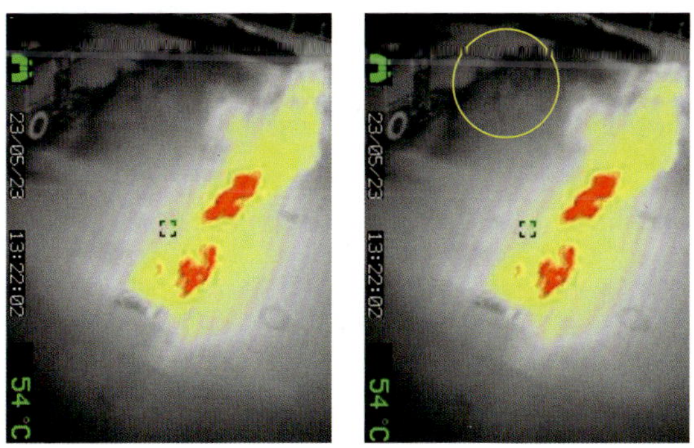

Angriff zum Abschiebern – Fackelflamme an, Wassernebel an, Trupp durch Wassernebel nicht mehr zu sehen!

Wasser dämpft Wärmestrahlung

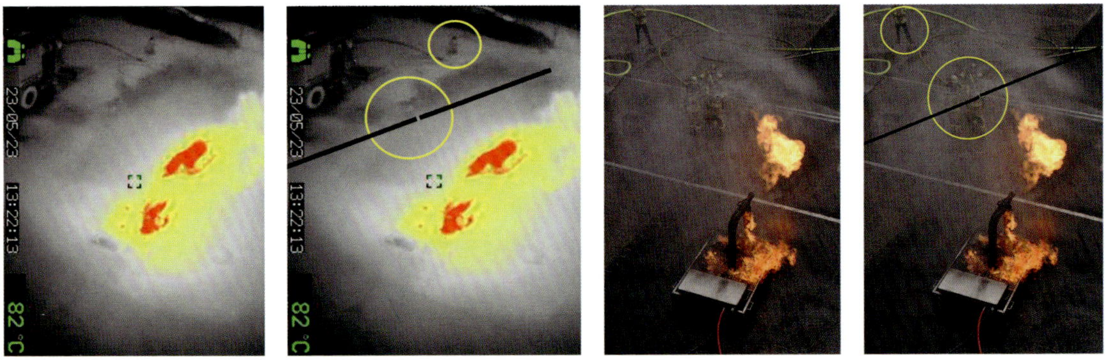

Angriff zum Abschiebern – Fackelflamme an, Beginn des Verschiebens der Flamme, Trupp durch Wasserne-bel nicht mehr zu sehen!

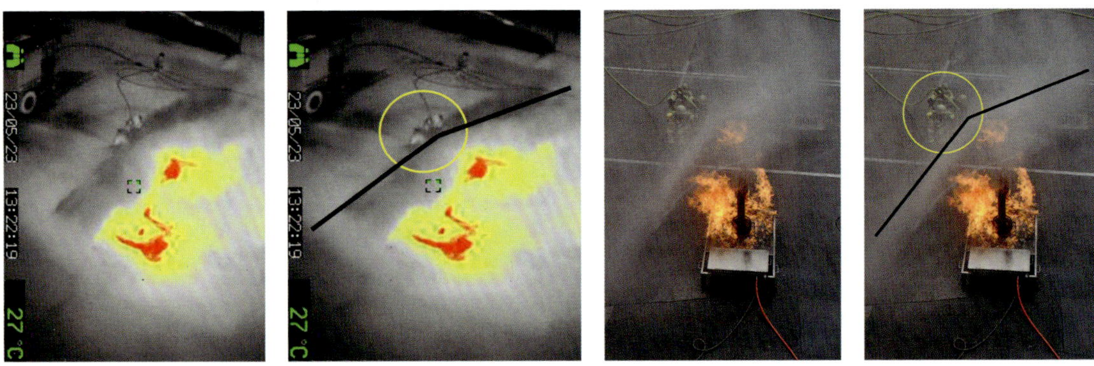

Angriff zum Abschiebern – Fackelflamme an, Beginn des Verschiebens der Flamme.

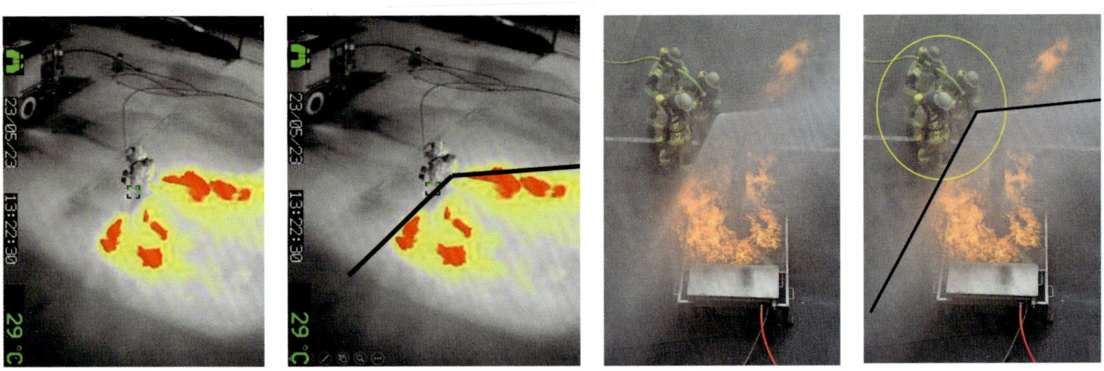

Aktion vor Abschiebern – Fackelflamme an, aber verschoben.

Aktion Beginn Abschiebern – Fackelflamme an, aber verschoben.

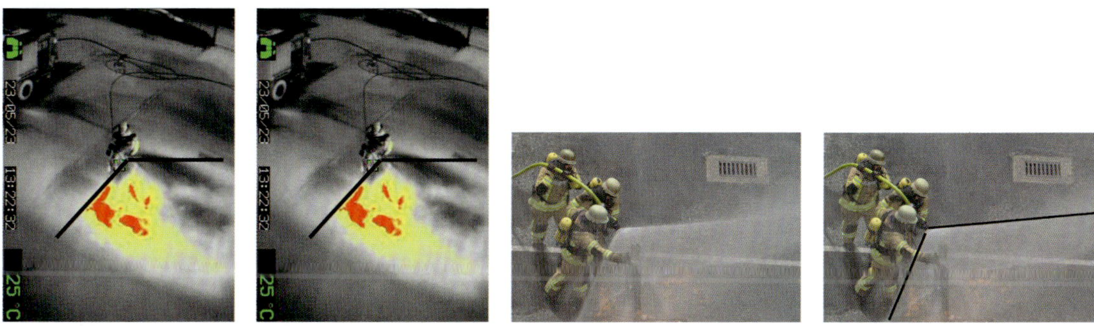

Aktion Abschiebern – leider genau im grünen Kasten – Fackelflamme aus!

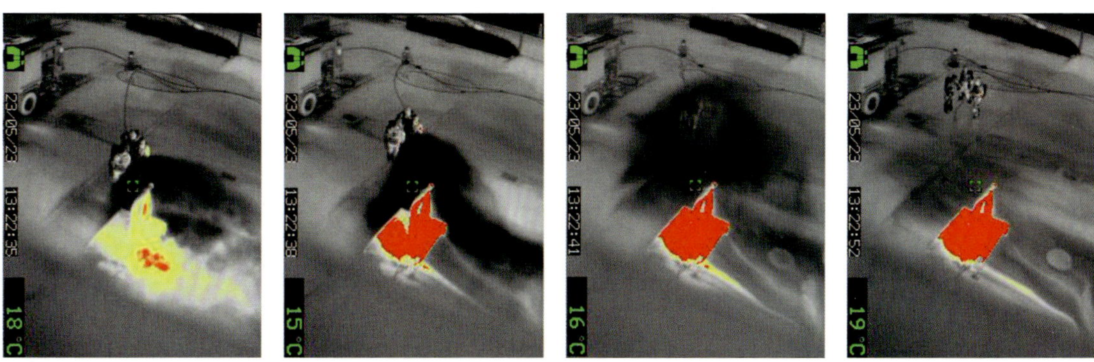

Rückzug mit Wassernebel – kurz nach Abschiebern – Brandstelle noch heiß → hellgelb!

Rückzug mit Wassernebel – Trupp wegen engem Sprühbild gut zu erkennen → nach Abschiebern Brandstelle kühler → rot!

Rückzug mit Wassernebel – Trupp schwach zu erkennen.

Position nach „Wasser halt!".

Abb. 98: Darstellung der Dämpfung von Wärmestrahlung durch Wassernebel. (Quelle: Guido Volkmar)

Es wird an dieser Stelle empfohlen, ein Wärmebildkameratraining unter realistischen Bedingungen in einer **heißen** Umgebung durchzuführen. Ob es sich hierbei um eine real verrauchte Umgebung handelt (holzbefeuerte Übungsanlage) oder eine einsatztaktische (gasbetriebene) Anlage, ist zunächst unwesentlich, da die Wärmestrahlung den Rauch durchdringt.[1]

Die Darstellung des die Bildgebung beeinflussenden dichten Rauchs und/ oder Wasserdampfs kann ggf. zu einem anderen Zeitpunkt dargestellt werden.

Die häufigste Beeinflussung eines deutlichen Bilds auf dem Display kommt durch eine Verschmutzung – von Display oder der Germaniumlinse – und der Sichtscheibe des Atemschutzanschlusses!

3.2.4 Aktive Beeinflussung von Temperaturdifferenzen durch den vorgehenden Trupp im Brandeinsatz

Um ein in einer realistischen Einsatzsituation interpretierbares Wärmebild zu erhalten, muss man unter Umständen als vorgehender Trupp selbst entsprechende Temperaturdifferenzen in der Einsatzstelle erzeugen.

Dies geschieht im Brandeinsatz am einfachsten durch Abgabe von Wasser auf die thermisch aufbereiteten Oberflächen. Dabei ist es grundsätzlich egal, ob diese Oberfläche pyrolysiert oder nicht. Es geht in diesem Moment nicht um eine Brandbekämpfung, sondern um eine Kühlung. Nicht als Löscheffekt, sondern zur Erzeugung einer Temperaturdifferenz.

Viele Leser werden dieses „Painting“ von Wänden kennen. Hierbei mag es auch um die Bekämpfung einer weiteren Pyrolyse gehen, gleichzeitig wird der Effekt der durch die Kühlung erreichten Temperaturdifferenz deutlich.

Und an der Stelle, wo die Temperatur am schnellsten erneut ansteigt, wird es weiter in Richtung des Brandherdes gehen. Mit viel Glück lassen sich so schnell Brandherde aufspüren. Insbesondere bei bereits aufgeheizten und somit kritischen Situationen für den vorgehenden Trupp.

Heiße Oberflächen kühlen → Wärmebild

Unter der Voraussetzung, dass das anwendbare Löschwasser eine Temperaturdifferenz zur betrachteten Umgebung hat (kälter oder wärmer), kann auch bei Umgebungstemperatur eine Wasserabgabe zur Orientierung im

[1] Im weiteren Verlauf der Aus- und Fortbildung ist eine holzbefeuerte Anlage unabdingbar, da nur hier die Konvektionsströme realen Rauchs, deren Verhalten und Auswirkungen und Darstellung im Wärmebild der am eigenen Standort vorhandenen Wärmebildkamera erfahren werden können.

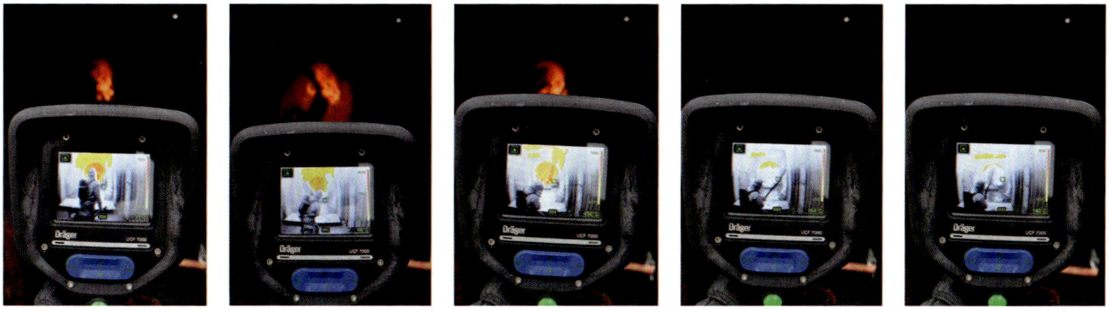

Abb. 99a bis e: In der Bilderfolge wird das Painting (Kühlen der Oberflächen im Raum zur Erzeugung von Temperaturdifferenzen) gezeigt. (Quelle: Guido Volkmar)

Raum sinnvoll sein. Beispielsweise bei einem Vorgehen bei ausgelöster Brandmeldeanlage im verrauchten Bereich ohne bisherige thermische Feststellung. Vielleicht ist hier ein leichter Sprühnebel aus dem mitgeführten Kleinlöschgerät das Mittel der Wahl.

Nach wie vor gilt es dennoch grundsätzlich, nach Abwägung der Verhältnismäßigkeit der Mittel, einen eventuellen Wasserschaden so gering wie möglich zu halten!

Je besser sich der Wärmebildkameranutzer mit seinem Hilfsmittel auskennt, desto größer wird sein Anwendungs- und Interpretationsspielraum.

Eine Wärmebildkamera kann ausschließlich Temperatur- und somit Energiedifferenzen auflösen!

3.2.5 Warum erscheint das Wärmebild von Wärmebildkameras nachts schärfer?

Die Helligkeit der Umgebung hat keine direkte Auswirkung auf die Funktionsweise von Infrarotkameras. Dennoch können diese nachts „besser bzw. schärfer sehen“. Bei Nacht ist die Umgebungstemperatur und, was noch wichtiger ist, die Kerntemperatur von ansonsten unbeheizten Objekten meistens deutlich niedriger als bei Tag. In der Nacht kühlt es ab. Die vom Bildsensor aufgenommene Wärmestrahlung wird deshalb mit höherem Kontrast auf dem Bildschirm angezeigt.

Selbst zu kühleren Jahreszeiten absorbieren Gebäude, Straßen, Menschen, Tiere und Pflanzen bei Tageslicht einen Teil der Wärmeenergie der Sonne. Und für jeden Temperaturgrad, um den sich diese Objekte erwärmen, heben sie sich am Tag weniger deutlich von anderen warmen Objekten ab, die der Sensor der Kamera erkennt.

Gleichzeitig zeigen die meisten Wärmebildkameras warme Objekte aufgrund der Emission der von ihnen aufgenommenen Energie nach mehreren Stunden Dunkelheit (Abkühlung) und nicht direkt nach Sonnenuntergang mit schärferem Kontrast an und selbst bei Tageslicht sind sie in der Regel am frühen Morgen effektiver als mitten am Nachmittag.

Wie aus dem Abstandsgesetz der elektromagnetischen Welle bekannt ist, nimmt die Intensität der Energie ab mit dem Quadrat der Entfernung.

Im Gegensatz zu für den Objektschutz eingesetzten Wärmebildkameras ist eine Wärmebildkamera für den Feuerwehreinsatz nicht dafür prädestiniert, einen (Sicht-)Bereich bis zu mehreren hundert Meter abzudecken.

Dennoch kann sie wertvolle Hinweise liefern, wenn man sich mit der Grundidee der Wahrnehmung genauer beschäftigt.

Es wird in diesem Fall nicht um eine eindeutige Erkennung bzw. Identifikation eine Person gehen. Aber auch mit einer Wärmebildkamera für die Feuerwehr kann eine Wärmequelle über eine größere Entfernung wahrgenommen werden. Hierdurch kann der erste Anhaltspunkt für eine weitere Suche durchaus gefunden werden.

Zusätzlich muss bei einer Personensuche beachtet werden, dass die zu suchende Silhouette im Freien oder über eine größere Entfernung eine andere ist, als bei einem Innenangriff.

Wird im Brandeinsatz eine kleine Oberfläche (Kopf) mit Temperaturunterschied gesucht, so kann es bei einer Personensuche in der Fläche aufgrund des eventuell erhöhten Standorts eine flächige Silhouette sein, auf die es ankommt.

Grundsätzlich kann an diesem Beispiel festgehalten werden, dass Darstellungen auf dem Display einer Wärmebildkamera als Bild und somit als Gegenstand/Person erkannt werden, wenn die „Bilder“ zuvor schon einmal vom Wärmebildkameranutzer wahrgenommen wurden.

Je mehr „Wärmebilder“ im Kopf vorhanden sind, desto eher und genauer kann eine spätere Bewertung der Displayanzeige im Kopf erfolgen!

Übung macht den Meister

Ein ebenfalls wichtiger Punkt ist in diesem Zusammenhang die Zweidimensionalität des Bilds auf der Displayanzeige.

Es fehlt jede räumliche Zuordnung innerhalb des Raums. Abstände können schwer bis gar nicht eingeschätzt werden. Dieses Phänomen kennt jeder Wärmebildkameranutzer, wenn der mit dem Blick durch die Kamera versucht, die Türklinke zu ergreifen. Wenn es direkt klappt, ist es meist Zufall. In der Vielzahl der Fälle greift man zuerst einmal daneben. Ähnlich geht es den Sporttauchern. Hier allerdings aufgrund eines anderen physikalischen Phänomens, der Brechung des visuellen Lichts an unterschiedlichen Fluidgrenzen. Unter Wasser stellt sich für den Taucher der Abstand zu Gegenständen ebenfalls falsch dar. Er erscheint – wie bei der Wärmebildkamera – kürzer. Der Sporttaucher greift ebenso zu kurz wie der Nutzer einer Wärmebildkamera.

Warum? Weil die Proportionen größer dargestellt werden, als sie in Realität sind.

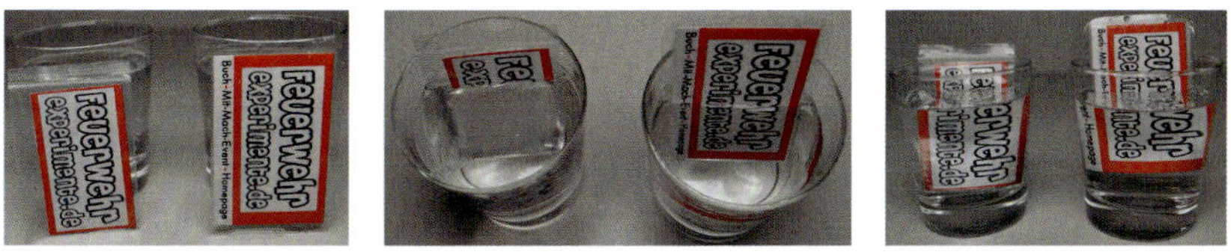

Abb. 100a bis c: Die linke Karte befindet sich in einem Kunststoffbeutel, die rechte wurde laminiert. Da im Kunststoffbeutel Luft eingeschlossen ist, ergeben sich mehrere unterschiedlich dichte Medienübergänge, an denen sich das sichtbare Licht unterschiedlich bricht. Hierdurch wird der Vergrößerungseffekt einer Taucherbrille simuliert. Bei der rechten einlaminierten Karte gibt es keine Medienübergänge, da keine Luft im System vorhanden ist. Es gibt in jeder Position ein klares Bild. (Quelle: Guido Volkmar)

Durch diesen Versuch soll das grundsätzliche Gespür für eine Fehleinschätzung im Einsatz erkennbar gemacht werden. Auch wenn der physikalische Zusammenhang hier ein anderer ist als bei der Zweidimensionalität eines Wärmebildes.

Vom Grundsatz ist das Ergebnis für beide, Wärmebildkamerabenutzer und Sporttaucher gleich:

Man schätzt den Abstand falsch ein!

Abstände im zweidimensionalen Wärmebild

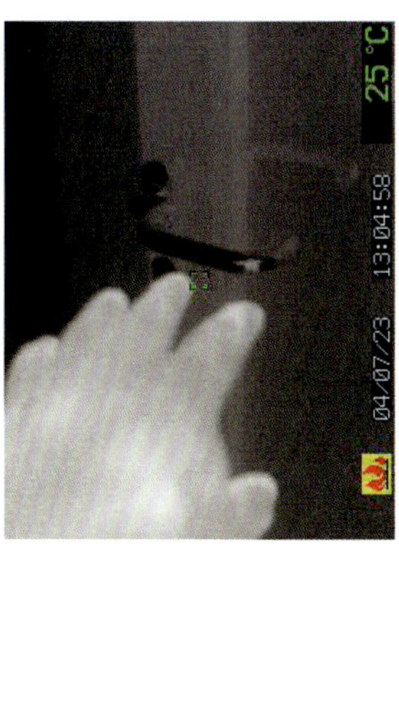

Abb. 101: Hier wird im Wärmebild dargestellt, dass der nach dem Türgriff Greifende im Wärmebild den falschen Abstand einschätzt.
(Quelle: Guido Volkmar)

■ Warum ist diese Erkenntnis für uns im Einsatz von entscheidender Bedeutung?

Hierin liegt begründet, weshalb man nicht permanent während des Vorgehens durch die Wärmebildkamera schauen sollte. Man verliert das Verhältnis zum Abstand von Gegenständen! Und nicht nur das: Gefährlicher ist die Fehlinterpretation bei Abständen zu absturzgefährdeten Bereichen! Diese können meist visuell über die Wärmebildkameradarstellung nicht richtig wiedergegeben werden! (Hinweis: Glücklicherweise ist die betrachtete Situation eher weiter weg, als zu nah dran!)

Eine Wärmebildkamera dient der Orientierung im Raum! Sie ist durch ihre technischen Einschränkungen keine realitätsnahe Wiedergabe der Umgebung und sollte als Hilfsmittel eingesetzt werden!

Eine haptische Suche ist insbesondere beim Vorgehen (z.B. mit dem Düsseldorfer Schleifschritt) oder bei der Personensuche zeitlich schneller und somit vorzuziehen.

3.2.6 Zusammenfassung – Anwendungsbereiche und Einsatzgrenzen der Wärmebildkamera

Eine Wärmebildkamera kann

- Wärmeenergie aufnehmen und durch ihre Technik in eine Bildgebung auf dem Display anzeigen.
- durch Verrauchung Energien wahrnehmen und als Bild darstellen.
- bei vorhandenen Temperaturdifferenzen ein kontrastreiches Bild darstellen.
- je nach Modell unterschiedliche Farbpaletten haben, um die Wahrnehmung je nach Situation zu optimieren.
- die einsatztaktische Vorgehensweise und insbesondere die Menschenrettung erheblich beschleunigen.
- Wärmeströmungen durch ihre Messtechnik sichtbar darstellen.
- alle Wärmeübertragungsmöglichkeiten (Strahlung, Leitung, Mitführung) je nach situativem Zusammenhang bildlich darstellen.

Eine Wärmebildkamera kann nicht

- durch Glas blicken.
- durch Wasser(nebel) blicken.

- durch sehr starke und dichte Verrauchung Temperaturdifferenzen wahrnehmen.
- ohne Temperaturdifferenzen ein kontrastreiches und somit aufschlussreiches Abbild der Situation liefern (temperaturunabhängig!).
- Objekte hinter anderen Wärmequellen wahrnehmen.
- reflektierende Oberflächen realistisch bewerten.
- die Oberflächentemperaturen von allen Materialien korrekt messen.
- Wärmereflexionen (passive Strahler) von eigenständigen (aktiven) Strahlern unterscheiden.
- ein originalgetreues Abbild, sondern immer nur Fehlfarbenbilder darstellen.
- Wärme durch isolierte Behälter feststellen.
- bei Übersättigung des Sensors Bilddarstellungen erzeugen.

Einsatzgrenzen einer Wärmebildkamera

Eine weitere Einschränkung durch die Kameratechnik liegt in der Auflösung begründet.

Hierbei ist es leider nicht so wie bei Digitalkameras, bei denen die Größe des Sensors die Detailgenauigkeit des späteren Bildes bestimmt. Teilweise kann es sogar sein, dass ein Sensor mit einer geringeren Pixelanzahl ein besseres Bild liefert. Das ist dann der Fall, wenn Sensor und Displayauflösung aufeinander abgestimmt sind.

Die meisten Wärmebildkameras verfügen über folgende Auflösungsbereiche der Sensoren:

- 160 × 120
- 320 × 240
- 384 × 288

Was hat es mit diesen Auflösungen, die weit von heutigen Flachbildschirmen oder Smartphones entfernt sind, auf sich?

Wie bei einer Digitalkamera erfasst auch der Detektor einer Wärmebildkamera im Thermogramm Bildpunkte (Pixel), die in einer sogenannten Sensormatrix angeordnet sind.

Eine Sensormatrix von 160 × 120 Pixeln umfasst insgesamt 19.200 Pixel und gibt damit auch 19.200 einzelne Messwerte wieder. Eine Kamera mit einem Detektor von 320 × 240 Pixeln (=76.800 Pixel) erzeugt daher viermal so viele Messwerte wie eine Kamera mit 160 × 120 Pixeln.

Fazit: Je höher die Auflösung, desto besser kann eine Wärmebildkamera kleinere Objekte aus größerer Entfernung messen und scharfe Wärmebilder für die Darstellung auf dem Display liefern.

Die Auswirkungen stellen folgende Werte gut dar:

160 × 120 → die Hand einer Person ist in **2 m** erkennbar

320 × 240 → die Hand einer Person ist in **4,5 m** erkennbar

384 × 288 → die Hand einer Person ist in **6 m** erkennbar.

Auflösungen

Die optimale Auflösung im endgültigen auf dem Display dargestellten Bild ergibt sich folglich erst dann, wenn die Auflösung des Sensors zum Darstellungsvermögen des Displays passt.

Diese Information ist wichtig für eine Personensuche der anderen Art. Nicht in einer warmen Umgebung in einem Brandgeschehen, sondern in der freien Natur in die Sicht behindernde Umgebung. Hier kann der Einsatz einer Wärmebildkamera sehr hilfreich sein, um vermisste Personen von einem möglichst erhöhten Sichtplatz ausfindig zu machen. Auf die Besonderheiten und Unterschiede zwischen beiden Anwendungsbereichen (Innenangriff/freie Umgebung) gehen wir im Kapitel 5.1 ein.

Im Innenangriff, konkreter im Wohnungsbrand wird keine große Entfernung zu überbrücken sein, da die normalen Räumlichkeiten in ihrer Ausdehnung begrenzt sind. Im Industriebau und erst recht im Freien sieht es damit schon ganz anders aus.

Wie zu erwarten, ist die Auflösung des Kamerabilds in Abhängigkeit von der Sensorgröße am genauesten, wenn der Abstand möglichst gering ist.

Der physikalische Zusammenhang lässt sich anhand der dargestellten Skizze gut nachvollziehen.

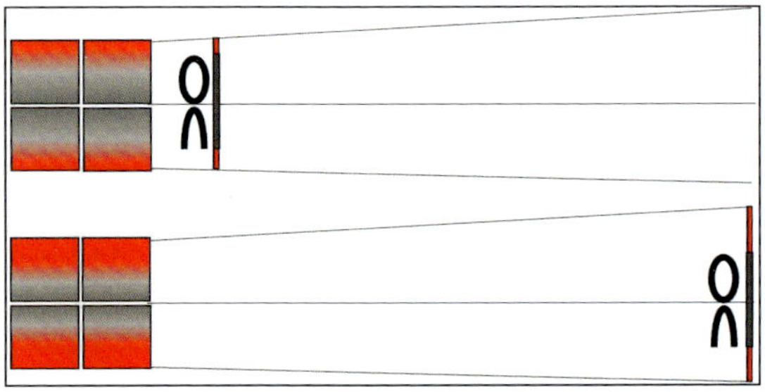

Abb. 102: Darstellung der Auflösungsmöglichkeiten bei einem Detektor mit geringer Sensoranzahl im Nah- und im Fernbereich. Die Auflösung ist entsprechend gering, da die aufzunehmenden Daten auf wenige Sensoren treffen. Die Detailgenauigkeit wird gering sein. (Quelle: Guido Volkmar, eigene Darstellung)

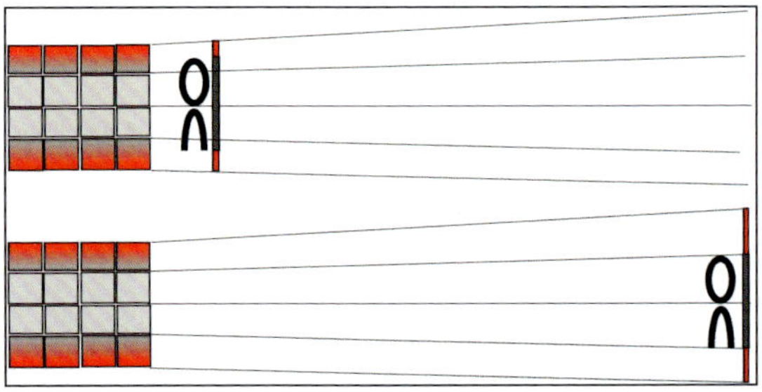

Abb. 103: Darstellung der Auflösungsmöglichkeiten bei einem Detektor mit höherer Sensoranzahl im Nah- und im Fernbereich. Die Auflösung ist entsprechend hoch, da die aufzunehmenden Daten auf mehr Sensoren treffen. Die Detailgenauigkeit wird größer sein. (Quelle: Guido Volkmar, eigene Darstellung)

Grundsätzlich geht es um die Pixelanzahl des Sensors, die eine Energie detektiert. Je mehr Pixel Energie detektieren, desto genauer kann ein detailliertes Bild entstehen.

3.3 Kameramodi

Was sagt die NFPA 1801-2021 in Bezug auf die Einfärbung aus?

Im BASIC-Modus muss der Wärmefarbreferenzbalken eine Farbskala haben, die nur die folgende Einfärbung umfasst:

- **Grau** am unteren Rand des Wärmefarbreferenzbalkens, bevor die Farbanzeige beginnt und darf nicht mehr als 50 Prozent der Gesamthöhe des Wärmefarbreferenzbalkens ausmachen
- **Gelb** am unteren Ende der Wärmefarbreferenzleiste
- **Orange** in der Mitte der Wärmefarbreferenzleiste
- **Rot** am oberen Ende der Wärmefarbreferenzleiste

Dies ist der NFPA 1801-zugelassene Farb-/Temperaturverlauf für Wärmebildkameras unter der Basic Color Palette. Dieser Farb-/Temperaturverlauf soll von kalt nach heiß verlaufen. Dies ist in NFPA 1801 Abschnitt 6.6.4.1.9 und 6.6.4.2.3–6.6.4.2.6 zu finden.

Der Endbenutzer muss sich mit seiner spezifischen Wärmebildkamera vertraut machen, wann er die Kolorierung aktiviert und wissen, wie viel Prozent der Pixel in seinem Sichtfeld vorhanden sind, um sie kompetent nutzen zu können.

Die Einfärbung muss die von der Wärmebildkamera erzeugten Graustufen-Wärmebilder überlagern. Details im Wärmebild und im Farbbereich müssen für den Benutzer außer bei Sättigung weiterhin auflösbar bleiben. Dies ermöglicht eine bessere Entscheidungsfindung im Vergleich zu früheren Infrarotbildern.

In der Thermografie wird die Einfärbung eines bestimmten interessierenden Bereichs als Isotherme bezeichnet.

Ältere Wärmebildkameras, die bei Feuerwehren im Einsatz sind, erzeugen in der Regel Wärmebilder in Graustufen, was eine gute Erkennbarkeit der Konvektionsströme ermöglicht, dem Endbenutzer jedoch die Interpretation viel zu vieler Grauschattierungen überließ.

Graustufen

Das menschliche Auge kann nur 30 Graustufen unterscheiden, unter Stress nur vier.

Daher können Feuerwehrleute durch das Hinzufügen einer transparenten Einfärbung Bereiche mit thermischer Brisanz schneller erkennen, wodurch eine unnötige thermische Beeinträchtigung der vorgehenden Kräfte und der Gebäudekonstruktion vermieden und eine schnelle Brandentwicklung verhindert bzw. vorhergesagt werden.

Diese Bildverbesserungsfunktion ermöglicht es Feuerwehrleuten, Bereiche zu sehen, die zuvor übersehen wurden oder mit einer Standard-Wärmebildaufnahme nicht sichtbar waren.

Kamerabereiche, die sich hinter Flammen befinden, werden umrissen, so dass Feuerwehrleute Bereiche wie

- Personen,
- Türen,
- Treppen und
- Löcher in Böden usw.

sehen können, die zuvor durch die Farbgebung oder den Mangel an Details verdeckt waren.

Wichtig bei der transparenten Farbgebung ist das Wissen des Anwenders, wann **seine** Wärmebildkamera in welchem Farbmodus welche Farbe unter welchen Bedingungen anzeigt.

Diese sind teilweise von Hersteller zu Hersteller unterschiedlich!

Deshalb ist es für Feuerwehrleute wichtig zu verstehen, dass sie **ihr** spezifisches Modell der Feuerwehr-Wärmebildkamera kennenlernen und verstehen, da jedes Modell in der Farbgebung unterschiedlich ist.

Farbe ≠ Wärme

Und zu guter Letzt müssen Feuerwehrleute sich darüber im Klaren sein, dass das Fehlen von Farbe im Wärmebild nicht das Fehlen von Wärme in der Realität bedeutet!

3.3.1 Konvektionsströme

Feuerwehrleute müssen sich darüber im Klaren sein, dass viele Wärmebildkameras aus dem Bereich der Feuerwehr erst bei bestimmten Temperaturen eine (transparente) Einfärbung zeigen.

Zusätzlich zu diesen Informationen werden Konvektionsströme oft in Graustufen dargestellt, da sie die Oberflächen aufheizen, aber die Temperaturunterschiede zeigen, wenn sie sich darüber bewegen.

Wenn festgestellt wird, dass sich schnell bewegende Konvektionsströme im Wärmebild in Graustufen über einem bewegen, sollte dies nicht ignoriert werden, denn es ist HEISS!

Wenn ein Feuerwehrmann bewegte Konvektionsströme wie diese im Wärmebild sieht, darf er sie **NICHT IGNORIEREN!**

- Konvektionsströme können real ebenso wie Pyrolysegase farblos sein! Die Wärmesignatur kann durch die Wärmebildkamera dargestellt werden.

- ► Konvektionsströme sind Energie! Sie bewegen sich von heiß zu kalt, von hohem Druck zu niedrigem Druck, von Gebieten mit hoher Dichte zu Gebieten mit geringerer Dichte und erhitzen alles, während sie sich darüber bewegen.
- ► Konvektionsströme sollten unbedingt gekühlt werden! Wenn dem vorgehenden Trupp klar ist, dass er Rauch mit hoher Geschwindigkeit nicht ignorieren darf, dann sollte ihm ebenso klar sein, dass er ebenfalls Konvektionsströme mit hoher Geschwindigkeit nicht ignorieren darf. Die heißen Konvektionsströme sind abzukühlen und nach der Abkühlung zum Brandherd weiter zu verfolgen!
- ► Konvektionsströme, die im Treppenraum wahrgenommen werden, sind besonders gefährlich, da der Treppenraum wie ein Schornstein wirkt und der Energiestrom durch ihn gelenkt und gebündelt wird. Diese Situation kommt häufig bei Kellerbränden vor.

Wenn auch nach Prüfung und Erkundung alternativer Zugänge die Notwendigkeit eines Betretens des durchströmten Treppenraums besteht und unabdingbar ist, so ist auch hier der Konvektionsstrom intensiv zu kühlen und gleichzeitig die Verweildauer im „Strömungskanal“ so gering wie möglich zu halten, um eine Energieaufnahme für den vorgehenden Trupp möglichst zu reduzieren. Auf eine entsprechende Abzugsöffnung für Wärme und Rauch an der obersten Stelle im Treppenraum sollte gedacht werden, damit es nicht zur Brandausbreitung durch einen Wärmestau im Dachgeschoss kommt.

Die Darstellung von realen Konvektionsströmen und die Darstellungen im Wärmebild der am jeweiligen Standort vorhandenen Wärmebildkameras sind zwingend für die Sicherheit der vorgehenden Einsatzkräfte in der Innenbrandbekämpfung notwendig! Erst durch die eigene Wahrnehmung während einer Aus- und Fortbildung kann das später im Einsatz auftretende Wärmebild richtig bewertet und eine sichere Entscheidung getroffen werden.

Konvektionsströme = GEFAHR!

3.3.2 Unterschiedliche Farbpaletten der Displayanzeige

■ Kunterbunte Welt, wie sie mir gefällt

Die Bezeichnungen und Funktionsbeschreibungen für die unterschiedlichen Farbpaletten sind herstellerabhängig unterschiedlich. Um einen Eindruck der Vielzahl der verfügbaren Varianten zu bekommen, werden nachfolgend einige Modi exemplarisch (!) aufgeführt und beschrieben. Die nachfolgende Übersicht ist nicht abschließend und enthält nicht alle Hersteller! Ebenfalls sind die angegebenen Temperaturbereiche hersteller- und modellabhängig und dienen als Zirka-Werte lediglich der Orientierung.

Folgende sieben unterschiedlichen Kameramodi werden dargestellt:

1. Standardmodus
2. Schwarz-Weiß-Feuerlöschmodus/White-Hot-Modus
3. Feuermodus
4. Such- und Bergungsmodus/Black-Hot-Modus
5. Wärmeerkennungsmodus
6. Kälteerkennungsmodus
7. Gebäudeanalysemodus/Regenbogenpalette

Jeder Modus ist für eine bestimmte Einsatzsituation wie z.B. die Brandbekämpfung optimiert. Zusätzlich unterscheiden sich die Modi auf folgende Weise:

Bei den ersten drei Modi-Varianten der obigen Liste schaltet die Kamera automatisch von dem Bereich mit hoher Empfindlichkeit (–20 °C bis +150 °C) auf den Bereich mit geringer Empfindlichkeit (0 °C bis +500 °C) um, wenn Objekte mit einer Temperatur von über 150 °C in das Bildfeld der Kamera gelangen und mehr als 2 % des Bildes einnehmen.

Bei den Symbolen 4–7 in der obigen Liste wird der Temperaturbereich auf den Bereich mit hoher Empfindlichkeit (–20 °C bis +150 °C) festgelegt. Dies ist nützlich, um das bestmögliche Bild für Objekte mit einer Temperatur unter 150 °C zu erhalten, selbst wenn Objekte mit einer Temperatur über 150 °C in das Bildfeld der Kamera gelangen.

Damit die Bildinterpretation für die Einsatzkräfte möglichst einfach ausfällt, wurden unterschiedliche Softwareunterstützungen entwickelt. Sie verstärken auf unterschiedlichen Varianten den Kontrast zwischen Feuer und wichtigen Details mit geringeren Temperaturen (z.B. Notausgänge).

3.3.2.1 Standardmodus

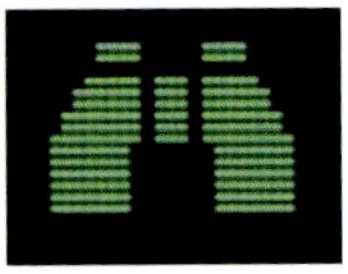

Der **Standardmodus** ist der Default-Modus der Kamera. Er ist ein Mehrzweckmodus für die Erstbekämpfung eines Brands mit Bergungsoperationen und Brandeindämmung.

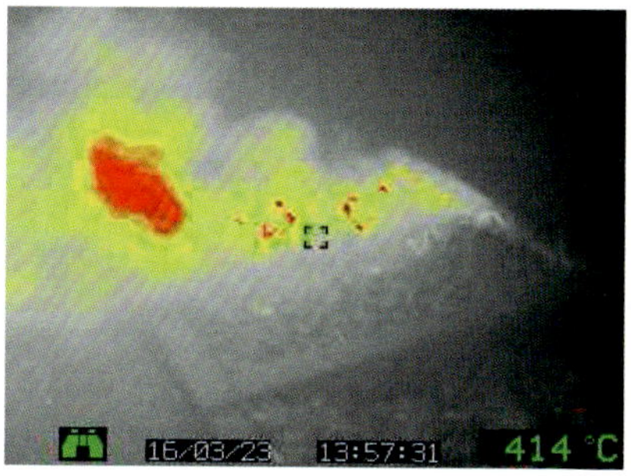

Die Kamera wechselt automatisch zwischen dem Hochempfindlichkeitsbereich und dem Niedrigempfindlichkeitsbereich, um ein optimales Infrarotbild zu erhalten, während gleichzeitig eine sichere und konsistente farbige Wärmedarstellung des Brandorts angezeigt wird.

- Automatischer Bereich
- Farbige Wärmedarstellung: +150 °C bis +500 °C
- Bereich mit hoher Sensitivität: –20 °C bis +150 °C
- Bereich mit niedriger Empfindlichkeit: 0 °C bis +500 °C

3.3.2.2 Schwarz-Weiß-Feuerlöschmodus/White-Hot-Modus

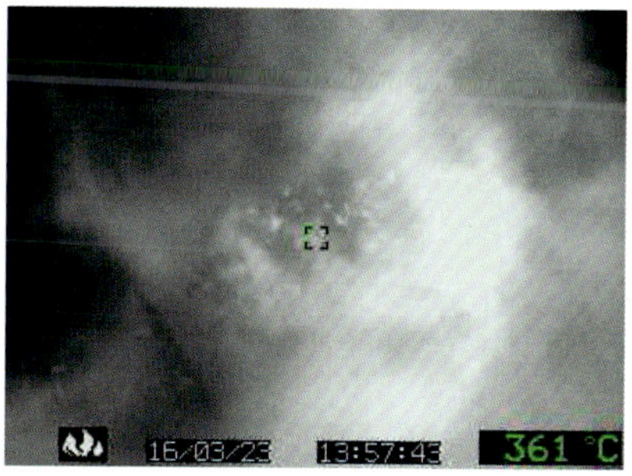

Der **Schwarz-Weiß-Feuerlöschmodus** ist ein standardisierter Feuerlöschmodus, der auf dem Standardmodus basiert. Es ist ein Mehrzweckmodus für die ersten Maßnahmen der Brandbekämpfung, welche Bergungsoperationen und die Eindämmung des Brands umfassen. Er wurde speziell für Feuerwehrdienste entwickelt, die keine Funktion zur farblichen Darstellung der Wärme verwenden möchten.

Das **heißeste** Objekt im Sichtfeld ist **weiß** (→ **White-Hot**-Mode!), während das kälteste Objekt im Sichtfeld schwarz eingefärbt ist. Das Problem entsteht, wenn wir versuchen, die Bereiche zu bestimmen, die zwischen Schwarz und Weiß liegen. Es ist schwierig zu erkennen, welcher Bereich des Raums am heißesten ist.

Feuerwehrleute, die diese Farbpalette verwenden, sollten jeden Bereich, der (im Brandfall) weiß ist, als heiß betrachten und abkühlen, bis er schwarz wird.

Die Kamera wechselt automatisch zwischen dem Bereich mit hoher Sensitivität und dem Bereich mit niedriger Sensitivität, um ein optimales Infrarotbild zu bieten.

- Automatischer Bereich
- Bereich mit hoher Sensitivität: –20 °C bis +150 °C
- Bereich mit niedriger Empfindlichkeit: 0 °C bis +500 °C

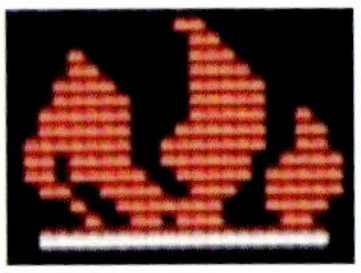

3.3.2.3 Feuermodus

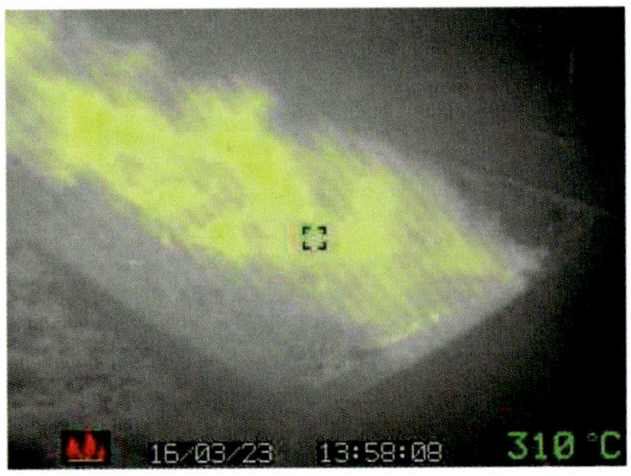

Der **Feuermodus** ist dem Standardmodus ähnlich, jedoch ist der Temperatur-Startpunkt zur farblichen Darstellung der Wärme höher. Er ist für Brandstellen mit hohen Hintergrundtemperaturen geeignet, bei denen bereits viele offene Flammen und eine hohe Hintergrundtemperatur vorhanden sind.

So zeigen die für diesen Modus verwendeten Farben Gefahrenstufen an, die einfach verständlich und aus anderen Lebensbereichen bekannt sind. Die Einfärbung beginnt herstellerabhängig bei 200 °C, wo auch die Pyrolyseproduktion beginnt.[1]

Gelb: erhöhte Wachsamkeit, eine Gefahr ist in der Nähe, wir müssen reaktionsfähig sein

Orange: Gefahr bestätigt, wir müssen bereit sein, stehenzubleiben, um weitere Annäherung zu vermeiden

Rot: Stop, beobachten und ggf. umkehren

Die Kamera wechselt automatisch zwischen dem Bereich mit hoher Empfindlichkeit und dem Bereich mit niedriger Empfindlichkeit, um ein optimales Infrarotbild zu bieten und gleichzeitig eine sichere und konsistente farbliche Darstellung der Wärme beizubehalten.

- Automatischer Bereich
- Farbige Wärmedarstellung: ab 200 °C bis +500 °C
- Bereich mit hoher Sensitivität: –20 °C bis +150 °C
- Bereich mit niedriger Empfindlichkeit: 0 °C bis +500 °C

3.3.2.4 Such- und Bergungsmodus/Black-Hot-Modus

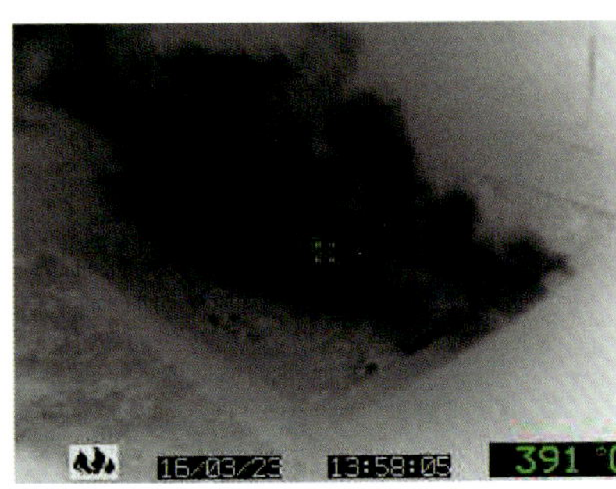

Der **Black-Hot-Modus** kann außerordentlich nützlich sein, um verloren gegangene Personen zu erkennen oder Bereiche mit ähnlichen Temperaturen zu untersuchen, da die Black-Hot-Farbpalette den Problemort oder Problembereich hervorhebt und so die Identifizierung erleichtert.

---

[1] Andere Hersteller beginnen oder unterscheiden sich bei der Einfärbung ab einer Temperatur von ca. 260 °C, da hier eine Zersetzung von Schutzkleidungskomponenten beginnen kann.

Der Such- und Bergungsmodus wird in Tieftemperatursituationen verwendet, um:

- Beobachtung zu erleichtern,
- Außenszenen bei sonnigem Wetter zu beobachten,
- die Einfärbung des Hintergrunds eines Bilds zu variieren, um Details besser sichtbar zu machen.

Dies wird allgemein als umgekehrte Polarität oder Inversität bezeichnet. Es ist NICHT für den Einsatz in einer Brandumgebung konzipiert und wird auch NICHT empfohlen. Mit der Black-Hot-Farbpalette wird jedes heiße Objekt im Sichtfeld schwarz eingefärbt.

Dies ist eine beliebte Farbpalette für Strafverfolgungsbehörden und Jäger. Es zeigt die Körperwärme sehr deutlich an. Wenn der Boden mit Wärme gesättigt ist, kann das Objekt oder Ziel „ausgewaschen" werden oder mit dem Hintergrund verschmelzen. Objekte, die im White-Hot-Bild möglicherweise übersehen werden, können im Black-Hot-Modus auffallen.

Daher ist bei Such- und Rettungseinsätzen eine einfachere Farbpalette unerlässlich, um schnelle Entscheidungen in Echtzeit treffen zu können.

Vielfach können unterschiedliche Farbpaletten einer Wärmebildkamera durch den Wärmebildkameranutzer während des Einsatzes umgeschaltet werden.

Es ist wichtig zu beachten, dass die Black-Hot-Farbpalette in den standardmäßigen fünf bevorzugten Farbpaletten der Hersteller meist unmittelbar nach der White-Hot-Farbpalette steht.

Das ist gefährlich!

Ein durch ein Schadensereignis betroffener vorgehender Trupp, der unter Stress steht und vielleicht desorientiert ist, könnte versehentlich die Farbpalette „Black Hot" wählen und auf einen dunklen/schwarzen Bereich zukriechen, in dem fälschlichen Glauben, dass es sich um einen kalten Bereich handelt, obwohl es in Wirklichkeit heiß ist.

Aus diesem Grund empfehlen wir, Black Hot nicht als vom Benutzer wählbare Farbpalettenoption für den Innenangriff zu verwenden und zu sperren.

Eine Freischaltung über die jeweiligen Menüs der Wärmebildkamera ist jederzeit möglich, so dass die Black-Hot-Farbpalette grundsätzlich nutzbar ist. Eine versehentliche und ungewollte Auswahl im Einsatz wird durch die Sperrung allerdings sinnvoll ausgeschlossen.

Der **Such- und Bergungsmodus** ist optimiert, um während der Suche nach Menschen in Landschaften, Gebäuden oder bei Verkehrsunfällen einen hohen Kontrast im Infrarotbild beizubehalten.

- Nur Hochempfindlichkeitsbereich
- Farbliche Darstellung der Wärme: +100 °C bis +150 °C
- Bereich mit hoher Sensitivität: –20 °C bis +150 °C

3.3.2.5 Wärmeerkennungsmodus

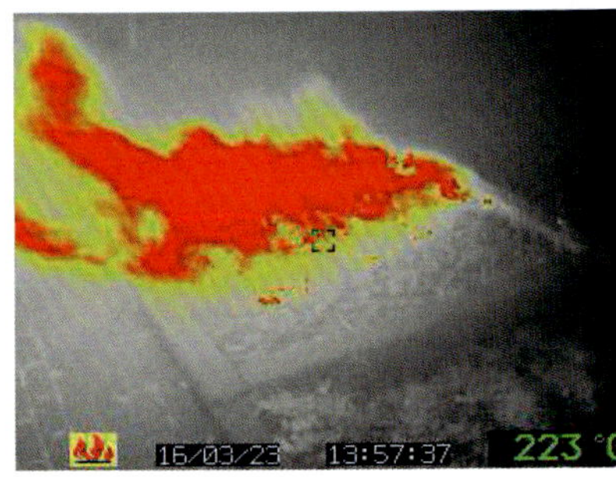

Der **Wärmeerkennungsmodus** ist für die Suche nach Brandherden (Hotspots) während der Revision nach Löschen des Feuers optimiert – typischerweise um sicherzustellen, dass keine versteckten Glutnester mehr vorhanden sind. Dieser Modus kann auch verwendet werden, um Wärmemuster zu finden (beispielsweise von Menschen in Fahrzeugen nach einem Unfall), um sicherzustellen, dass alle Personen geborgen wurden.

Dieser Modus kann zudem verwendet werden, um nach Menschen in Gewässern und offenen Landschaften zu suchen.

- Nur Hochempfindlichkeitsbereich
- Farbliche Darstellung der Wärme: nur die Bereiche mit den höchsten Temperaturen (20 %) des betrachteten Motivs
- Bereich mit hoher Sensitivität: –20 °C bis +150 °C

3.3.2.6 Kälteerkennungsmodus

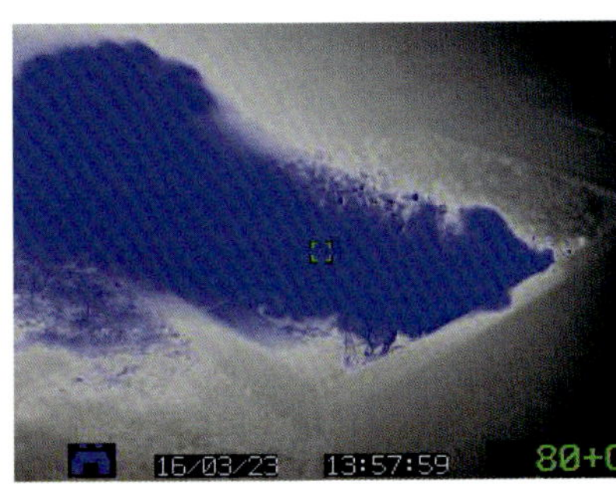

Der **Kälteerkennungsmodus** ist hervorragend dafür geeignet, kalte Stellen wie z.B. Luftzüge und -strömungen zu erkennen. Die Einfärbung der kältesten Punkte der beobachteten Szene erfolgt in Blau.

Der Kälteerkennungsmodus kann nützlich sein für:

- Suche nach
  - Gaslecks
  - Flüssiggaslecks
  - Flüssigkeits- oder Kältemittelgaslecks

- Beobachten von Eisplatten auf einem See/auf dem Meer usw.
  - Nur Hochempfindlichkeitsbereich
  - Farbliche Darstellung der Kälte: nur die Bereiche mit den tiefsten Temperaturen (die niedrigsten 20 %) des betrachteten Motivs
  - Bereich mit hoher Sensitivität: –20 °C bis +150 °C

3.3.2.7 Gebäudeanalysemodus/Vielfarbpalette/Regenbogenpalette

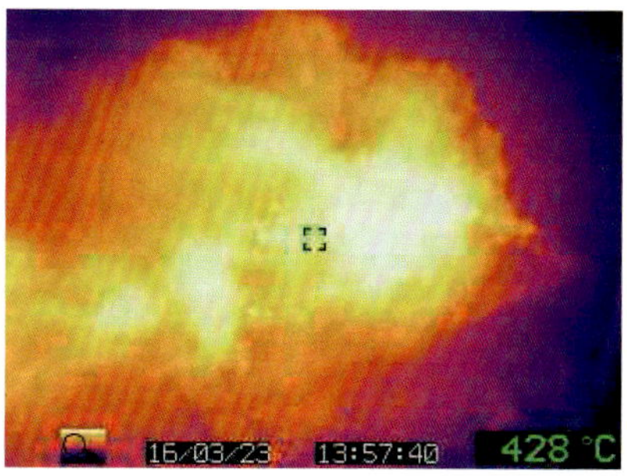

Der **Gebäudeanalysemodus** ist hervorragend für die Betrachtung von Gebäuden und die Erkennung von gebäudetypischen Auffälligkeiten geeignet. Das Wärmebild gibt über die Struktur, die mechanischen Elemente sowie die elektrischen Leitungen und Wasserleitungen Aufschluss und zeigt, an welchen Stellen eventuell Feuchtigkeit oder Luft eindringt.

Wenn der Hersteller jedoch die Farb-/Temperaturkorrelationen nicht veröffentlicht, kann dies zu Verwirrung, Verlust und/oder Verletzungen führen.

In diesem Modus werden die Temperaturen häufig mit einer Eisenfarbpalette (Glühfarben) abgebildet. Hier zeigen Schwarz, Blau und Lila die kältesten Bereiche an. Rot, Orange und Gelb stellen die mittleren Temperaturbereiche dar, und die wärmsten Bereiche sind Weiß. Die Temperaturskala wird automatisch an die Temperaturen des jeweiligen Wärmebilds angepasst.

Die Vielfarbpalette nicht für den Innenangriff verwenden, da die Farbvielfalt keine klar erkennbaren Gefahrenschwerpunkte ausmachen lässt!

3.3.2.8 Alternative Einstellmöglichkeiten

Herstellerabhängig ist eine Vielzahl von Einstellmöglichkeiten verfügbar. Exemplarisch ist hier die Auswahl der Farbpalette über vorgegebene Einsatzempfehlungen abgebildet.

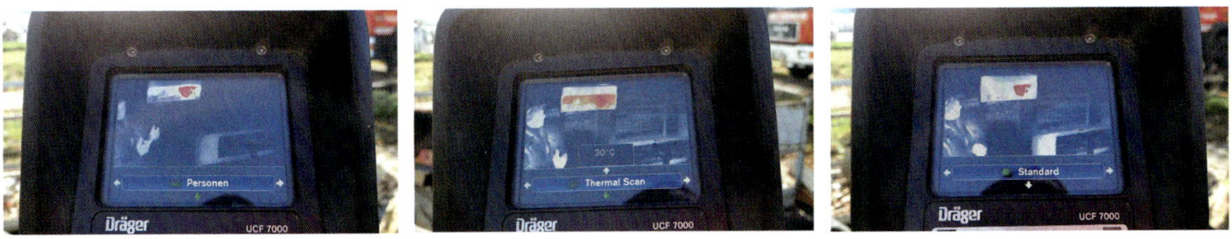

Abb. 104a bis c: Alternative Auswahlmöglichkeit von Darstellungsvarianten. Hier werden die Begrifflichkeiten Standard – Personen – thermal scan verwendet. (Quelle: Guido Volkmar)

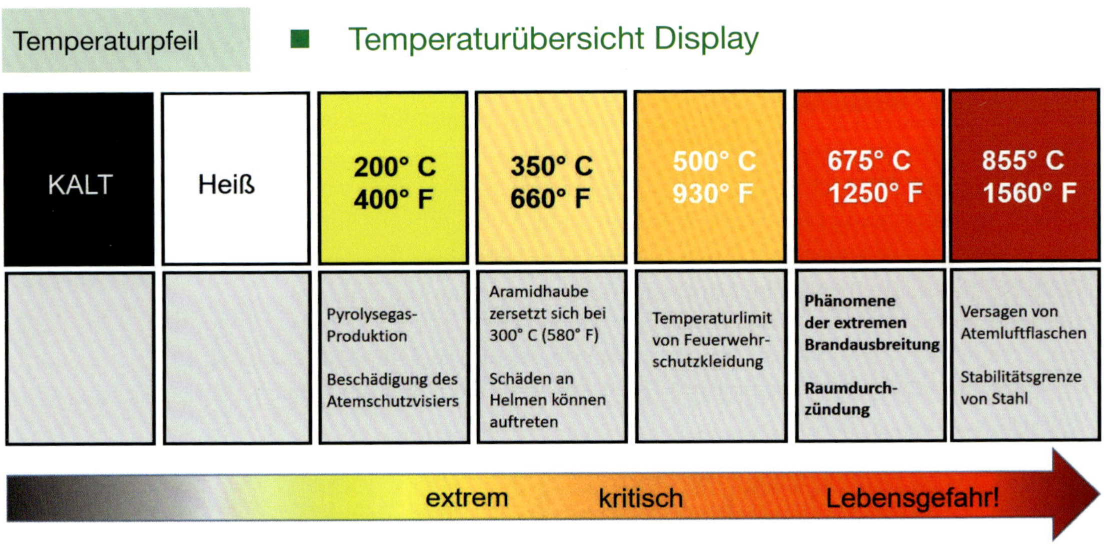

Abb. 105: Zusammenhang zwischen Temperaturen und möglichen Auswirkungen auf das Einsatzgeschehen und die Schutzkleidung mit Hinweis auf die Gefährlichkeit der Situation für einen vorgehenden Trupp. (Quelle: Guido Volkmar, geändert nach Vorlage LEADER Group)

3.3.3 Rot ist nicht gleich Rot – die größte Herausforderung für den vorgehenden Trupp?

Trotz der Einfachheit der Displayorganisation von Wärmebildkameras mit ihrer strukturierten Ein- und Aufteilung ist die Darstellung im Detail hoch komplex.

Wie die nachfolgenden Bilder exemplarisch zeigen, werden bei ein und demselben Einsatzszenario (hier die Erdgasausbildungfackel des Ausbildungszentrums in Dortmund) bei gleichem Displayaufbau (rechte Seite Farbbalken von grau bis rot) entscheidend unterschiedliche Temperaturangaben festgestellt. Ausschlaggebend ist die Wahl eines für das aktuelle Szenario nicht sinnvolle Farbpalette inkl. dazugehörigem Modus.

Während im linken Bild der Feuer-Standard-Modus gewählt wurde, ist auf dem rechten Bild der Feuer-Such-Modus aktiviert. Wie die Ausschnittsvergrößerungen zeigen, endet der Feuer-Such-Modus bei maximal 250 °C. Wenn nun der Wärmebildkameranutzer ausschließlich die Farben und den Farbbalken betrachtet, wird er vor der thermischen Gefahr gewarnt. Betrachtet er hingegen die zahlenmäßige Temperaturdarstellung und kennt den Ausdruck „250+C“ nicht, so kann er leicht in eine Fehlinterpretation geraten.

Aus diesem Grund gibt es die Idee, auf die schriftliche Darstellung der Temperaturen zu verzichten und zukünftig ausschließlich über die Farbgebung eine Bewertung vornehmen zu können.

Rot ist nicht gleich ROT

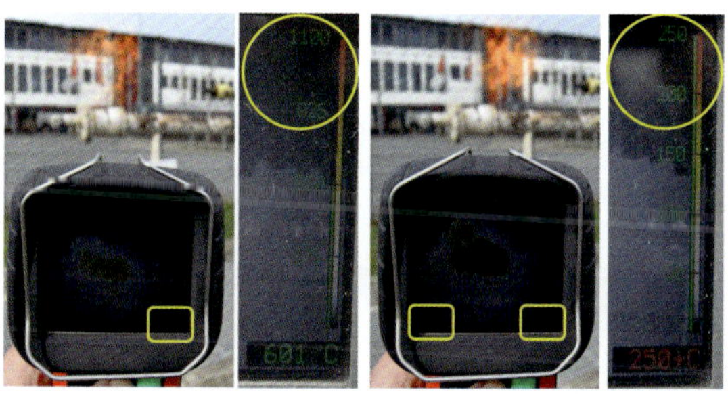

Abb. 106: Darstellung der Anzeigeunterschiede abhängig vom angewendeten Modus. Bei gleichem Einsatzszenario wird bei der rechten Modusauswahl (Wärmeerkundungsmodus) keine korrekte Temperatur angezeigt, da der maximale Messbereich erreicht wurde. (Quelle: Guido Volkmar)

Auf die Umgebung kommt es an!

Abb. 107a bis c: Wichtig ist die umfängliche Betrachtung der aktuellen Einsatzsituation! Alle drei Aufnahmen wurden mit einer Kamera im Search-Modus aufgenommen. Die Farbgebung ist in allen drei Aufnahmen identisch: die heißesten 2 % des Bildausschnitts werden rot dargestellt. Unabhängig davon, ob die Temperatur des Messflecks 21 °C oder 375 °C oder 828 °C ist. Somit ist verdeutlicht, dass eine aussagekräftige Wärmebildinterpretation (und der sich hieraus ergebende Sicherheitsgewinn für die eingesetzten Kräfte vor Ort, insbesondere im Innenangriff!) erst nach **umfänglicher theoretischer und praktischer Ausbildung** erfolgen kann. (Quelle: LEADER Group)

3.3.4 Unterschiede zwischen Displayanzeige und gespeichertem Wärmebild

Aus Sicht der Dokumentation sei an dieser Stelle erwähnt, dass es zwischen einer Fotoaufnahme des Displays (z.B. mit einem Smartphone) und einem gespeicherten Bild durch die Wärmebildkamera durchaus Unterschiede geben kann.

Wie man aus den unterschiedlichen Darstellungen im vorliegenden Buch sieht, wird beispielsweise auf den Bildern, welche auf einer Wärmebildkamera gespeichert wurden, kein grünes Dreieck in der linken oberen Ecke als Hinweis auf die Umschaltung zwischen Hoch- und Niedrigempfindlichkeitsmodus dargestellt. Ebenfalls ist bei gespeicherten Bildern der am rechten Rand befindliche Farbbalken nicht enthalten. Lediglich die im unteren Feld schriftlich dargestellte Messtemperatur wird übernommen.

Abb. 108: Identische Darstellung wie Abbildung 106, allerdings hier mit dem Informationsschwerpunkt hinsichtlich der Unterschiede zwischen einem hier abfotografierten Display eines Wärmebilds mit einem in der folgenden Abbildung dargestellten auf einer Wärmebildkamera gespeicherten Wärmebild. Die Informationen sind durchaus unterschiedlich! (Quelle: Guido Volkmar)

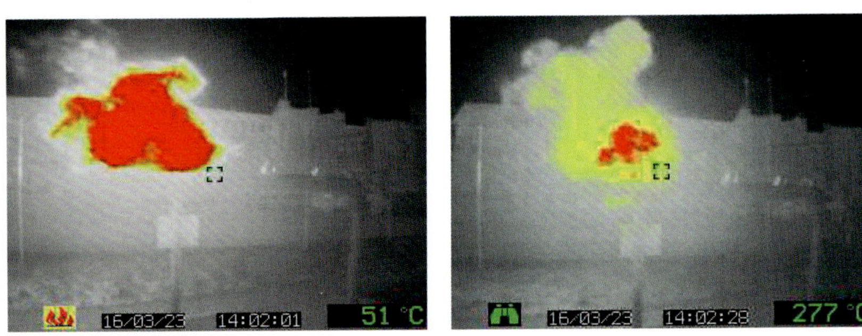

Abb. 109a und b: Informationsinhalt gespeicherter Bilder von der Auswertung der Wärmebildkamera. Neben dem Hinweis in der oberen linken Ecke auf eine Umschaltung von Hoch- zu Niedrigempfindlichkeitsmodus fehlt auch der am rechten Rand positionierte Farbbalken. Die einzige dokumentierte Temperatur ist die des Messfelds in der Displaymitte in der schriftlich dargestellten Version. Hinweis: Diese Bilder entsprechen nicht hundertprozentig der abfotografierten Situation aus Abbildung 108, sie wurden allerdings kurz vorher auf der Wärmebildkamera gespeichert. Ebenfalls wurde die Position des Messfelds variiert (außerhalb der tatsächlichen Flamme), so dass es zu anderen Temperaturanzeigen kommt.) (Quelle: Guido Volkmar)

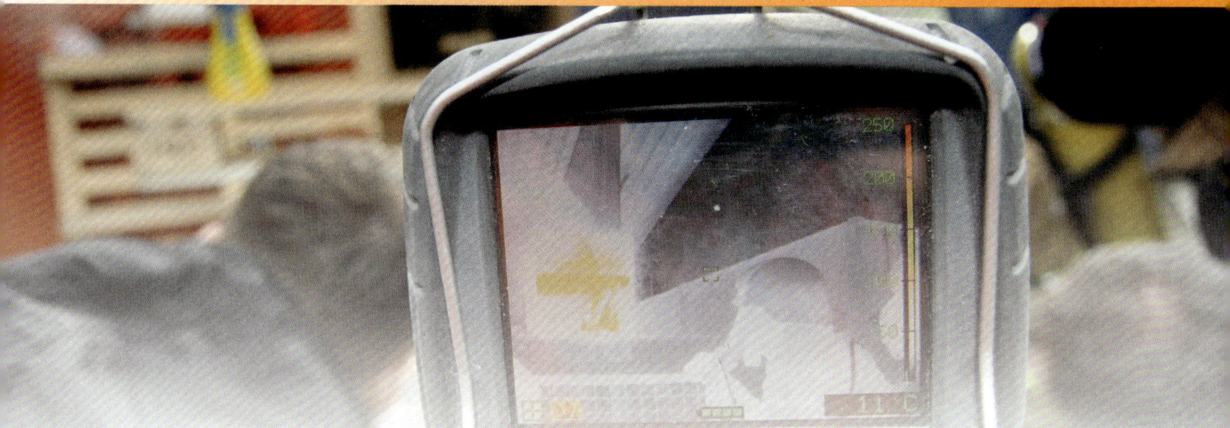

4 Einsatzbereiche und Anwendungsmöglichkeiten im Feuerwehralltag

Bisherige Anwendungsbereiche

Wofür werden Wärmebildkameras bisher von den Feuerwehren bundesweit in erster Linie verwendet?

Die nachfolgende Grafik gibt hierüber Auskunft:

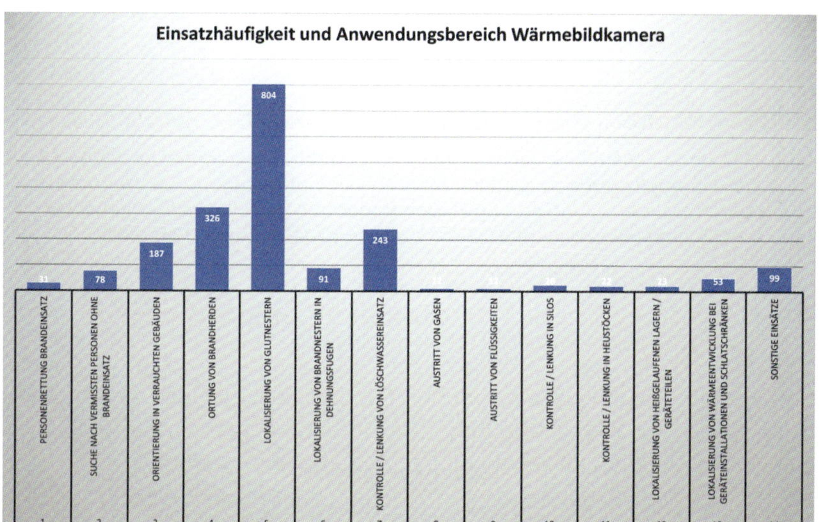

Abb. 110: Nutzung von Wärmebildkameras zur Personensuche und Lageerkundung im Feuerwehreinsatz über größere Entfernungen. (Quelle: Guido Volkmar, geänderte Darstellung)

Nutzen einer Wärmebildkamera für den Einsatz bei der Feuerwehr

Nutzen für den Einsatz

Was macht eine Wärmebildkamera, die Wärmestrahlung sichtbar machen kann, für den Feuerwehreinsatz interessant?

Im ersten Moment könnte man meinen, dass sich diese Frage gar nicht stellen wird. Die Feuerwehr bekämpft Brände, Brände sind heiß und strahlen Wärme ab und die Wärmebildkamera kann Wärme sichtbar machen. Und deshalb ist eine Wärmebildkamera für die Feuerwehr sicher gut geeignet. So weit – so gut!

Jetzt kommen die einzelnen weiteren positiven Aspekte hinzu:

Ergänzung der Wahrnehmung

Wir als Menschen können Wärme spüren, aber nicht sehen. Zumindest nicht in dem Maße, wie wir es für unseren Einsatz gebrauchen könnten. Rotglühendes Metall oder Glut können wir natürlich sehen. Und auch unterschiedliche Farben der Verbrennung mit etwas Übung und Hintergrundwissen unterscheiden. Aber nur bei freier Sicht auf die Materialien. Und da ergänzt die Wärmebildkamera unsere Wahrnehmung immens. Denn sie kann die Wärmestrahlung auch durch z.B. Rauch hindurch wahrnehmen.

Abb. 111a und b: Die hier in einer Übung dargestellte verrauchte Umgebung lässt sich ebenfalls auf den dunklen Innenbereich übertragen. Die Wahrnehmung der Wärmestrahlung ist von Rauch (innerhalb der einsatztaktischen Grenzen!) und Dunkelheit unbeeinflusst darstellbar. (Quelle: Guido Volkmar)

Warum kann die Wärmebildkamera durch Rauch blicken?

Wie wir in den vorherigen Kapiteln erfahren haben, hat jede Art von elektromagnetischer Wellenstrahlung ihre Besonderheiten. Grundsätzlich ist der Zusammenhang von Wellenlänge und Frequenz wichtig.

Die von der Wärmebildkamera aufgenommene Wärmestrahlung liegt im Wellenlängenbereich von 7–14 µm und wird durch Rauch, der bei 2 µm und 6 µm die Wellenlänge absorbiert, nicht wesentlich beeinflusst.

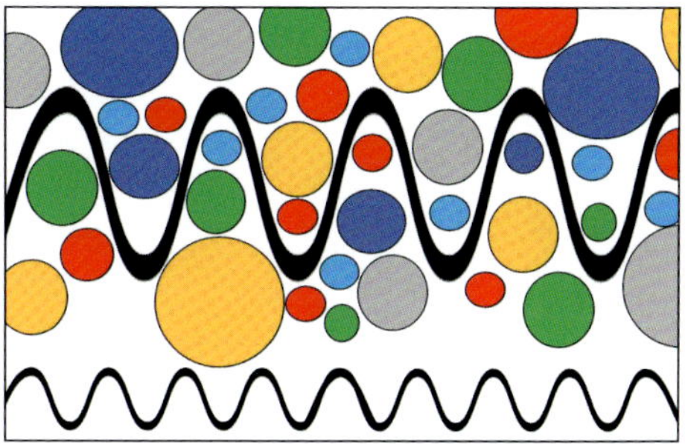

Abb. 112: Darstellung einer verrauchten Einsatzsituation. Unterschiedliche Brandrauchbestandteile (unterschiedlich farblich dargestellt) ergeben in ihrer Summe eine für die Wellenlänge des sichtbaren Lichtes (Wellendarstellung unten im Bild, zur vereinfachten Sichtbarkeit außerhalb der Rauchdarstellung) ein undurchdringliches Rauchvolumen. Die langwelligere Infrarotstrahlung (obere Wellendarstellung innerhalb der Bestandteile) kann durch das Rauchvolumen dringen und die Wärmeenergie transportieren. (Quelle: Guido Volkmar)

Der Nutzen der Wärmebildkamera ist weit größer, als nur durch Rauch schauen zu können. Richtig angewendet kann sie den vorgehenden Trupps helfen, schnell, effektiv und sicher vorzugehen. Sie kann bei entsprechender Interpretation der Bilder, die sie liefert, ebenfalls mögliche Gefahren erkennen. Und durch die geschulte Nutzung können diese Gefahren erheblich minimiert und die Sicherheit im Einsatz sowohl für eventuelle Personen im Schadensfall als auch die vorgehenden Einsatzkräfte erhöht werden. Alternative Ausgänge im Einsatz können erkannt und ggf. genutzt werden. Oder auch für weitere Kräfte als Angriffsweg kommuniziert werden.

Die Wärmebildkamera kann sogar in Bereichen, die sie selbst nicht wahrnehmen kann, wertvolle Hinweise für den vorgehenden Trupp oder für den außen agierenden Einsatzleiter generieren, wenn der Nutzer der Wärmebildkamera ihre Möglichkeiten für seine Bewertung ausschöpfen kann. So kann die Wärmebildkamera Wärmeenergien durch den Rauch in Bilder umwandeln. Gleichzeitig kann sie auch die Strömungen im Rauch, durch den sie gerade hindurch gesehen hat, seinerseits bewertbar machen und dem vorgehenden Trupp Wärmeströmungen aufzeigen. Die Wärmebildkamera kann keine Bilder durch Glas erstellen, aber dennoch die zu betrachtende Glasscheibe bewertbar machen.

Es gibt viele weitere sinnvolle Anwendungsmöglichkeiten einer Wärmebildkamera für den Einsatz außer- und innerhalb von Schadensereignissen. Wichtig ist die Verknüpfung der Möglichkeiten der Wärmebildkamera mit den jeweiligen Einsatzszenarien und deren Besonderheiten. Wer nicht weiß, dass sich im Innenangriff ab einer gewissen Temperatur eine Schichtung der Rauchschicht entwickelt, wird auch mit Wärmebildkamera dieses Phänomen nicht wahrnehmen. Wer die zeitintensive Suche nach vermissten Personen im Rauch unter Nullsicht auf klassische, kräftezehrende Art und Weise mit einer Feuerwehraxt als Armverlängerung nicht durchgeführt hat, wird den Zeitgewinn durch die Wärmebildkamera nicht zu schätzen wissen.

Ausbildung nah an realen Einsatzszenarien

Die Wärmebildkamera ist ein sinnvolles und effektives Hilfsmittel. Sie muss andererseits intensiv erklärt und ausgebildet werden. Diese Ausbildung sollte optimalerweise nah an den realen Einsatzszenarien sein. Die im weiteren Verlauf dieses Buches aufgeführten Übungsbeispiele und Möglichkeiten sollen als erster Schritt in diese Richtung Hilfestellungen geben. Sie sollen den Übungseinsatz von Wärmebildkameras bei der Menschenrettung, bei Übungen der technischen Hilfeleistung, der Innenbrandbekämpfung, der Wasserrettung, des CBRN-Einsatzes, der

Vegetationsbrandbekämpfung usw. mit einfachen Mitteln begleiten, keinesfalls ersetzen.

Insbesondere für die Reaktion und Funktion der Wärmebildkamera bei höheren und hohen Temperaturen ist und bleibt eine reale Ausbildung unter höheren und hohen Temperaturen in der Realität unerlässlich.

4.1 Modul Taktik – für alle Einsatzsituationen

Grundsätzlich kann festgehalten werden, dass die Verfügbarkeit und der Zugriff auf eine Wärmebildkamera in der heutigen Zeit für jeden vorgehenden Trupp im Ersteinsatz sichergestellt werden sollten. Ein Wärmebildkamera, die erst im weiteren Einsatzverlauf zur Verfügung steht, ist nur noch von geringerem Nutzen.

4.1.1 Beurteilung von Räumen und Gebäuden

Bei der einsatztaktischen Beurteilung von Gebäuden und Räumen geht es in erster Linie um

- die Sicherheit der Einsatzkräfte,
- die schnelle und hoffentlich erfolgreiche Rettung von Menschen und
- die mögliche Schadensminimierung.

Blickwinkel Einheitsführer und Einsatzleiter

Allerdings aus unterschiedlichen Blickwinkeln. Während sich der Einheitsführer fragt, unter welchen Bedingungen ein Innenangriff noch verantwortungsvoll umgesetzt werden kann, ist es für den Einsatzleiter eher interessant, wie sich der Brand auf andere Gebäude oder Gebäudeteile ausdehnt und wo er sinnvoll zu stoppen ist. Und schlussendlich möchte der vorgehende Angriffstrupp eine thermische Gefahr durch das Brandgeschehen auf ihn selbst möglichst frühzeitig feststellen, oder auch bei geringeren Schadensszenarien eine zu rettende Person schnellstmöglich auffinden und aus dem Gefahrenbereich retten.

4.1.2 Beurteilung von Räumen und Gebäuden – aus Sicht des Einsatzleiters

Je größer das Schadensereignis, desto größer der Aufwand der umfänglichen Erkundung. Schon frühzeitig werden in der heutigen Zeit Einsatzabschnitte gebildet.

Im einfachsten Fall geht man bei einer „großen Einsatzstelle“ von einer räumlich ausgedehnten Einsatzstelle aus. Hier ist die Erkundung schon durch die großen zurückzulegenden Laufstrecken eine Herausforderung, die als „Zeitfresser“ einen schnellen Führungskreis erschweren. Sinnvollerweise werden zeitnah entsprechende Einsatzabschnitte gebildet, so dass die Abschnittsleiter kleinteiligere Bereiche erkunden und bearbeiten.

Erkundung

Die Erkundungsarbeit kann durch den Einsatz von Wärmebildkameras deutlich unterstützt werden.

Auch bei Tag kann die Visualisierungsunterstützung des Wärmebilds Aufschlüsse über die Art und Weise der Einsatzstelle geben. Eine handgeführte Wärmebildkamera kann zur Objekterkundung einen entscheidenden Zeitgewinn liefern.

Und es ist schneller geschaut als (selbst) gelaufen.

Und durch die auch am Tag vorherrschenden Temperaturunterschiede im Bereich von bewohnten oder genutzten Gebäuden kann schnell eine Gebäudestruktur erkannt und beurteilt werden.

Schnell kann die bauliche Struktur des Gebäudes erkannt werden. Wo sind Brandwände? Wie ist das Gebäude aufgeteilt? Kann man unterschiedliche Nutzungseinheiten voneinander unterscheiden? Hier das Wohnhaus, dort eine Werkstatt?

In erster Linie wird das Erkundungsergebnis durch das eventuelle Brandereignis priorisiert.

In welchem Geschoss brennt es? Wie breitet sich die Wärme innerhalb des Geschosses aus? Haben sich Strömungspfade nicht nur horizontal, sondern vielleicht auch vertikal ausgebildet? Wie kann sich die aktuelle Lage dynamisch weiterentwickeln? Gibt es Bereiche mit einem möglichen Wärmestau? Sind Fenster offen, geschlossen oder zerstört? Kommt es zu ungewollter Ventilation?

Abb. 113: Blick eines Einheitsführers von außen auf ein brennendes Gebäude. Welcher Erkenntnisgewinn ergibt sich durch die erste Erkundung von außen? (Quelle: Shawn Bloemker, MaxFireBox.com)

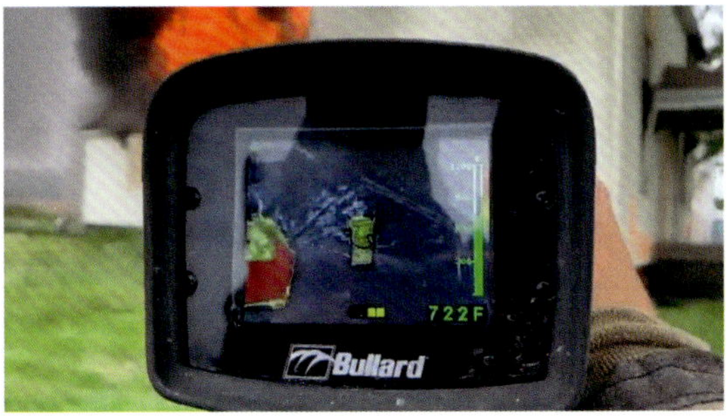

Abb. 114a und b: Würde bei der ersten Erkundung lediglich das Realbild rechts betrachtet werden, würde die bereits aufbereitete Rauchsituation im höher gelegenen rechten Fenster vielleicht unberücksichtigt bleiben. Unsere menschliche Faszination von Flammen kann unsere Entscheidungen im Einsatz durchaus beeinflussen. Wie gut, wenn wir das Hilfsmittel der Wärmebildkamera zur Hand haben und sinnvoll einsetzen können. (Quelle: Shawn Bloemker, MaxFireBox.com)

Realbild durch Wärmebild bei der Erkundung ergänzen

Wie in den oberen Beispielen ersichtlich, wird durch den Einsatz der Wärmebildkamera nicht nur die offensichtlichen Flammen links im Bild fokussiert, sondern auch wahrgenommen, dass der Rauch aus dem oberen Fenster ebenfalls schon temperiert ist. Zusätzlich zum Wärmebild ist es nun entscheidend, dass der Nutzer der Wärmebildkamera nicht nur den Wärmescan, sondern auch seine eigene visuelle Wahrnehmung ebenfalls berücksichtigt. Hierdurch erkennt der Einsatzleiter in diesem Beispiel, dass der Rauch schon ein dynamisches Fließverhalten hat und die durch die Wärmebildkamera festgestellte Energie durch sein Ausströmverhalten ebenfalls darstellt.

Ein umfassendes Erkundungsergebnis kann nur in Kombination aller zur Verfügung stehenden Bewertungskriterien erfolgen. Hier ist das Wärmebild ein hilfreicher und wertvoller Teil, muss aber durch andere Informationen unterstützt werden. Eine Bewertung einer Einsatzsituation setzt sich immer aus mehreren Komponenten zusammen.

Sinnvoller Einsatz von gleichzeitigen Real- und Wärmebildern

Eine sinnvolle Ergänzung kann der Einsatz von flugfähigen Wärmebildkameras sein. Diese in Drohnen integrierten Varianten können mit entsprechender Funkübertragung Live-Bilder aus der Luft zum Einsatzleiter übermitteln.

Weitere Details zur technischen Umsetzung finden Sie in Kapitel 5.1 in diesem Buch. Der Einsatz von Drohnen ist an zahlreiche Auflagen und Bedingungen geknüpft. Die Drohnen müssen entsprechend der Funkfrequenz angemeldet und registriert werden.

Die ausgebildeten Drohnenführer müssen entsprechend umfangreiche und unterschiedliche Szenarien beherrschen, um im Schadensfall die Flugeigenschaften ihrer Drohnen beurteilen zu können. Erst dann kommt es durch den Drohneneinsatz zu einer sinnvollen Erkundungsverbesserung.

Abb. 115a bis d: Für eine genauere Koordination von Einsatzmaßnahmen kann die Erstellung von Doppelbildern sinnvoll sein. Durch einige Wärmebildkameras werden gleichzeitig ein Real- und ein Wärmebild zeitgleich erstellt. So kann eine wahrgenommene Restwärme bzw. ein Brandnest sehr genau in der Umgebung verortet werden. Allerdings muss ggf. vor der Betrachtung beider Bilder eine Übertragung auf einen Computer erfolgen. Dies trifft insbesondere für Kameras für den Feuerwehreinsatz zu, da hier meist interne Speicher ausgelesen werden müssen. Bei Gebäudethermografiekameras ist ggf. eine Betrachtung auf dem Kamerabildschirm möglich. Ein weiterer Argumentationspunkt für unterschiedliche Kameravarianten für den Innen- und Außenangriff? (Quelle: Ryan Mack, **JERSEY SHORE FIRE RESPONSE**)

Abb. 116a und b: Bilder einer Drohne mit Wärmebildkamera (Quelle: Werkfeuerwehr Meyer Port 4)

Mögliche Einsatzszenarien für einen Drohneneinsatz werden durch die Flugeigenschaften der jeweiligen Drohne in Kombination mit den Fähigkeiten des notwendigen Drohnenführers eingeschränkt.

Drohnenunterstützung

Je früher eine Drohne aus der Luft die Erkundung und Bewertung unterstützende Bilder liefern kann, desto schneller kann die Einsatzorganisation agieren.

Bei der Meyer Werft steigt die Drohne zur Erkundung unmittelbar auf. Mit Schiffslängen von mehreren hundert Metern können die einzusetzenden Kräfte wesentlich gezielter eingesetzt werden. Gleiches gilt für die Ebenenbestimmung, da ein Einsatz der Drehleiter in der Halle mit laufenden Kranbahnen z.B. im Gegensatz zum Drohneneinsatz zeitaufwendig ist.

Durch intensive Aus- und Fortbildung gelingt es den Drohnenführern sogar je nach Einsatzgeschehen in die Schiffskonstruktion einzufliegen, um Live-Bilder aus dem Innern nach außen zu liefern.

Einsatzabschnittsbildung

Die Bildung von Einsatzabschnitten kann von der räumlichen Ausdehnung eines Objekts durchaus unabhängig erfolgen, da zwischen Brandbekämpfung, Sicherstellung der Löschwasserversorgung, Menschenrettung und rettungsdienstlichem Aufgabenbereich einzelne wichtige und notwendige Bereiche voneinander abgegrenzt und eigenständig durch einen Einsatzabschnittsleiter geführt werden können.

Die Einheitsführer innerhalb der Einsatzabschnitte können ihrerseits ebenfalls von den Möglichkeiten der Wärmebildkamera profitieren.

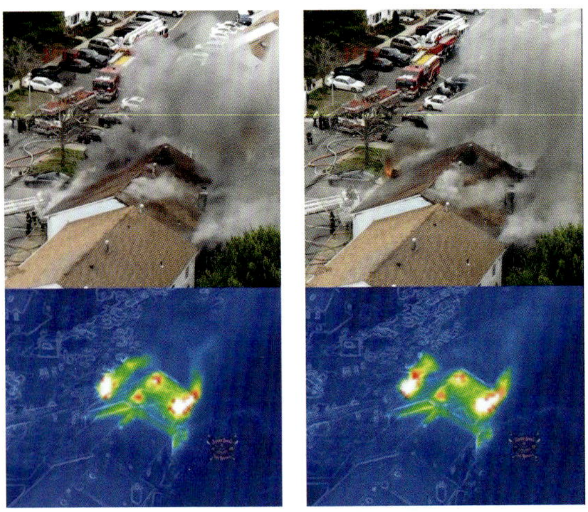

Abb. 117a und b: Auf dem linken Bild ist in der linken Hälfte im Realbild dichter Rauch und im Wärmebild eine eindeutige Temperaturerhöhung im Rauch zu erkennen. Auf dem rechten Bild sieht man an eben dieser Stelle eine entsprechende Durchzündung des Rauchs. Durch den Einsatz von Drohnen können bei direkter Bildübertragung mögliche Einsatzabläufe zeitnah bewertet werden. (Quelle: Ryan Mack, JERSEY SHORE FIRE RESPONSE)

Weitläufige Einsatzstellen

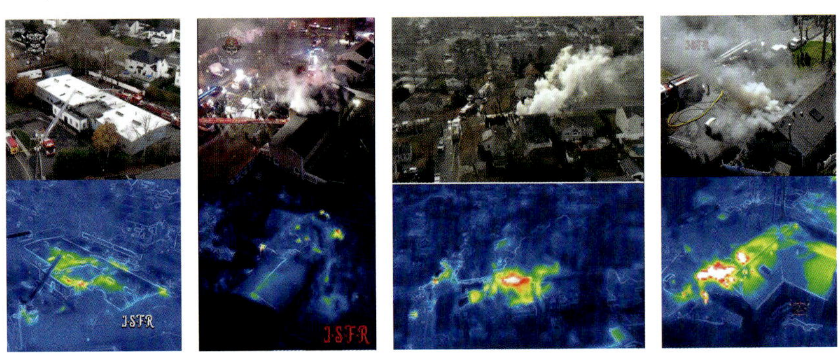

Abb. 118a bis d: Doppelbilder einer Drohne mit Wärmebildkamera in unterschiedlichen Einsätzen bei starker Verrauchung, bei Dunkelheit und bei ausgedehnten Objekten. Neben den Temperaturerhöhungen bei Rauch- und Flammenaustritt sind Wärmestausituationen und Positionen bereits eingesetzter Einheiten sehr gut zu erkennen und auszuwerten. (Quelle: Ryan Mack, JERSEY SHORE FIRE RESPONSE)

Abb. 119: Wie bei anderen Einsätzen einer Wärmebildkamera muss das zur Verfügung stehende Wärmebild richtig bewertet werden. Hier ist ohne eine genaue Kenntnis der Farbzuordnung zu einer konkreten Temperatur eine Bewertung schwer möglich. Die Fahrzeuge im Hintergrund weisen gelbe Verfärbungen im Motorbereich auf. Da es sich um Polizei und Rettungsdienst handelt, sind sie voraussichtlich gerade erst vorgefahren. Im Dachbereich sind unterschiedliche Stellen rot eingefärbt. Hier ist nicht eindeutig, ob diese Erwärmung durch einen Schadensfall oder durch eine von der Sonne beschienene Metallverkleidung (wie an der Gaube neben der Drehleiter) hervorgerufen wird. Die richtige Bewertung eines Wärmebilds ist ausschlagegebend für den weiteren Einsatzverlauf und bedarf Aus- und Fortbildung, aber selbstverständlich auch Einsatzerfahrung.
(Quelle: Ryan Mack, JERSEY SHORE FIRE RESPONSE)

Fehlinterpretationen ausschließen

Doppelbilder stellen sowohl das Wärme- als auch das Realbild nebeneinander dar. Diese Darstellung ist für den Anwender eine sinnvolle Unterstützung bei der Übertragung der Erkenntnisse aus einem Wärmebild auf die Realität.

Wie auch für den vorgehenden Angriffstrupp gilt für den Einsatzleiter und/oder Einheitsführer, sich an die Interpretation und die Darstellung von Wärmebildern zu gewöhnen und deren Aussagekraft sinnvoll zu nutzen.

Schon allein durch unterschiedliche Bildausschnitte ist eine einfache Bewertung durch konstante Übung angezeigt.

Wie wird eine Gebäudefassade mit der Wärmebildkamera betrachtet?

Auch diese Frage sollte man sich stellen. Dabei geht es nicht darum, ob es ein Richtig und ein Falsch geben wird.

Vielfach liest oder hört man von der Vorgehensweise, dass zuerst oben, dann die Mitte und zuletzt der untere Gebäudeteil abgescannt wird. Es wird bei dieser Vorgehensweise natürlich davon ausgegangen, dass es keine direkte Schadenswahrnehmung gibt, die die Aufmerksamkeit des Einsatzleiters bindet.

Grundsätzlich scheint an der Reihenfolge nichts auszusetzen zu sein.

Ohne auf die umfangreichen Details der vfdb-Brandschadensstatistik vom Februar 2020 einzugehen, kann in dieser unter Punkt 7.1 der kritische Wohnungsbrand nachgelesen werden, dass die häufigsten Brände im Erdgeschoss erfolgen. Zu höheren Geschossen nimmt die Häufigkeit entsprechend ab. Was nicht verwundern wird, da die Anzahl von höheren Häusern bundesweit geringer sein wird als von ein- oder zweigeschossigen Gebäuden. Mit den Bränden zwischen dem dritten und siebten Obergeschoss gleichauf liegen die Brände von Untergeschossen und Kellern. Interessante Zusatzinformation: als Risikoschwerpunkt wird unter Punkt 7.2 die Küche als hauptsächlicher Ort einer Brandentstehung festgestellt.

Kritischer Wohnungsbrand

Mit Wissen um diese aktuelle Auswertung der Verteilung von Brandereignissen in Gebäuden kann die oben beschriebene Reihenfolge schon optimiert werden.

Wie einige Erfahrungen aus dem amerikanischen Raum beschrieben werden, ist die unter Stress im Einsatzgeschehen einmal festgestellte und wahrgenommene Wärmequelle erkundungsbestimmend. Viele Berichte bestätigen, dass umfangreich und gut ausgebildete Nutzer von Wärmebildkameras nach Feststellung einer Wärmequelle ihren Wärmescan abbrechen und sich hierauf fokussieren.

So wird beispielsweise bei einer Wärmequelle in den Obergeschossen nicht mehr der Erdgeschoss- oder gar der Untergeschossbereich betrachtet. Vielfach gingen hierdurch wertvolle Informationen durch frühzeitige Feststellung des ursprünglichen Brandherds verloren, da sich durch den fokussierten Scan die Erkundung „festgefahren“ hatte.

Daher empfehlen amerikanische Ausbilder den Wärmescan von unten nach oben. So kann ein Kellerbrand vielleicht frühzeitig entdeckt werden, auch wenn die optisch intensivere Wahrnehmung an einer anderen Stelle liegt.

Fokussierung der Aufmerksamkeit notwendig

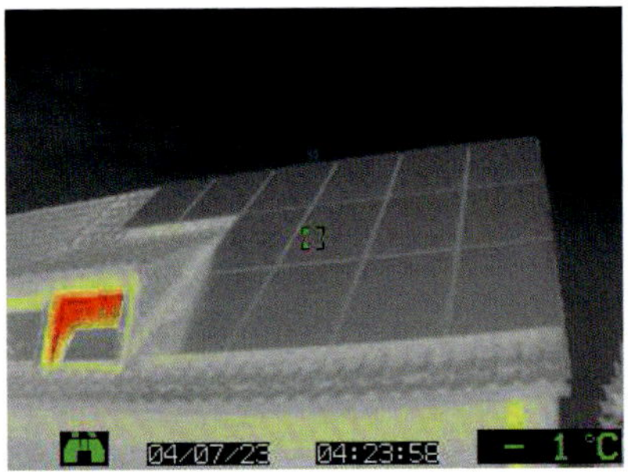

Abb. 120: Dachaufsicht mit Photovoltaikanlage. Gaube mit geöffnetem Fenster. Durch die eindeutige Farbgebung steht die Betrachtung der Gaube im Fokus, obwohl es sich lediglich um ein geöffnetes Fenster handelt, aus dem warme Zimmerluft durch das geöffnete Fenster abströmt. (Quelle: Guido Volkmar)

4.1.3 Beurteilung von Räumen und Gebäuden – aus Sicht des Einheitsführers

Die Wärmebildkamera kann dem Einheitsführer wertvolle Hinweise geben.

Teilweise werden sich die Erkenntnisse mit denen des Einsatzleiters überschneiden, jedoch kleinteiliger betrachtet werden. Wenn es im dritten Geschoss brennt, wie wird die Wärme in den Treppenraum ziehen? Ist der Treppenraum schon verraucht? Steht die Wohnungstür auf oder ist sie bereits durchgebrannt? Warum sind die Fenster des Treppenraumes im Wärmebild warm dargestellt?

Wie wir in Kapitel 2.3 besprochen haben, kann die Wärmebildkamera nicht durch Glas hindurchsehen. Das Material „Glas" kann sich jedoch durch die von innen auftreffende Wärmeenergie erwärmen und so durch die Wärmeleitung die Energie nach außen tragen und für die Wärmebildkamera „wahrnehmbar" machen. Wie gut das gelingt, hängt von der Materialdicke und dem Scheibenaufbau des Fensters ab. Eine Einscheibenverglasung wird früher durchwärmt werden als eine heute vielfach eingesetzte Vierfachverglasung. Und was für den Scheibenaufbau zutrifft, gilt für den Fensterrahmen in gleicher Art. Allen Öffnungen gleich ist die erste sichtbare Erwärmung im oberen Öffnungsabschluss. Ob es nur ein Fenster zur Beurteilung des Einheitsführers oder eine geschlossene Tür für den vorgehenden Trupp ist: Oben wird es immer zuerst warm und entsprechend für die Wärmebildkamera sichtbar!

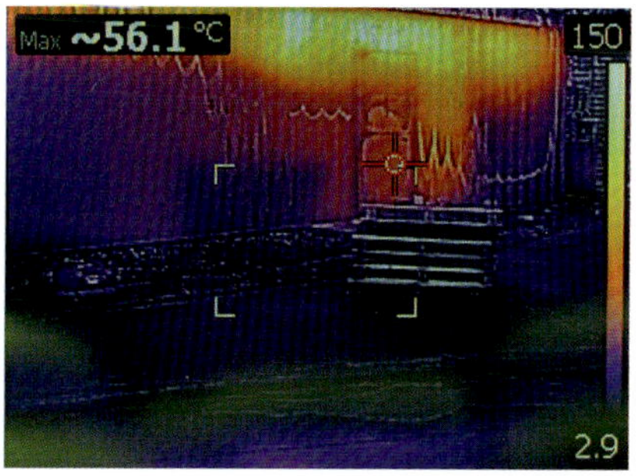

Abb. 121a und b: Darstellung der Wahrnehmung auf einem Wärmebild bei einer während einer Realbrandausbildung im oberen Bereich erwärmten Tür. Auf der linken Seite ist die Zugangstür mit davor gelagerten Holzpaletten deutlich zu erkennen. Für die bessere Beurteilung der Erwärmung im oberen Türbereich wurde auf der rechten Seite ein anderes Bild von gleicher Position ausgewählt. Hier kann die Erwärmung im oberen Bereich gut erkannt werden. **Anmerkung:** Es handelt sich hierbei um einen Stahlüberseecontainer, dessen Wärmeleitfähigkeit deutlich besser ist als Wohnungseingangstüren. Die realistische Einschätzung vor Ort funktioniert nachweislich, nur ist die Ausdehnung der Erwärmung im Innenangriff deutlich geringer! (Quelle: Guido Volkmar)

Es lohnt sich zu überlegen, ob ein Blick durch die Wärmebildkamera vor der Übergabe an den Angriffstrupp eine einfache, aber sinnvolle Idee sein kann. Dabei ist es noch gar nicht so lange her, dass die wenigen zur Verfügung stehenden Wärmebildkameras einzelner Einheiten bei den Einheitsführern aufbewahrt wurden.

Da die Wärmebildkameras glücklicherweise günstiger geworden sind und sie entsprechend umfangreicher beschafft werden können, werden sie direkt dem Angriffstrupp zugeteilt. Das ist grundsätzlich eine gute Idee, denn der Angriffstrupp wird sie für seinen Einsatzbereich bestmöglich einsetzen.

Es ist allerdings kein Grund, dem Einheitsführer den Zugriff auf eine Wärmebildkamera zu Erkundungszwecken zu verwehren und ihm keine Wärmebildkamera zur Verfügung zu stellen. Vielleicht kann man im laufenden Prozess auch hierfür Verständnis entwickeln.

Führen heißt Erkennen

Im nächsten Schritt sollte darüber nachgedacht werden, ob bei einer weiteren Beschaffung einer Wärmebildkamera für den Einheitsführer ggf. ein anderes Modell mit anderen Möglichkeiten beschafft werden sollte. Als Argumentationshilfe können vielleicht die Inhalte dieses Buchs dienen.

Für jede Einsatzkraft ist eine umfangreiche Aus- und Fortbildung für den Umgang mit Wärmebildkameras erforderlich. Wenn sinnvollerweise wegen unterschiedlicher Anforderungen für Angriffstrupp und Einsatzleiter, sprich Nutzung innen und Nutzung außen, unterschiedliche Modelle von Wärmebildkameras beschafft wurden und im Einsatz sind, ist eine modellorientierte Aus- und Fortbildung notwendig!

Jeder Wärmebildkameranutzer benötigt für die schnelle und richtige Wahrnehmung und die sich hieraus ergebende Interpretation des Wärmebilds seine eigenen „Wärmebildvokabeln“, die zu einer einsatzrelevanten Bewertung führen sollen.

4.1.4 Beurteilung von Räumen und Gebäuden – aus Sicht des Angriffstrupps

Die Beurteilung von Gebäuden und Räumen mit Hilfe der Wärmebildkamera für den Angriffstrupp ist nicht nur eine sinnvolle Ergänzung, sondern kann insbesondere bei Nullsicht im Brandeinsatz die schnelle und umfassende Beurteilung von

- Position von vermissten Personen im Raum
- direktem Zugriff auf zu rettende Personen in verrauchten Bereichen
- Orientierungsgewinn innerhalb des Gebäudes
- Auffinden des Brandherdes
- der Ausdehnung des Brandgeschehens
- der Auswirkung der Rauchgasströme im Gebäude
- Bewertung von Strömungspfaden hinsichtlich Schadensausbreitung
- Beurteilung von Funktionalität von brandschutztechnischen Abtrennungen im Schadensfall
- Löschwirkung und Löscherfolg auf das Brandgeschehen
- Suche nach Glutnestern
- Erkundung bei Schwelbränden

und vieles mehr bewirken.

Trotz des großen Gewinns der „Sicht im verrauchten Bereich" muss immer wieder darauf hingewiesen werden, dass es sich bei der Wärmebildkamera um ein technisches Hilfsmittel handelt, welches trotz guter Aus- und Fortbildung aber keinesfalls grundlegende manuelle Techniken und bewährte Sicherungsverfahren außer Kraft setzen darf.

Back to basic

Abb. 122: Back to basic. (Quelle: Guido Volkmar, eigene Darstellung nach Paul Combs)

Auch bei effektivem Einsatz einer Wärmebildkamera ist immer

- **eine materielle Rückzugswegsicherung in Form von Leine und/oder Schlauch mitzuführen[1] und im sicheren Bereich (dem Freien, nicht verrauchbaren Bereich) anzuschlagen.**

[1] Es ist darauf zu achten, dass die Rückzugswegsicherung eines jeden vorgehenden Trupps, insbesondere, wenn sie als Leine umgesetzt wird, im sicheren freien Bereich angeschlagen wird. Sowohl Leine als auch Schläuche sollten möglichst immer eindeutig den vorgehenden Trupps zugeordnet werden können. Welches System hierfür geeignet ist, muss jeder Standort für sich selbst vereinbaren und aktiv umsetzen.

- die Orientierung im Raum durch Kontakt zur Wand sicherzustellen.
- eine manuelle Absuchtechnik entsprechend der Raumgröße zu beherrschen.
- die Mitführung mechanischer Hilfsmittel zur Vergrößerung des Suchradius notwendig[1]

Der Verwendungsschwerpunkt einer Wärmebildkamera wird in erster Linie bei den im Einsatz vorgehenden Kräften liegen. Hier wird sich ebenfalls der Aus- und Fortbildungsschwerpunkt ergeben.

4.2 Die Wärmebildkamera im Brandeinsatz

Der Einsatzschwerpunkt der Wärmebildkamera liegt aktuell vornehmlich in der Anwendung im Innenangriff.

- Welche Wünsche und Bedürfnisse soll die Wärmebildkamera hierbei für den vorgehenden Angriffstrupp erfüllen?
- Welche zusätzlichen Informationen möchte der Angriffstrupp durch die Wärmebildkamera erhalten?
- Wie kann der Angriffstrupp diese Informationen bekommen?
- In welchem Entwicklungsstadium befindet sich der Brand wahrscheinlich (beginnend, wachsend, voll entwickelt, abklingend)?
- Um welchen energetischen Zustand handelt es sich (brennstoff- oder sauerstoffkontrolliert)?
- Auf welche Bedingungen trifft der Angriffstrupp in dieser Situation?
- Wie wird sich der Brand nach Auffassung des Angriffstrupps in den nächsten 2–5 Minuten entwickeln?

4.2.1 Ich möchte auch bei Nullsicht alles sehen können

Transparenz von Rauch

Die Sicht durch den Rauch hindurch ist der größte, bedeutsamste und naheliegendste Effekt der Wärmebildkamera und stellt einen großen Vorteil für den vorgehenden Trupp im Innenangriff dar.

[1] Die mitzuführenden Hilfsmittel sollen in erster Linie der Erweiterung des Suchradius dienen. Besenstiele und teleskopierbare Suchstöcke sind eventuell die effektivste Möglichkeit anstelle einer kürzeren und schwereren Spaltaxt.

Abb. 123: Darstellung einer verrauchten Einsatzsituation. Unterschiedliche Brandrauchbestandteile (unterschiedlich farblich dargestellt) ergeben in ihrer Summe eine für die Wellenlänge des sichtbaren Lichts (Wellendarstellung unten im Bild, zur vereinfachten Sichtbarkeit außerhalb der Rauchdarstellung) ein undurchdringliches Rauchvolumen. Die langwelligere Infrarotstrahlung (obere Wellendarstellung innerhalb der Bestandteile) kann durch das Rauchvolumen dringen und die Wärmeenergie transportieren. (Quelle: Guido Volkmar)

Abb. 124a und b: Darstellung der Durchsicht durch eine Verrauchung. Auf den hier gezeigten Wärmebildern ist keine Beeinträchtigung der Darstellung festzustellen. In den jeweiligen Realsituationen wird die Sichtbarkeit durch den Rauch deutlich beeinträchtigt. (Quelle: Guido Volkmar)

Dämpfung der Wärmeenergie im Einsatz

Nur bei starker Dämpfung durch (vgl. Kapitel 2.3)

- Wasser(nebel)
- Wasserdampf
- verschmutzte Germaniumlinse oder
- zu intensive Rauchdichte

kann die Sicht durch den Rauch negativ beeinflusst und abgeschwächt werden.

Ob trotzdem alles wahrgenommen wird, ist nicht gesagt. Hierzu haben Sie in vielen Kapiteln entsprechende Informationen insbesondere zu den Einsatzgrenzen erhalten.

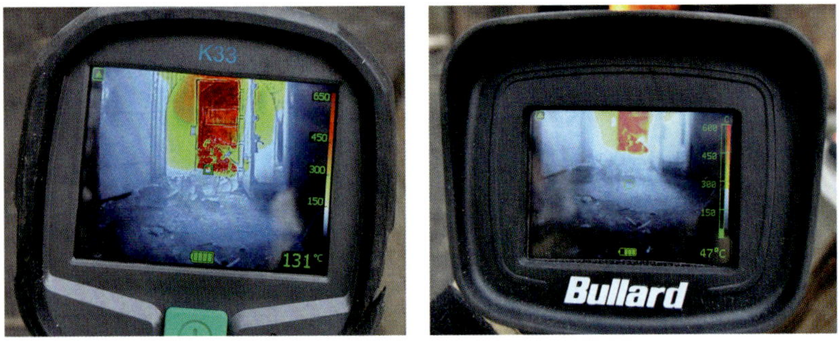

Welche Erkenntnisse entnehmen Sie aus der vorliegenden Displayanzeige?
Wenn Sie unsicher sind, empfehlen wir einen Blick in Kapitel 3.1.1.

Abb. 125a und b: Darstellung der Konsequenz unterschiedlicher Auflösungsmodalitäten unterschiedlicher Hersteller und/oder unterschiedlicher Modelle. Es ist standortspezifisch immer sinnvoll, die zu erreichenden Ziele der späteren Nutzung bei einer Neubeschaffung zu berücksichtigen. Hierzu zählt ausnahmslos immer der möglichst realistische Test für die anzustrebende Einsatzsituation und die Bewertung der Ergebnisse. (Quelle: Guido Volkmar)

4.2.2 Ich möchte mich auch bei Nullsicht sicher im Innenangriff bewegen können

Abstand richtig einschätzen

Es ist verlockend, bei Nullsicht permanent auf das Display der Wärmebildkamera zu schauen. Hierin liegt gleichzeitig eine große Gefahr, da

- sich der Trupp nicht mehr untereinander abspricht
- man die räumliche Orientierung vernachlässigt
- realistische Abstände unterschätzt werden (vgl. Kapitel 3.2.5)

Um Abstände im Wärmebild realistisch abschätzen zu können, kann ein mitgeführter und von den Ausmaßen bekannter Gegenstand in das Wärmebild gehalten werden. Beispielsweise kann eine Feuerwehraxt, die mitgeführt wird, mit ihrem Stil teilweise in das Wärmebild gehalten werden. Der Nutzer der Wärmebildkamera kann hierdurch eventuell eine Abschätzung der realen Abstände im Wärmebild besser beurteilen und bewerten.

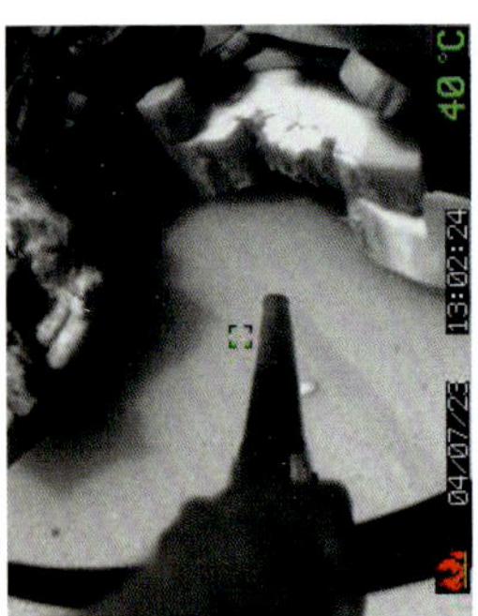

Abb. 126: Zur besseren Abstandseinschätzung kann der Stil der Axt in das Blickfeld der Wärmebildkamera gehalten werden. (Quelle: Guido Volkmar)

Der vorgehende Trupp sollte kontinuierlich seine Umgebung auf dem Weg zu dem Brandherd in der Einsatzstelle bewerten. Neben der Sicht durch den Rauch und entsprechende Wahrnehmungen hinsichtlich der Raumgröße und der Raumgeometrie sind Hinweise auf mögliche Gefahren und nicht zuletzt Positionen von zu rettenden Personen wichtig.

Die Nutzung der Wärmebildkamera mit dem einsatztaktisch sinnvollen Würfelblick ist nach wie vor zu empfehlen. Für Sie eventuell nutzbare Optimierungsmöglichkeiten im Ablauf haben Sie in Kapitel 4.3.1.

Würfelblick

Ebenso vielfältig wie die unterschiedlichen Einsatzsituationen ist die Vorgehensweise mit dem Würfelblick. So wird von unterschiedlichen Autoren die Reihenfolge des Würfelblicks unterschiedlich beschrieben. Im ersten Moment scheint diese Vielzahl der Varianten verwirrend. Je länger man sich jedoch mit den Notwendigkeiten des vorgehenden Trupps hinsichtlich der gewünschten Informationen beschäftigt, desto eher wird einem bewusst, dass selbstverständlich auch die Abfolge des Würfelblicks variabel eingesetzt werden sollte.

Suche ich eine bewusstlose Person in einem verrauchten Bereich und habe die Rückmeldung, dass der Brand bereits sicher gelöscht wurde, kann ich den Wärmescan anders durchführen, als wenn ich Mitglied des vorgehenden Trupps bei einem aktiven Brandgeschehen bin, bei dem schon die Flammen aus dem Fenster im zweiten Obergeschoss schlagen.

Einerseits gibt eine einheitliche, immer wiederkehrende Abfolge eines Bewegungsablaufs Sicherheit. Andererseits kann eine an die Einsatzsituation angepasste Handlungsabfolge einen effektiveren und schnelleren Einsatzerfolg herbeiführen.

Um die Variabilität und Flexibilität im Einsatzgeschehen sicher umsetzen zu können, ist ein umfängliches Training erforderlich, und die persönliche Erkenntnis, für die Sicherheit immer zur erlernten Standardroutine zurückkehren zu können.

Neben den noch zu beschreibenden Möglichkeiten und Variationen des Würfelblicks kann grundsätzlich das technische Gerät der Wärmebildkamera zur Sicherheitssteigerung beitragen.

Die aufgenommene Wärmestrahlung wird über einen Sensor bewertet und liefert ein Bild auf das Display.

Unter freier Sicht bei Training mit einer Wärmebildkamera fällt direkt auf, dass die menschliche Wahrnehmung des zu betrachtenden Bereichs wesentlich größer ist als die Darstellung auf dem Display. Dieser Effekt wird verstärkt, wenn es sich um ein rechteckiges und nicht um ein annähernd quadratisches Display handelt.

Wenn man eine Wärmebildkamera mit einem rechteckigen Display wie aus Kapitel 3.1.1 (Übersicht Display entsprechend NFPA 1801) in die Hand nimmt und betrachtet, wird man automatisch die Wärmebildkamera so halten, dass das Display waagerecht ist. Warum macht man das? Nicht, um das Display waagerecht zu halten, sondern voraussichtlich, damit die Schrift und die Anzeige optimal abzulesen sind. Grundsätzlich spricht gegen diese Handhabung nichts. Der Hersteller hat es genauso hergestellt und geht davon aus, dass es so gut ist.

Unterschied Wahrnehmung und Realität

Dennoch ist der Ausschnitt der Darstellung auf dem Display erheblich kleiner als der natürliche menschliche Wahrnehmungsbereich. Dieser Unterschied muss jedem vorgehenden Trupp bewusst sein, um sicherzustellen, dass er bei seinem Wärmescan nicht zu schnell vorgeht und somit wichtige Details oder Hinweise übersieht.

Wie Sie aus der nachfolgenden Abbildung 127 ersehen, sind die Blickwinkel in dieser Stellung vorgegeben und nicht variabel. Durch diese vorgegebenen Blickwinkel ist das Sichtfeld bzw. die Darstellung der Umgebung auf dem Display nach unten und oben eingeschränkt, nach rechts und links erfreulicherweise großzügig.

Diese schon als gut bewertete Handhabung hat den großen Nachteil im Brandfall im Innenangriff, dass der Betrachter des Displays genau in den Bereichen, die voraussichtlich für die weitere Vorgehensweise interessant sein können, weniger sieht.

Interessant ist in erster Linie die Sicherheit des weiteren Vorgehens. Diese wird durch Temperaturverhältnisse unter der Decke einerseits und Hindernisse oder Öffnungen auf dem Boden andererseits negativ beeinflusst. Gleichzeitig sind die seitlichen Ausdehnungen im Innenangriff im Wohnungsbereich meist nicht so geräumig, dass der gesamte Betrachtungsbereich ausgeschöpft werden muss.

Der Nutzer sieht in der Breite mehr, als er braucht, dafür fehlt ihm Betrachtungsfläche nach oben und unten.

Dieses Missverhältnis kann durch eine einfache Drehung im Handgelenk um 90° behoben werden. Wie Sie aus den beigefügten Bildern erkennen, wird das Sichtfeld umgehend den Anforderungen des vorgehenden Trupps gerechter. Die Seitenansicht wird entsprechend verkleinert, die Sicht nach oben und unten effektiv zur Sicherheitserweiterung vergrößert.

Unter anderem (wahrscheinlich?) für die Akzeptanz dieser neuen Handhaltung der Wärmebildkamera hat sich der Begriff **GANGSTA GRIP** etabliert.

Gangsta Grip

Berechtigt ist die Anmerkung, dass nun aufgrund der gedrehten Handhaltung die Anzeigen nicht mehr ablesbar sind. Unabhängig, ob sie leicht oder schwer ablesebar sind: sie werden im Idealfall nicht benötigt!

Wenn Sie sich den Displayaufbau aus Kapitel 3.1.1 vor Augen führen, gibt es an der rechten Seite eine Farbskala, die abhängig vom eingestellten Modus die Farbe anzeigt. Ergänzend hierzu kommt die Temperaturanzeige aus dem Messpunkt.

Wie wir in den Grundlagen besprochen haben, sind Wärmebildkameras keine Fernthermometer und somit die Temperaturmessungen eher eine Schätzung als ein konkreter Wert.

Die von einer Wärmebildkamera im Brandeinsatz angezeigten Temperaturen sind eher geringer als die realen Temperaturen im Raum! Ausnahme: Aluminium- und Kupferoberflächen!

Zusätzlich werden entsprechend den Möglichkeiten und verfügbaren Modi der Kamera Farben oder Grautöne angezeigt. Diese unterliegen der Anordnung als Isotherme. Gleiche Temperaturen erhalten die gleiche Farbe.

Unter diesen Bedingungen (und mit entsprechender Ausbildung und Training) kann das Displaybild hochkant ebenso effektiv und aussagekräftig ausgewertet werden wie das waagerechte Bild.

Ein wichtiger Hinweis ergibt sich ebenfalls aus dem grünen Dreieck in grünem Kasten. Das ist der Hinweis auf die Umschaltung von Hoch- und Niedrigempfindlichkeitsmodus. Sobald das grüne Dreieck sichtbar wird, hat die Wärmebildkamera auf den Niedrigempfindlichkeitsmodus umgeschaltet. Warum? Weil zu viel Wärmeenergie auf den Sensor trifft.

Das bedeutet für den vorgehenden Trupp: Viel Energie im Raum! Oder für Feuerwehrangehörige: Es kann warm und somit gefährlich sein!

Schlussendlich kann die Wärmebildkamera zur persönlichen Sicherheit und Datenerfassung jederzeit wieder zurückgedreht werden, um alle Anzeigen zu erkennen.

Sichtfelder einer Wärmebildkamera

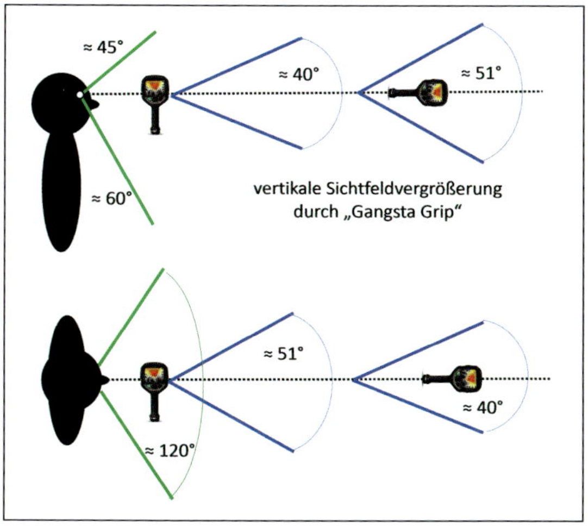

Abb. 127: Darstellung des Sichtfelds der meisten Wärmebildkameras und die Herleitung des „Gangsta Grip“ zur Verbesserung des gesicherten Vorgehens durch Drehen der Wärmebildkamera um 90°, so dass der unmittelbar vor dem Nutzer liegende Angriffsweg deutlicher im Wärmebild abgebildet werden kann. Durch den Gangsta Grip kann die Sicherheit des vorgehenden Trupps einfach und effektiv erhöht werden. (Quelle: Guido Volkmar, eigene Darstellung)

4.2.3 Ich möchte Menschen schnell finden, um sie schnell retten zu können

Die Menschenrettung ist das oberste Ziel für den Einsatz der Feuerwehr. Durch die Sicht in verrauchten Bereichen werden sie erheblich schneller gefunden als durch die klassische, ebenfalls notwendige manuelle Suche, zumindestens dann, wenn ihre Kontur frei liegt bzw. klar erkennbar ist. Diese Situation wird oft in Übungen umgesetzt. Es sitzt ein Dummy (oder eine lebende Person wegen der Realitätsnähe) auf einem Sofa oder liegt in einem Bett. Hier ist die Person schnell gefunden, da ihr Umriss unmittelbar als Person wahrgenommen wird.

Konturen suchen und erkennen

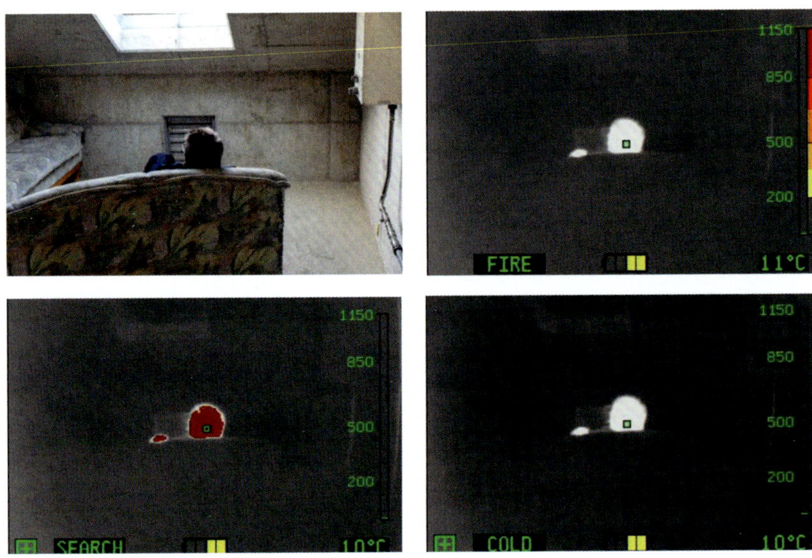

Abb. 128a bis d: Darstellung der bei der Personensuche im Innenangriff typische, in Übungen meist nicht umgesetzte Silhouette von vermissten Personen. Meist werden in Übungen die Gesamtsilhouetten von Personen durch Dummies gesucht, wobei sich in der Realität eher nur einzelne Körperteile wie der Kopf aufgrund der bodennahen Vorgehensweise des Trupps feststellen lassen. (Quelle: NÖ Feuerwehr- und Sicherheitszentrum, Niederösterreichischer Landesfeuerwehrverband, Tulln)

In der Arbeit von Marcus Reichard zu diesem Thema wurde schon 2013 festgestellt, dass durch die Verwendung von Wärmebildkameras mehr als 50 % der Zeit für die Personensuche eingespart werden kann.

Hier die Schlussfolgerungen seiner damaligen Bachelorarbeit:[1]

1 Einsatz von Wärmebildkameras zur Personensuche bei Brandeinsätzen, Theoretische und experimentelle Untersuchung des zeitlichen Einflusses einer Wärmebildkamera auf die Personensuche durch Feuerwehreinsatzkräfte bei einem Brandereignis, Marcus Reichard, Dezember 2013

- Durch den Einsatz einer Wärmebildkamera kann die Effektivität der zeitkritischen Personensuche bei einem Wohnungsbrand gesteigert werden. Voraussetzung ist jedoch die Einhaltung taktischer Grundsätze.
- Eine qualifizierte Ausbildung ist elementare Grundvoraussetzung für den effektiven Einsatz von Wärmebildkameras und sollte sowohl die Theorie als auch praktische Übungen beinhalten.
- Eine flächendeckende Vorhaltung und zeitnahe Verfügbarkeit ist anzustreben.
- Eine Wärmebildkamera kann aufgrund von Einsatzgrenzen die bisherigen Techniken und Taktiken lediglich unterstützen, nicht jedoch ersetzen.
- Eine einheitliche Normung der Geräte ist anzustreben.

Wärmebildkameraeinsatz beschleunigt die Menschenrettung bis zu 50 %!

Meist ist die Personensuche im Einsatz trotzdem nicht so einfach!

Personen sind zugedeckt, oder verdeckt. Ihre Kontur kann nicht „erkannt“ oder „gesehen“ werden.

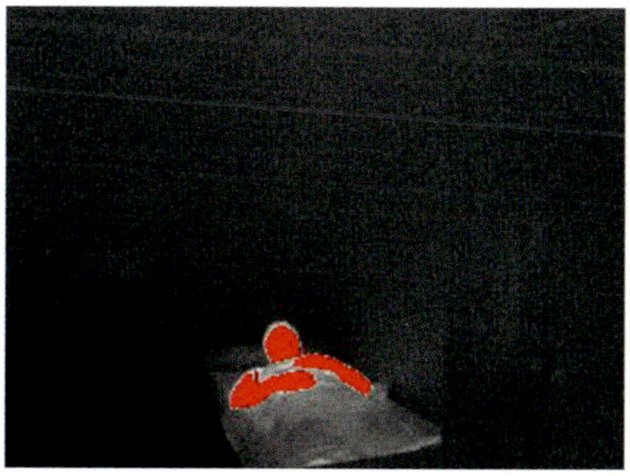

Abb. 129: Personen im verrauchten Raum (Wärmebild). (Quelle: Linde/Dittrich)

Abb. 130: Personen im verrauchten Raum (Realbild). (Quelle: Linde/Dittrich)

Abb. 131: Vermisste Person unter Bettdecke (Wärmebild). (Quelle: Linde/Dittrich)

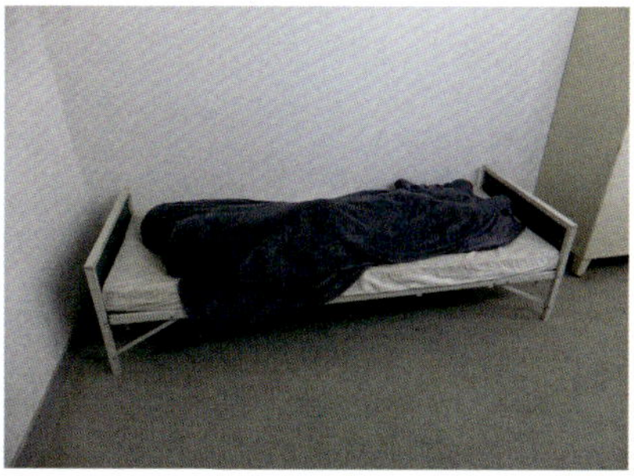

Abb. 132: Vermisste Person unter Bettdecke (Realbild). (Quelle: Linde/Dittrich)

Personen finden ist das Ziel

Jetzt ist sie zu „ertasten“. Auch hier kann die Wärmebildkamera unterstützen. Aber vielleicht anders, als Sie zunächst erwarten. Weitere Hinweise gibt es im folgenden Kapitel.

An dieser Stelle stellt sich die Frage, ob wir durch den Einsatz von Wärmebildkameras unsere Einsatztaktik im Wohnungsbrand ändern sollten. Die Antwort ist ein voraussehbares Jein!

4.2.4 Idee einer veränderten Suchtechnik im verrauchten Wohnungsbrand nach gelöschtem Feuer

Jetzt gilt es zu überlegen, welche Vorgehensweise bisher sehr gut funktioniert hat, welche Situationen schwierig sind und wo wir durch unsere Erfahrungen im Einsatz mit der Wärmebildkarma Optimierungsmöglichkeiten haben. In der nachfolgenden Gegenüberstellung, die nicht abschließend ist, sollen Anregungen für eine eventuelle standortspezifische Abwägungsmatrix dargestellt werden.

Wir können durch den Rauch sehen

- wir können schneller vorgehen → Personen können schneller gefunden werden
- entbindet uns nicht von der Notwendigkeit einer Rückzugswegsicherung
- entbindet uns nicht von der Notwendigkeit der Orientierung im Raum (Suchverfahren)
- entbindet uns nicht vom z.B. Abtasten des Wegs (zweidimensionales Wärmebild)

Wir können Wärmeenergie durch den Rauch wahrnehmen

- Wärmebilder müssen erkannt und bewertet werden
- Gefahr durch Konvektionsströme sind wahrnehmbar
- Kühleffekte des Löscheinsatzes (Kühlwirkung) werden wahrnehmbar
- keine sichtbaren Flammen bedeutet nicht keine anwesende Wärmeenergie (Rückzündungsgefahr!)

Neue Idee der Vorgehensweise zur Menschensuche

So kann beispielsweise aus der obigen positiven Bewertung der Sicht durch den Rauch im Wohnungsbrand eine Änderung der Einsatztaktik hervorgehen. Zunächst können Wohnungsgrößen betrachtet werden. Vielleicht wird eine Wohnungsgröße von 100 m² über eine Etage angenommen. Vielleicht befinden sich hierin drei Zimmer (Wohnzimmer, Schlafzimmer, Arbeitszimmer), Küche, Diele, Bad. Bei einer Wohnungsgröße von 120 m² kommt vielleicht noch ein Kinderzimmer hinzu? Schon bei der Aufstellung werden viele denken: Wie groß denken die Autoren sind unsere Wohnungen? Aber für einen ersten Ansatz, auch wenn er zu groß gegriffen ist, soll es ausreichen.

Wie sieht die klassische einsatztaktische Vorgehensweise im Wohnungsbrand aus? Wie viel Schlauchreserve wird der Angriffstrupp vorbereiten? Sicherlich zwei Längen! Sicher ist sicher. Hierdurch erreicht er eine Eindringtiefe von 30 Metern. Wegen Ecken und Einbauten reduzieren wir großzügig auf 15 m Eindringtiefe. Wohnungsgröße und Schlauchreserve passen sehr gut zueinander.

Wenn bei einer Grundfläche von 100 m² drei Zimmer, Küche, Diele, Bad vorhanden sind, wie groß sind vermutlich die Räumlichkeiten? Wohnzimmer ca. 35 m² (7 × 5), Schlafzimmer 20 m² (5 × 4), Arbeitszimmer 20 m² (4 × 5), Küche 12 m² (3 × 4), Badezimmer 8 m² (2 × 4) und 5 m² Diele als Verkehrsweg.

Von jedem Raum wissen wir, dass er vermutlich nicht leer sein wird. Also reduziert sich die abzusuchende Grundfläche weiter.

Wie werden bisher diese Räume durchsucht? Vor dem Grundsatz „Der Trupp trennt sich nicht“ entsprechend der FwDV 7 werden beide Truppmitglieder in den jeweiligen Raum hineingehen und, wenn es gut funktioniert, getrennt voneinander unter Nullsicht mit Kontakt zueinander suchen. Der Suchradius wird ggf. durch ein Hilfsmittel wie eine Axt verlängert. Sobald ein Hindernis ertastet wird, wird händisch nachgefasst, um festzustellen, um was es sich handelt.

Diese Absuchtechnik in einem Raum hat sich bewährt und kann als effektiv bezeichnet werden. Vielleicht stören sich die absuchenden Einsatzkräfte, wenn der Raum kleiner wird. Im Wohnzimmer von 35 m² wird es gut gehen, in der Küche von 12 m² wird es schon deutlich enger.

Jetzt kommt zusätzlich eine Wärmebildkamera hinzu. Wie wird die schon jetzt effektive Suche unter Nullsicht durch die Wärmebildkamera optimiert?

Mit Abstand sicher führen – durch die Wärmebildkamera

Wenn beide suchen, wird einer mit und einer ohne Wärmebildkamera suchen. Wer sollte jetzt die Wärmebildkamera erhalten? Ist es sinnvoll, die Suche im Raum, die bisher händisch durchgeführt wurde, durch den Einsatz einer Wärmebildkamera zu unterstützen? Was wird passieren? Der Nutzer der Wärmebildkamera wird versuchen, mit der Wärmebildkamera z.B. unter einen Tisch zu gucken. Das scheint im direkten Vergleich mit der händischen Suche keine Verbesserung zu sein, da es wesentlich umständlicher und somit zeitaufwändiger ist. Da er aber eine Wärmebildkamera bei sich hat, wird er verständlicherweise versuchen, bei Nullsicht etwas zu erkennen, und wird durch die Wärmebildkamera schauen wollen.

Hier kommt eine Idee als Anstoß zum Nachdenken:

Wenn wir gedanklich vom größten Raum ausgehen, dann ist die Grundfläche maximal 35 m², eher kleiner wegen der Einrichtungsgegenstände. Wenn es sich z.B. nach gelöschtem Feuer um eine Menschenrettung und somit Suche handelt, was spricht gegen ein temporäres Trennen des

Trupps? Wie wäre die Idee, wenn der Truppführer mit der Wärmebildkamera im Türrahmen verharrt und den Truppmann mit Hilfe seiner Wärmebildkamera durch den Raum führt? Der Truppmann agiert nach wie vor händisch auf bekannte Art und Weise und der Truppführer kann durch Nutzung der Wärmebildkamera mit hilfreichen Hinweisen durch verbale Kommunikation den Truppmann kontrolliert führen.

Faktisch hat der Trupp sich nun getrennt, verfügt aber dennoch über Sichtkontakt durch die Wärmebildkamera untereinander. Sollte die Wärmebildkamera spontan aufgrund z.B. eines technischen Defekts ausfallen, findet der im Raum befindliche Truppmann auf die klassische Art und Weise den Ausgang aus dem abgesuchten Raum. Die längste Strecke in unserem Beispiel wären 7 m und somit sechs bis sieben Schritte.

Im direkten Vergleich zwischen Nutzung der Wärmebildkamera und normale klassische Vorgehensweise ändert sich für den absuchenden Truppmann nichts. Für den Truppmann gibt es aus seiner Sicht keine Verschlechterung der Situation, da er mit seinem klassischen Suchverfahren vorgegangen ist.

Durch Einsatz der Wärmebildkamera und entsprechender Aufgabenteilung kann die Suche ggf. deutlich verkürzt werden. Der Zeitgewinn durch Nutzung einer Wärmebildkamera wurde schon zuvor durch unterschiedliche Quellen bestätigt und kann nun weiter optimiert werden.

Insbesondere vor dem Phänomen der modernen Brände mit erhöhter Rauch- und Temperaturentwicklung bei zeitgleicher beschleunigter Verbrennung haben die zu rettenden Personen heutzutage weniger Zeit als noch vor 15 Jahren. Hier lohnt sich der Versuch einer Optimierung durchaus.

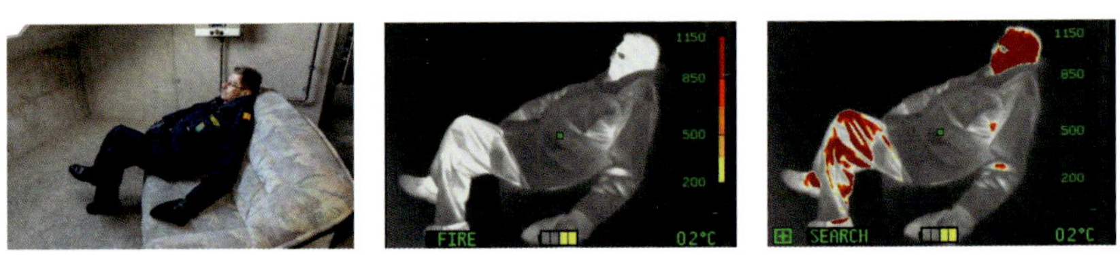

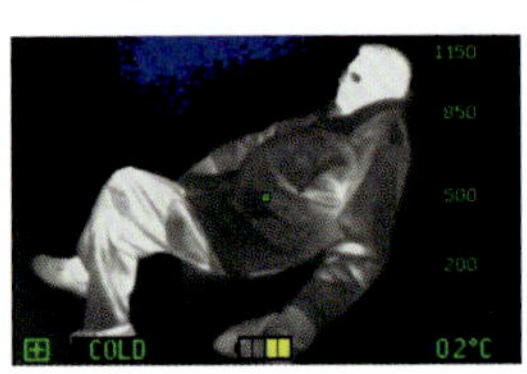

Abb. 133a bis d: Darstellung der Gesamtsilhouette einer vermissten Person sowohl im Real- als auch im Wärmebild bei unterschiedlichen Farbpaletten. (Quelle: NÖ Feuerwehr- und Sicherheitszentrum, Niederösterreichischer Landesfeuerwehrverband, Tulln)

Wir suchen menschliche Konturen und keine Wärmebilder!

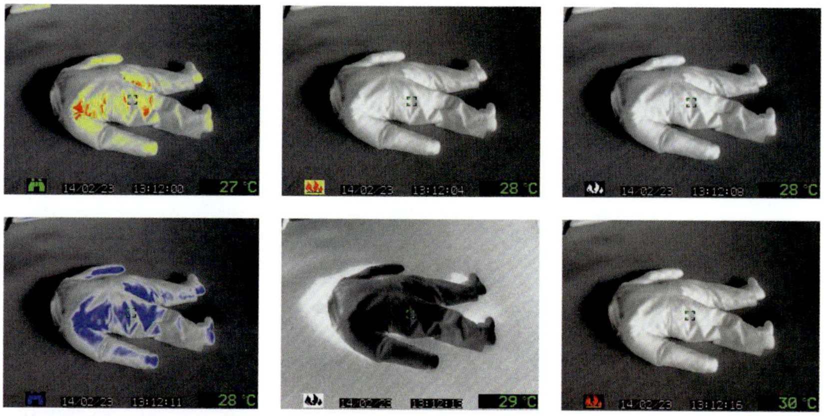

Zu suchende Konturen sind je nach Situation unterschiedlich

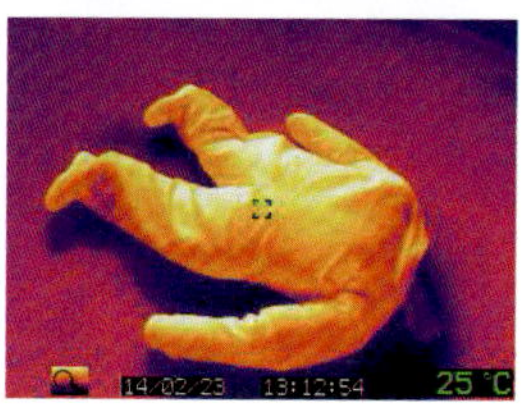

Abb. 134a bis g: Darstellung eines intensiv beübten Übungsdummys mit unterschiedlichen Farbpaletten. Wie deutlich zu erkennen ist, fehlt diesem Dummy der Kopf. Durch die weitere Benutzung dieses Dummys zu Ausbildungszwecken mit Wärmebildkameras kann sich ein falsches Wärmebild durch die „falsche Silhouette“ einprägen! Es wird empfohlen, diesen Dummy nicht mehr für die Ausbildung im Zusammenhang mit Wärmebildkameratraining zu verwenden. Im Bereich der technischen Hilfeleistung oder sonstiger Menschenrettung wird er sicher noch gute Dienste leisten. (Quelle: Guido Volkmar)

4.2.5 Ich möchte mich selbst vor den Gefahren des Brands durch frühzeitige Wahrnehmung schützen können

Wo Rauch ist, ist auch Feuer. Und umgekehrt!

Für den Feuerwehrangehörigen gehört beides untrennbar zusammen. Und umso erstaunter ist man, wenn man bei genauem Hinsehen feststellt, dass es meist an einer Stelle entweder Feuer (besser: Flamme) oder Rauch gibt.

Die Gefahren im Innenangriff ergeben sich durch beides, Flammen und Rauch.

Die durch den Rauch gleichzeitig anwesenden Atemgifte sind hierbei meist nicht das Problem, da der Angriffstrupp mit umluftunabhängigen Atemschutzgeräten vorgeht. Der Brandrauch stellt als aus Pyrolyse entstandenem Rauch mit einem hohen Anteil an u.a. Kohlenstoffmonoxid einen brennbaren Stoff dar, der gleichzeitig viel Gefahrenpotenzial in sich hat.

Die physikalischen Grundlagen der Wärmemitführung erfahren wir in Kapitel 2.2.1. Die Gefährlichkeit der Mitnahme von Wärme und die hieraus entstehenden Wärmeströmungen mit potenzieller Entzündungsgefahr sind als Phänomene der extremen Brandausbreitung ausführlich beschrieben worden. Diese potenzielle Gefahr frühzeitig wahrzunehmen, als Gefahr zu erkennen und sinnvoll zu bewerten, ist einer der größten Sicherheitsaspekte der Wärmebildkamera im Innenangriff.

Verbrennungsdreieck

Hierbei geht es nicht ausschließlich um eine konkrete Temperaturbestimmung der Umgebung. Dafür ist eine Wärmebildkamera nicht konzipiert. Es geht um eine grundsätzliche Bewertung der Umgebungssituation im Innenangriff. Als Basis dienen die Grundlagen der Wärmeausbreitungsmöglichkeiten aus Kapitel 2.2.1 in Kombination mit dem Verbrennungsdreieck.

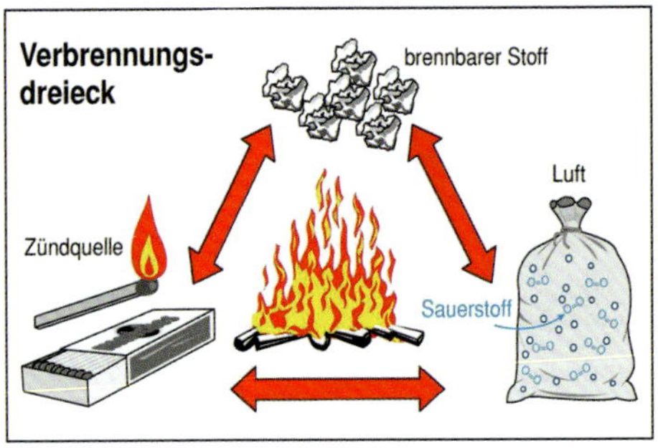

Abb. 135: Darstellung des Verbrennungsdreiecks als Grundlage für alle Phänomene der (extremen) Brandausbreitung.
(Quelle: Guido Volkmar, aus: Helft Brände verhüten! ecomed SICHERHEIT)

Schon aus der Tatsache, dass der Angriffstrupp für sein weiteres Vorgehen eine Wärmebildkamera benötigt, lässt sich schließen, dass es zu einer Sichtbehinderung durch Rauch gekommen ist.

Je dichter der Rauch, desto mehr Pyrolysegase sind in der Atmosphäre vorhanden. Gleichzeitig lässt sich hierüber ebenfalls die aktuelle zeitliche Position auf einer „virtuellen Brandverlaufskurve" bestimmen. Vorausgesetzt, ich kann das Gesamtgeschehen überblicken und bewerten.

Wenig Rauch, wenig Temperatur: Wahrscheinlich befinde ich mich noch in der Anfangsphase des Brands.

Viel Rauch, wenig Temperatur: Wahrscheinlich bin ich etwas weiter weg vom Brandherd, da die Pyrolysegase sich abgekühlt haben werden.

Wie hieran deutlich wird, wird es immer einen Spekulationsbereich geben. Was bedeutet „viel" oder „wenig"? Die endgültige Bewertung kann ausschließlich in der Situation vor Ort getroffen werden.

Brandverlaufskurve

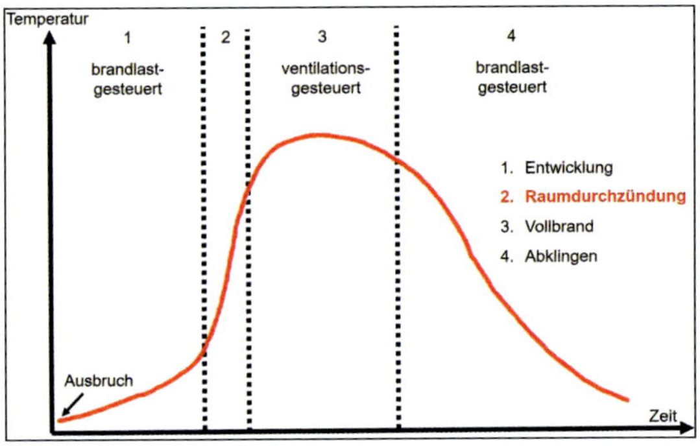

Abb. 136: Brandverlaufskurve. (Quelle: Guido Volkmar, eigene Darstellung nach Karlsruher Institut für Technologie (KIT), Forschungsstelle für Brandschutztechnik, Forschungsbericht Nr. 213 , Unterventilierte Realbrände – Experimentelle Untersuchungen zu Wohnungsbränden bei Luftmangel, September 2022)

Einige Hinweise kann sich der vorgehende Trupp jedoch zu Nutze machen.

Seit einiger Zeit ist der Begriff von modernen Bränden geläufig. Hiermit werden die Veränderungen des Brandgeschehens durch geänderte Stoffzusammensetzungen von Wohnungseinrichtungen in Kombination mit geänderten Dämmungen, Lüftungen, Verglasungen usw. beschrieben. Kurzum: Die Rauchentwicklung ist bei modernen Bränden heutzutage erheblich vergrößert. Gleichzeitig ist die Wärmefreisetzungsrate wesentlich erhöht. Das Endresultat dieser Kombination ist eine schnellere und heißere Verbrennung im Gebäudebereich.

Gerade die Schnelligkeit der Reaktion und die hieraus resultierende schnelle Änderung der Umgebungssituation im Innenangriff ist eine weitere Notwendigkeit für den Einsatz von Wärmebildkameras im Innenangriff mit der entsprechenden Aus- und Fortbildung. Es muss für die vorgehenden Trupps leicht und effektiv möglich sein, schnelle thermische Änderungen im Innenangriff festzustellen und aufgrund ihrer fundierten fachlichen Ausbildung zu entscheiden, ob der kontrollierte Rückzug anzutreten ist. Auf weitere Möglichkeiten der Entscheidungsfindung werden wir unter Kontrolle des Löscherfolgs eingehen.

Ziel ist es, die Wärme frühzeitig zu sehen, bevor der Angriffstrupp die Wärme spürt.

Wärme sehen statt Wärme spüren

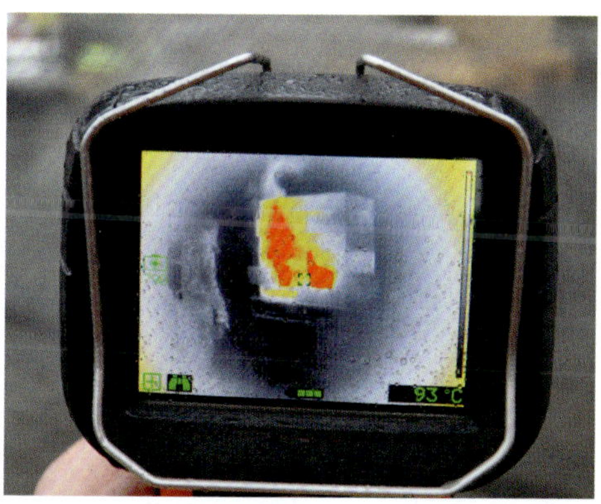

Abb. 137: Modellversuch am Schwedenhaus zur Demonstration des Brandverlaufs über mehrere Ebenen bei gleichzeitiger Demonstration von Rauchgasdurchzündungen. Während die Sichtbarkeit in der Realität deutlich durch Rauch eingeschränkt ist, kann das thermische Verhalten während des Versuchsablaufs durch die Wärmebildkamera ohne störenden Rauch unbeeinflusst beobachtet werden. Vielfach wird bei Modellversuchen die Wärmebildkamera als handgeführte Kamera zwischen den Teilnehmern herumgereicht. Dies führt nach kurzer Zeit dazu, dass die Wärmebildkamera abgelegt wird. Es bietet sich an die Wärmebildkamera stationär aufzustellen, so dass jeder Teilnehmer das Wärmebild betrachten kann, ohne an die Wärmebildkamera gebunden zu sein. (Quelle: Guido Volkmar)

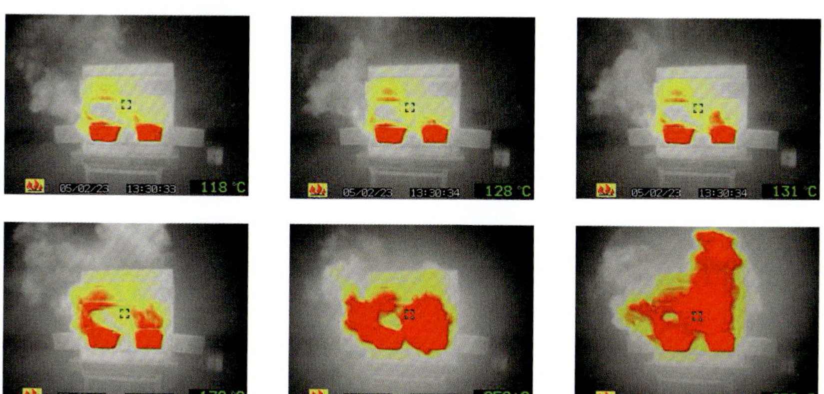

Abb. 138a bis f: Bilderfolge: Darstellung der Wärmebilder einer Rauchdurchzündung bei der Realbrandausbildungseinheit Schwedenhaus. Die schnelle Ausbreitung der Phänomene der extremen Brandausbreitung innerhalb von 3 Sekunden (!) ist gut nachzuverfolgen. Diese Gefahr der Durchzündung im Realeinsatz möglichst frühzeitig zu erkennen und durch die situativ richtige Reaktion zu entschärfen, ist das hohe Ziel der Ausbildung innerhalb der Realbrandausbildungen des Landes. (Quelle: Guido Volkmar)

4.2.6 Ich möchte schnell, sicher und effektiv Türen bewerten können

Türen bewerten

Aus der Zeit, in der Wärmebildkameras sehr teuer und exklusiv und somit selten waren, hatte sich ein Ablauf an geschlossenen Türen eingebürgert.

Bei dieser Türprozedur, bei der zunächst mit Handschuh und Kontakt zum Türblatt und, bei ausbleibender Temperaturfeststellung im weiteren Verlauf auch ohne Handschuh mit Abstand zwischen Hand und Türblatt, in mäanderartigen Bewegungen von unten nach oben eine Tür mit dem Handrücken abgefühlt wurde, sollte festgestellt werden, bis zu welcher Höhe auf dem Türblatt abgewandte Seite die vermeintliche Rauchschicht steht. Diese Türprozedur wurde weiter verfeinert, so dass es später nur noch ein diagonales Abfühlen quer über das Türblatt gab oder das Türblatt gar mit Wasser angesprüht wurde, um zu prüfen, ob das Wasser auf dem Türblatt verdampfen würde. Wäre das der Fall, ist die Tür heiß. Und der Raum dahinter auch.

Der tatsächliche Informationsgehalt der Türprozedur lag in der Feststellung der Rauchschichthöhe und somit in der Verknüpfung der Rauchschichthöhe aufgrund der Schwerkraftströmung im Hinblick auf die vermutete Branddauer.

Erst ab einer gewissen (jedoch unbestimmten) Temperatur wird sich die diesige, nebelartige Rauchschicht, durch die von ihr aufgenommenen Energie zu einer Schwerkraftströmung umformen. In der oberen Schicht ist es heiß, in der unteren Schicht wesentlich kühler. Hat schon die Ausbildung einer Schwerkraftströmung an sich einige Zeit benötigt, so wird mit sinkender Rauchschichthöhe eine größere Branddauer vermutet werden können.

Neue Türprozedur

So sinnvoll dieser Zusammenhang faktisch ist, so ärgerlich ist die Tatsache, dass der praktizierte Handrückentest in seiner Durchführung nicht dazu geeignet ist, eine qualitative Aussage über das Brandgeschehen hinter der Tür zu treffen. Wie Christoph Menzel in seiner Bachelorarbeit vom September 2016 mit dem Titel „Experimentelle Untersuchung des zeitlichen Temperaturverlaufes und Wärmedurchgangs von Türen bei einseitiger Temperaturbeaufschlagung, konkret bei Bränden in geschlossenen Räumen“ festgestellt hat, kann hinter der zu betrachtenden Tür ein Vollbrand herrschen, die Temperaturerhöhung an der Tür selbst wird mit dem Handrücken nicht wahrnehmbar sein.

Die thermische Auflösung (NETD) wird in Millikelvin (mK) angegeben und benennt den kleinsten Temperaturunterschied, den eine Wärmebildkamera erkennen kann.

An dieser Stelle hat die Wärmebildkamera mit ihrer wesentlich geringeren thermischen Auflösung als der menschliche Handrücken eine wichtige Aufgabe und Berechtigung.

In einem weiteren Forschungsbericht (Brandschutzforschung der Bundesländer, Karlsruher Institut für Technologie (KIT), Forschungsstelle für Brandschutz, Bericht 207, Einsatz von Wärmebildkameras zur Ermittlung der Oberflächentemperaturen von Wohnungstüren bei Bränden) wurde 2020 festgestellt, dass Wärmebildkameras durchaus geeignet sein können, schnell und zuverlässig Temperaturen und insbesondere Temperaturunterschiede aufzuzeigen.

Handrückentest meist ohne Aussagekraft

In der Zusammenfassung[1] heißt es:

„Wärmebildkameras sind zur Detektion erhöhter Oberflächentemperaturen von Wohnungstüren geeignet. Prinzipiell ist es mit bei den Feuerwehren gebräuchlichen Wärmebildkameras möglich, auch nur leicht erwärmte Türen zu erkennen, jedoch bieten mitunter metallische Oberflächen (in direktem Wärmeaustausch zum Brandraum) oder undichte Spalte an der Türumrandung schnellere Indizien für ein Brandereignis hinter der Tür.

Mögliche störende Quereinflüsse von unterschiedlichen Hintergrundbeleuchtungen wurden untersucht und es konnte gezeigt werden, dass keine Einschränkung daraus für den Einsatz der Wärmebildkameras hervorgehen, wenn die direkte Reflexion des störenden Lichts zur Wärmebildkamera vermieden wird.

Jedoch stellt nach wie vor die Handhabung der Wärmebildkamera, d.h. die korrekte Ausrichtung und die angemessene Beurteilung der vermeintlichen „Messergebnisse", die größte Herausforderung dar, die eine entsprechende Schulung über die Möglichkeiten und Anwendungsgrenzen dieses vielseitigen Einsatzmittels erforderlich macht."

4.2.7 Ich möchte weitere Gefahren der Gefahrenmatrix frühzeitig wahrnehmen und bewerten können

Es ist sehr schwer, alle auftretenden Gefahren der Gefahrenmatrix zu erkennen, zu bewerten und entsprechend zu handeln. Durch den Einsatz der Wärmebildkamera kann der vorgehende Trupp zumindest die meisten thermischen Gefahren und deren Auswirkungen erkennen.

Grundsätzlich empfinden mit Wärmebildkamera vorgehende Einsatzkräfte eine wahrnehmbare Erleichterung hinsichtlich:

Erkennen von Gefahren

- Angst/Panik
- Erkrankung/Verletzung

[1] Brandschutzforschung der Bundesländer, Einsatz von Wärmebildkameras zur Ermittlung der Oberflächentemperaturen von Wohnungstüren bei Bränden

Zusätzlich können folgende Fragen im Innenangriff einfacher, weil wahrnehmbarer bewertet werden:

- Wo ist der Brandherd?
- Wie dehnt er sich aktuell aus? Welche Bereiche sind weiterhin betroffen?
- Sind tragende Bauteile mit Wärme beaufschlagt und drohen ggf. ihre Festigkeit zu verlieren?
- Wurden die Druckbehälter durch Wärme erwärmt?
- Wie warm sind die Behälter?
- Droht ein Druckgefäßzerknall?
- Wo besteht Absturzgefahr? usw.

4.2.8 Ich möchte den Brandherd schnell auffinden, um den Schaden gering zu halten

Die Löscharbeiten werden neben der Menschenrettung ebenfalls beschleunigt eingeleitet.

Das Ziel sollte sein, Wärmeenergie zuerst zu sehen und, wenn überhaupt, erst später zu spüren.

Durch die Sicht durch den Rauch und die schnelle Wahrnehmung der Wärme, deren Verteilung und Strömung kann der Brandherd schnell lokalisiert werden. Eine direkte Brandbekämpfung ist zeitnah umgesetzt.

Gefahren auf dem Angriffsweg werden frühzeitig erkannt, bewertet und möglichst beseitigt.

4.2.9 Ich möchte die Effektivität meines Löscherfolgs kontrollieren können

Gerade bei Nullsicht-Situation oder bei sich durch den Wasserdampf durchmischenden Rauchschichten ist die Bewertung des Löscherfolgs mit der Wärmebildkamera meist einfach möglich.

Einzig die Einsatzgrenze einer zu großen Wärmedämpfung durch zu großen Wasserdampfanteil im geschlossenen Raum kann die Kontrollmöglichkeit ausschließen.

Aufrechterhaltung der Sichtverhältnisse nach Löschwasserabgabe

Durch den Einsatz der Wärmebildkamera im Innenangriff ist gerade die Aufrechterhaltung der Sichtverhältnisse **nach** Löschwasserabgabe ein großer Gewinn.

Wurde früher darauf geachtet, dass einerseits Wasserdampf nur in geringen Mengen entsteht, da er die Funktion der Schutzkleidung negativ in geschlossenen Räumen beeinflusst (erhöhte Wärmeleitfähigkeit wegen der einsetzenden Durchfeuchtung der Schutzkleidung), war er ebenfalls äußerst unerwünscht, da sich durch den übermäßigen Wasserdampf eine deutliche Volumenzunahme im Raum ergibt. Hierdurch mischen sich die unterschiedlichen Schichten, die durch die Schwerkraftströmung bzw. das thermodynamische Gleichgewicht entstanden sind und die Sicht wird deutlich schlechter.

Durch die Visualisierung der Wärmestrahlung spielt (bis auf die Einsatzgrenzfälle) die reale visuelle Sichtbehinderung durch Rauch für die weitere Wahrnehmung von

- vermissten Personen
- Lage und Ausdehnung des Brandherds
- Rauchausbreitung
- Wahrnehmung von Strömungspfaden

innerhalb eines Raums eine untergeordnete Bedeutung. Da es freie Sicht durch den Rauch gibt, kann der Rauch sich hinsichtlich der „Wahrnehmung“ ruhig vermischen.

Keinesfalls sollte daraus geschlossen werden, dass die Durchmischung von Rauch und Pyrolysegasen als brennbarem Stoff mit Luftsauerstoff gefahrlos durchgeführt werden sollte. Die Grundsätze des Verbrennungsdreiecks gelten weiterhin! Und eine durchmischte Atmosphäre zündet besser als eine geschichtete Situation!

Trotzdem ist die zwingende Notwendigkeit eines Sprühimpulskühlverfahrens Chub Chub Chub aus Gründen einer besseren Sicht in Bodennähe nicht mehr notwendig.[1]

Parallel zur Weiterentwicklung der Technik der Wärmebildkameras haben sich die Ausstattungen von Wohnräumen und deren Interieur verändert. Anforderungen an die Wärmedämmung entsprechend des Gebäudeener-

[1] Grundsätzlich verfolgte man vor 15 bis 20 Jahren die Idee, Wasser nur in kurzen Impulsen von max. einer Sekunde in die Rauchschicht abzugeben, da Studien belegt hatten, dass in diesem Fall der Abkühlungseffekt durch das verdampfende Wasser eine Volumenverringerung mit sich bringt, die mehr oder weniger der Volumenvergrößerung des entstehenden Wasserdampfs entspricht. In der Summe wurde somit die Rauchschicht abgekühlt, ohne dass sich die Schichten aus der Schwerkraftströmung vermischten. Als Resultat ergab sich in Bodennähe meist freie Sicht. In den letzten Jahren verstärken sich die Aussagen, dass durch moderne Einbauten die Verhältnisse in geschlossenen Wohnbereichen dergestalt verändert wurden, dass zu viel Pyrolysegase frei werden und die Brände mit höherer Temperatur verlaufen. Eine Kühlung mit kurzen Sprühimpulsen scheint nicht mehr ausreichend zu sein.

giegesetzes (ehemals ENEV)[1] sind hinzugekommen. Erste Versuche mit Null- und Plusenergiehäusern, deren eigene Energieerzeugung über dem eigenen Energiebedarf teilweise durch die Eigenwärme der Bewohner erzeugen, sind schon vereinzelt umgesetzt. Je mehr **Heizwärme**energie im Gebäude verbleibt, desto mehr **Brandwärme**energie wird ebenfalls im Gebäude im Schadensfall verbleiben.

Moderne Brände

Kurz gesagt: Es brennt immer noch wie früher, aber es brennt anders! Es brennt mit viel mehr Rauch und Energie!

Durch die neuen Anforderungen an die Brandbekämpfung von „Modernen Bränden“ mit einer anderen Art der Löschtechnik ist die Wärmebildkamera aus dem Innenangriff nicht mehr wegzudenken und zwingend notwendig!

Für die Sicherheit im Innenangriff ist die Interpretation der Wärmebilder von entscheidender Bedeutung.

Während man in der visuellen Wahrnehmung das Ausbleiben weiterer Reaktionen in der Rauchschicht durch ausbleibende Flammenbildung feststellen kann, können durch das Wärmebild der Kamera nicht nur dieser Effekt, sondern auch der thermische Zustand der Gesamtsituation betrachtet und bewertet werden. So effektvoll die Rauchschichtkühlung durch ein Löschverfahren ist, besteht bei ausbleibender Raumkühlung weiterhin die Gefahr einer Rückzündung.

Kontrolle der Effektivität der Raumkühlung erzeugt Sicherheit

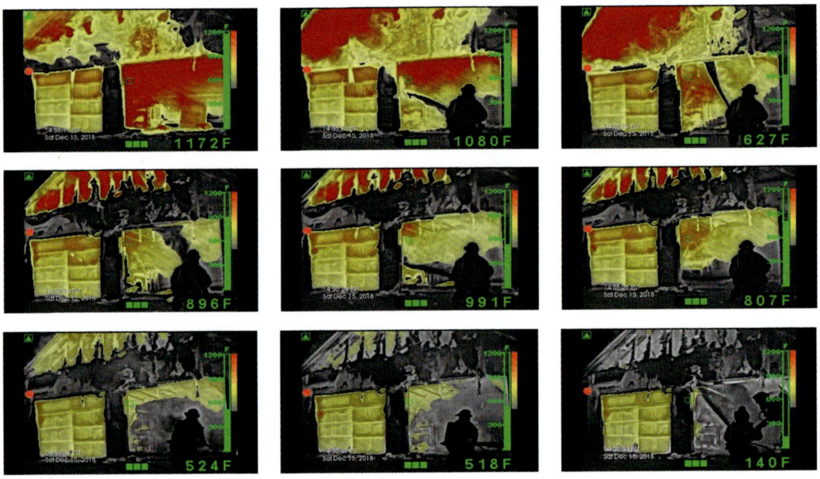

Abb. 139a bis i: Darstellung des Kühleffekts von Wasser im Wärmebild. Für den Einsatz ist es wichtig zu berücksichtigen, dass das Ablöschen der Flammen nicht die Gesamtenergie aus dem Objekt kompensiert! Erst wenn alle pyrolysierten Oberflächen abgekühlt wurden, ist die Energie aus dem System entzogen. Bis zu diesem Zeitpunkt kann der Brand erneut rückzünden und stellt somit eine Gefahr für die eingesetzten Kräfte dar. Die Bilder wurden als Screenshots einem Video entnommen. (Quelle: Shawn Bloemker, MaxFireBox.com)

[1] Das GEG enthält Anforderungen an die energetische Qualität von Gebäuden, die Erstellung und die Verwendung von Energieausweisen sowie an den Einsatz erneuerbarer Energien in Gebäuden. Die frühere EnEV, das EnEG und das EEWärmeG wurden mit dem GEG zusammengeführt.

Wie in der Bildfolge zu erkennen, kann die Wärme der Rauchschicht einfach durch Wassereintrag beseitigt werden. Hierdurch ist noch nicht die Wärme im Raum beseitigt! Durch die Betrachtung des Wärmeverhaltens des Raums mit einer Wärmebildkamera ist eine exaktere Wärmebeurteilung des Raums möglich.

Erst wenn nach einem Löschverfahren nicht nur die Rauchschicht, sondern auch die Oberflächen des Raums im Wärmebild sichtbar abgekühlt sind, ist die Gefahr einer erneuten Rückzündung auszuschließen.

Wird beispielsweise nach dem Einsatz des Sprühimpulskühlverfahrens „Chub Chub Chub“ der zu kühlende Bereich wieder „hell“ oder, je nach verfügbarem Modus rot, oder einfacher ausgedrückt nicht „dunkel“, so war die Abkühlung im Raum nicht ausreichend.

Im ersten Schritt ist die Wasserabgabe im verwendeten Löschverfahren zu verlängern. Durch längere Wasserabgabe wird die Kühlwirkung an den Oberflächen vergrößert.

Gegebenenfalls ist ein alternatives Kühlverfahren wie TZO, liegende Acht, Shark oder Arch usw. anzuwenden, um eine anhaltende Kühlung zu erreichen.

Sollte sich im Wärmebild weiterhin keine anhaltende, umfassende Kühlung darstellen, ist zu überlegen, ob die abgegebene Wasserlieferung für diesen Brand ausreichend ist.

■ Big fire = Big water

Big Fire = Big Water

Gerade eine immer wiederkehrende Erwärmung der Umgebung mit entsprechender Wärmebilddarstellung in der Wärmebildkamera kann ein Hinweis darauf sein, die Reichweite des Löschwassers auszunutzen, um erstens in die Raumtiefe vorzudringen und gleichzeitig aus dem sicheren Bereich arbeiten zu können. Die aufgenommene Wärmeenergie nimmt ab mit dem Quadrat der Entfernung, wie in Kapitel 2.2.4 bereits beschrieben.

Abstand von der Energiequelle = Sicherheit im Innenangriff

4.2.10 Ich möchte Glutnester finden, um den Brand umfänglich zu beenden

Nach der Brandbekämpfung steht vor dem abschließenden „Feuer aus!“ die teilweise langanhaltende Suche nach letzten Brandnestern. Wahrscheinlich wird im speziellen Einzelfall auch mit Einsatz der Wärmebildkamera hier und da eine Brandwache notwendig werden. Die Wahrscheinlichkeit wird bei umfänglicher Suche mit der Wärmebildkamera deutlich abnehmen. Wie aus der Übersicht in Kapitel 4 ersichtlich, wird die Wärmebildkamera insbesondere zur Suche und Feststellung von Glutnestern verwendet. Durch eine gründliche und effektive Suche mit Unterstützung der Wärmebildkamera ist eine spätere Rückzündung nach erfolgreichen Nachlöscharbeiten seltener zu erwarten als ohne Einsatz der Wärmebildkamera.

Sicherstellung der Atemluftversorgung

4.2.11 Ich möchte in einer Notsituation meinem Trupppartner helfen können

Wurde bereits vorher vom subjektiven positiven Aspekt der Verringerung von Angst und Panik gesprochen, so kommt hier ebenfalls der Sicherheitsaspekt erneut deutlich hervor.

Sollte meinem Trupppartner etwas passieren, so ist das Sicherheitsempfinden deutlich erhöht bei Einsatz einer Wärmebildkamera. Sowohl beim vorgehenden Trupp als auch darauf aufbauend beim dann einzusetzenden Sicherheitstrupp. Ob es sich hierbei letztendlich um eine realistische Situationsverbesserung oder um eine gefühlte Sicherheit handelt, ist im Atemschutznotfall unerheblich.

Wichtig ist allein die schnelle und den Umständen angepasste Rettung, nicht nur des Verunfallten, sondern auch des Betroffenen.

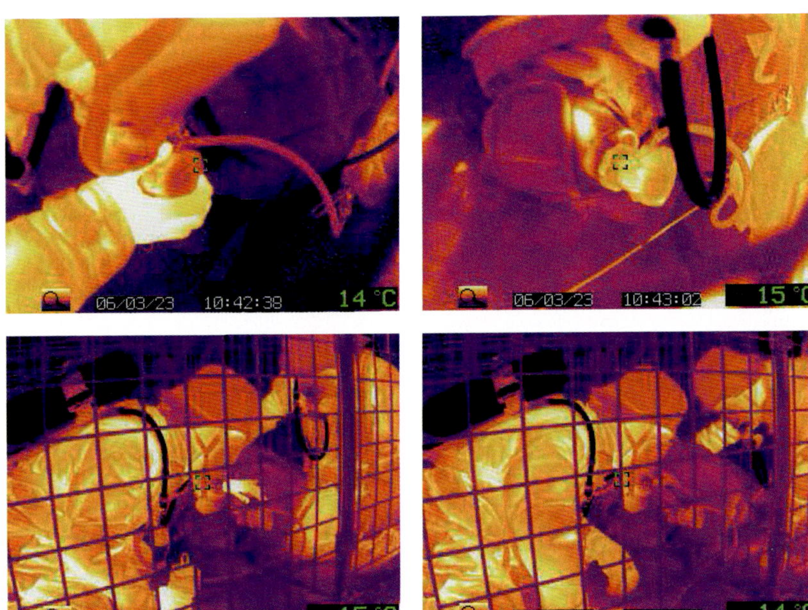

Abb. 140a bis d: In dieser Bilderfolge ist der Unterschied einer beatmeten und einer (noch nicht) beatmeten Mitteldruckleitung und Atemschutzmaske im Wärmebild gut zu erkennen. Während die mit (durch die Expansionskälte gekühlte) Atemluft beaufschlagten Ausrüstungsgegenstände deutlich kälter als die Umgebung sind, ist die hier zur Sicherstellung der Atemluftversorgung noch unbeatmete Leitung wesentlich wärmer. Im Realeinsatz kann durch die Betrachtung des Leitungsverlaufes ebenfalls die Funktionsfähigkeit der sichergestellten Luftversorgung durch den Sicherheitstrupp vor Ort kontrolliert und ggf. angepasst werden. (Quelle: Guido Volkmar)

Je intensiver man sich mit der Leistungsfähigkeit und den Möglichkeiten der am Standort befindlichen oder zu beschaffenden Wärmebildkamera beschäftigt, desto größer ist die Wahrscheinlichkeit, die Wärmebilder der Kamera auch außerhalb des klassischen Brandeinsatzes im Innenangriff zu verwenden.

4.3 Lagebeurteilung – Die Wärmebildkamera in den vier Phasen der Erkundung

Die Wärmebildkamera kann in drei der vier Phasen der Erkundung eingesetzt werden. Außer bei der Befragung ist die Wärmebildkamera bei der Frontalansicht und der Rück- bzw. Gesamtansicht für den Einheitsführer oder zbV-Funktionen von außen und natürlich insbesondere bei der Innenansicht zunächst für den Einheitsführer bis zur Rauchgrenze und danach für den Angriffstrupp hinter der Rauchgrenze ein wertvolles Hilfsmittel.

Die Erfahrung zeigt, dass die Schulung und das Training in realistischen Lagen mit der Wärmebildkamera in erster Linie auf die vorgehenden Kräfte im Innenangriff ausgelegt sind. Eine intensive Schulung, welche auf den Grundlagen der Funktionsweise der Wärmebildkamera basiert, stellt die Ausnahme dar.

Gerade bei der Betrachtung und Bewertung von außen sind die atmosphärischen Einflüsse zu berücksichtigen.

Wie im Grundlagenkapitel besprochen wurde, nimmt die Wärmebildkamera Energiestrahlung wahr und wandelt sie über den Detektor zu einer Bilddarstellung auf dem Display um. Je nach eingestelltem Emissionsfaktor kann die angezeigte Temperatur korrekt oder inkorrekt sein. Im nachfolgenden Bild wird das Wärmebild des freien blauen Himmels am helllichten Tag dargestellt. Die Temperatur beträgt unabhängig vom gewählten Modus um die –20 °C.

Abb. 141a und b: Aufnahme des strahlendblauen Himmels mit einer *negativen* Temperaturanzeige! (Quelle: Guido Volkmar)

Beeinflussung durch die Atmosphäre

Auch diese Beeinflussung durch falsche Werte der Atmosphäre ist bei der Bewertung der Geschehnisse von außen zu berücksichtigen. Allerdings nur bei Reflexionen wie die Reflexion des Himmels auf reflektierende Zugangstüren usw. Treten hier augenscheinlich falsche Werte auf, so muss die atmosphärische Beeinflussung berücksichtigt werden.

Abb. 142a bis d: Reflexionsdarstellung des freien Himmels in einer spiegelnden Oberfläche. Während es sich hierbei um eine waagerechte spiegelnde Blechoberfläche handelt, wird in Kapitel 2.6.3 der gleiche Sachverhalt an einer senkrechten Metalltür erläutert. Bei Beeinflussung von atmosphärischen Bedingungen sind die angegebenen Temperaturwerte unter dieser Beeinflussung zu bewerten und zu korrigieren. Neben der Besonderheit aus Kapitel 2.6.3 sind diese Messergebnisse bei vielen metallischen Behältern zu beobachten. Nicht immer zwingend mit negativen Temperaturen, jedoch meist mit nicht aussagekräftigen Angaben. (Quelle: Guido Volkmar)

Die sommerliche Umgebungstemperatur bei diesen Aufnahmen lag bei 32 °C, also weit entfernt von den angegebenen negativen Temperaturwerten. Es herrschte blauer unbedeckter Himmel. Die Reflexionen der Helligkeit auf dem Metallblech sind deutlich in den Realbildern zu sehen. Das haptische Gefühl des Metallblechs war deutlich erwärmt.

4.3.1 Würfelblick und praktische Umsetzung im Innenangriff

Der Würfelblick – situativ angepasst

Als Merkhilfe, in wie viele unterschiedliche Richtungen im Innenangriff mit der Wärmebildkamera gescannt werden soll, ist der Vergleich mit einem Würfel eine sinnvolle Darstellung. Für die Interpretation dieser

Merkhilfe befindet sich der Trupp quasi innerhalb des Würfels. Aus dieser Position wird deutlich, welche Bereiche durch einen Scan mit der Wärmebildkamera berücksichtigt werden sollen:

- Der Deckenbereich – 1. Seite
- Der Bereich vor dem vorgehenden Trupp – 2. Seite
- Die Bereiche rechts – 3. Seite und links – 4. Seite vom vorgehenden Trupp
- Der Bodenbereich unmittelbar unter/vor dem vorgehenden Trupp – 5. Seite
- Der rückwärtige Bereich – 6. Seite

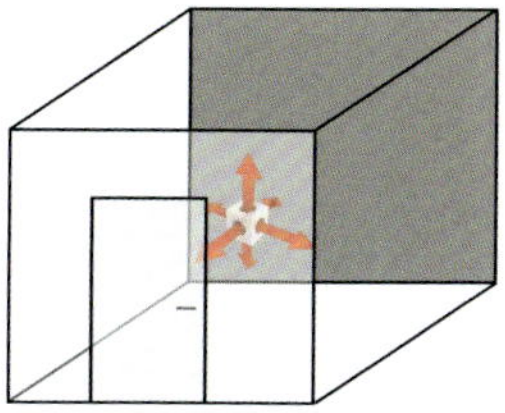

Abb. 143a: Würfelblick. (Quelle: Guido Volkmar)

Die Bezeichnungen der Seiten sollen nur die Anzahl der Seiten des Würfels bezeichnen. Hierzu dient ebenfalls die hier eingefügte Skizze des Würfels. Aus dieser Merkhilfe haben sich über die Zeit allerdings eine, in den Augen der Autoren zu überdenkende, Routine und ein einsatztaktisches Missverständnis eingeschlichen.

Wo beginnt der Würfelblick?

Viele Darstellungen des „Würfelblicks" zeigen nicht nur die Darstellung der sechs Blickrichtungen, sondern positionieren auch den agierenden Trupp in die Mitte des Würfels. Hierdurch wird ein einigen Feuerwehren geschlossen, dass der Würfelblick erst IM Raum beginnt! Aus unserer Sicht kann das natürlich auch passieren, aber in erster Linie sollte der Würfelblick schon VOR dem zu betretenden Raum angewendet werden. Andernfalls könnten heiße Türen und weitere Hinweise auf das Brandgeschehen von außen nicht bewertet werden. Vielleicht helfen die nachfolgenden Skizzen die Beschreibung der Blickrichtungen innerhalb eines Würfels mit der einsatztaktischen Umsetzung vor Betreten des Raumes sinnvoll zu kombinieren.

Die „Scanning"-Technik des Würfelblicks wird genutzt, um mit der Wärmebildkamera das gesamte Raumvolumen, in dem sich der vorgehende

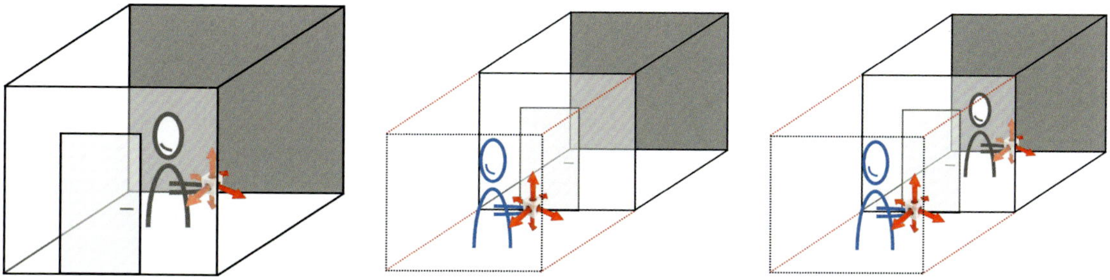

Abb. 143b bis d: Darstellung der Erklärung des Würfelblicks als grafische Darstellung. Um die sechs Seiten der Betrachtung zu beschreiben, wird meist der Wärmebildkameranutzer in einen Würfel projiziert. Er ist nun von sechs Seiten umgeben. Hierdurch wird die „Sechs-Seiten-Betrachtung" des Würfelblicks griffig visualisiert. Leider entsteht hieraus fälschlicherweise meist der Eindruck, dass der Würfelblick auch im Einsatz erst **im Raum** eingesetzt werden soll. Effektiver ist hingegen den Würfelblick schon **vor Betreten des Raums** anzuwenden, um für das Betreten des Raums ggf. schon wertvolle Informationen sammeln und bewerten zu können. (Quelle: Guido Volkmar)

Trupp bewegt, thermisch bzw. optisch abzusuchen. Dies vermeidet hoffentlich den „Tunnelblick“. Nur nach vorne zu blicken, würde zu Fehlinterpretationen der Umgebungssituation führen und die Wahrnehmung anderer auftretender möglicher Gefahren außer Acht lassen!

Zunächst sollen die einzelnen Notwendigkeiten des Scans der einzelnen Würfelseiten besprochen werden.

4.3.1.1 Der Deckenbereich – 1. Seite

Heiße Pyrolysegase = Durchzündungsgefahr

Unter der Voraussetzung, dass der Scan während eines Brandeinsatzes durchgeführt wird, ist der Deckenbereich der Bereich, an dem die höchsten Temperaturen zu erwarten sind. Die Pyrolysegase nehmen die Energie vom Brandherd mittels Wärmemitführung bzw. Konvektion mit. Hierdurch kann die Energie in weit entfernte Bereiche des Gebäudes verteilt werden. Neben der Energie stellen die Pyrolysegase den brennbaren Stoff dar. Es sind also zwei von drei notwendigen Komponenten zur Brandentstehung schon vorhanden. Den fehlenden Bestandteil, den Luftsauerstoff werden die vorgehenden Trupps mitbringen. Ob es nun zu einer Durchzündung kommt oder ob es lediglich bei einem Rauchaustritt bleibt, ist vom richtigen Mengenverhältnis zwischen Luftsauerstoff und brennbarem Stoff bei erreichter Energie abhängig. Aus dieser labilen Situation heraus sind die Beobachtung und Bewertung der Rauch- und Brandsituation unterhalb der Decke von besonderer Bedeutung. Je nach thermischer Situation im Raum kann durch die Bewertung des vorgehenden Trupps entweder schon die Vorbereitung einer Ventilation oder aber auch die Umsetzung einer Antiventilation von innen nach außen kommuniziert werden.

4.3.1.2 Der Bereich vor dem vorgehenden Trupp – 2. Seite

Der Bereich vor dem Trupp ist in erster Linie zur Bewertung der weiteren Vorgehensweise von Bedeutung. Ein Auffinden von bewusstlosen Personen, die den rettenden Ausgang nicht mehr erreicht haben, ist das oberste Ziel und steht in der Erkundungsrangfolge ganz oben. Neben aufzufindenden Personen auf dem weiteren Weg ist ebenfalls die Orientierung im Raum eine wichtige Basis für die weitere Einsatztaktik. Hierzu wird der weitere Weg vorsondiert und markante Punkte auf dem Weg als nächster Stopp für eine weitere Scanposition abgeschätzt, kommuniziert und festgelegt.

4.3.1.3 Die Bereiche rechts – 3. Seite und links – 4. Seite vom vorgehenden Trupp

Dieser Bereich rechts und links vom ursprünglichen Weg verfolgt den gleichen Hintergrund wie der Scan nach vorne. Zusätzlich werden weitere Orientierungsmöglichkeiten und eine größere Orientierungssicherheit ermöglicht. Eventuell ergeben sich gerade aus dem „Rund-um-Blick" neue Erkenntnisse, die einsatztaktisch die aktuelle Situation beeinflussen.

4.3.1.4 Der Bodenbereich unmittelbar unter/vor dem vorgehenden Trupp – 5. Seite

Neben der Abschätzung der Tragfähigkeit des Bodens auf dem Weg des weiteren Vorgehens geht es um die eventuell festzustellende Wärmestrahlung durch den Boden. Wie aus einigen früheren Berichten zu entnehmen, haben vorgehende Trupps durch den Scan nach unten auf einen Brand unterhalb ihrer aktuellen Position geschlossen und somit eine weitere Brandentwicklung im darunter liegenden Geschoss minimiert.

Aktuelle Studien belegen, dass eine Wahrnehmung eines Brands unterhalb des vorgehenden Trupps auch mit einer Wärmebildkamera erst ab einer Brandzeit von einer Stunde wahrnehmbar ist.[1]

4.3.1.5 Der rückwärtige Bereich – 6. Seite

Ein sicherer Rückzugsweg ist ein MUSS

Ein jederzeit nutzbarer Rückzugsweg ist für jeden vorgehenden Trupp von entscheidender Bedeutung. Aus diesem Grund ist jederzeit eine haptische Rückzugswegsicherung durch Schlauch oder Leine zwingend notwendig. Das Mitführen einer Wärmebildkamera als Hilfsmittel entbindet nicht von dieser Rückzugswegsicherung!

Es gibt vielfache Möglichkeiten, wie der Rückzugsweg gefährdet werden kann. In erster Linie ist die Brandausbreitung durch die den Trupp überströmende Thermik zu nennen. Wenn dieser Sachverhalt nicht frühzeitig festgestellt wird, besteht die Möglichkeit, dass hinter dem Trupp durch die Wärmemitführung weitere brennbare Oberflächen pyrolysieren und es hinter dem Trupp ggf. zu einer brennbaren Konstellation kommt. Kommt es dann zur Zündung des Gemisches, sitzt der vorgehende Trupp in der Mitte zwischen zwei Bränden. Die Gefahr dieser Situation liegt auf der Hand und ist entsprechend durch den Scan nach hinten in regelmäßigen Abständen auszuschließen.

Interessant wird es nun bei der Abfolge der Betrachtung der vorhandenen Seiten im Scan.

Hier gibt es einige Unterschiede, einige Übereinstimmungen und eine neue Variante, die auf der Funktionsweise der Wärmebildkamera basiert.

Eine vorgeschlagene Vorgehensweise ist der Scan von oben, nach vorne, zu beiden Seiten, nach unten und dann nach hinten.

[1] Brandschutzforschung der Bundesländer, Karlsruher Institut für Technologie (KIT), Forschungsstelle für Brandschutz, Bericht 193, Maßnahmen zur Optimierung der Einsatztaktik bei Bränden in Räumen ohne direkten Zugang ins Freie, Teil 2.

Eine andere Variante schlägt den Scan von oben über vorne nach unten vor. Anschließend soll der Scan von links über vorn nach rechts (oder umgekehrt) erfolgen. Zum Schluss erfolgt der Blick nach hinten.

Unterschiedliche Wärmescanvarianten

Bei der zweiten Variante gibt es einen schnellen Wechsel zwischen unterschiedlichen Temperaturniveaus.

Wie wir in Kapitel 3.2 erfahren haben, rekalibriert eine Wärmebildkamera zwar herstellerabhängig zu unterschiedlichen Temperaturunterschieden, aber sie kalibriert.

Durch das Kalibrieren können für einen kurzen Moment der Sensor und somit das von ihm übermittelte Bild „einfrieren".

Je nach Hersteller und Fabrikat einer Wärmebildkamera erfolgt die Kalibrierung häufig oder selten. Hieraus ergibt sich ein häufiges oder seltenes eingefrorenes Bild. Ist man sich dieser technischen Notwendigkeit nicht bewusst, könnte es sein, dass der vorgehende Trupp wichtige Details und zur Bewertung notwendige Informationen übersehen kann.

Ein effektiver Wärmescan braucht seine Zeit

Durch einen zu schnellen Scan könnten Details überscannt werden.

Dieses Risiko kann minimiert werden, wenn der gesamte Scan in drei durchgängige Bewegungen im möglichst gleichen Temperaturbereich eingeteilt wird. Hierdurch kann die Kalibrierung nachweislich minimiert werden.

Empfohlene Scanabfolge für den Brandeinsatz

Unsere vorgeschlagene Vorgehensweise für einen **Wärmescan im Brandeinsatz bei erhöhter Temperatur** empfiehlt:

- Scan oben unter der Decke von rechts nach links
- Scan in der Mitte von links über vorne nach rechts (oder umgekehrt)
- Scan unten, unter und vor dem Trupp
- Scan des rückwärtigen Bereichs zur Sicherstellung des Rückzugswegs

Wie die nachfolgende Grafik verdeutlicht, kann der Scan flüssig in mäanderartiger Bewegung durchgeführt werden. Allein der Blick nach hinten unterbricht jede Scanvariante und wird immer als Einzelscan durchgeführt.

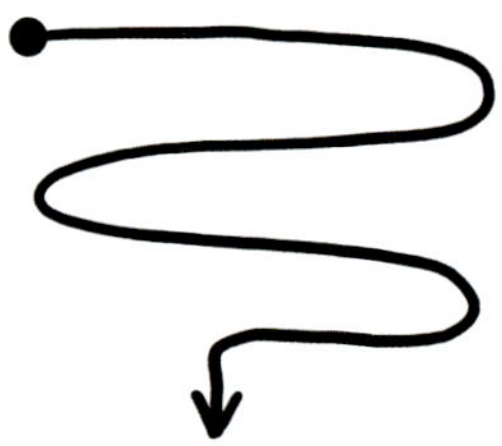

Abb. 144: Darstellung der Idee eines mäanderartigen Wärmescans im Innenangriff, um hohe Temperaturunterschiede und somit ein eventuelles Kalibrieren der Wärmebildkameratechnik zu minimieren. (Quelle: Guido Volkmar)

In Einsatzsituationen, bei denen es in erster Linie um die Menschenrettung bei Abwesenheit von erhöhten Temperaturen (durch beispielsweise zwischenzeitlich gelöschtes Feuer) geht, es aber durch das vorherige Brandgeschehen zu Nullsichtsituationen kommt (gelöschtes Feuer in Tiefgarage mit Sprinkleranlage, Tunnelbrände, U-Bahnen usw.), kann der Wärmescan entsprechend abgeändert werden, da durch die Abwesenheit von großen Temperaturunterschieden ein einheitlicheres Wärmespektrum über die Raumhöhe zu vermuten und zu erwarten ist. Die Wahrscheinlichkeit einer Rekalibrierung ist wahrscheinlich geringer, so dass der Vorteil eines Wärmescans nach vorne zur Optimierung des Auffindens und Rettens von bewusstlosen Personen nach örtlicher Lageeinschätzung und Bewertung durch den vorgehenden Trupp der Vorzug gegeben werden kann.

Von der durch den vorgehenden Trupp je nach Einsatzauftrag und vorgefundener Lage umgesetzten Scanabfolge unabhängig ist die Durchführung der Wärmescans auf dem Weg zur oder durch die Einsatzstelle. Wie schon erwähnt ist eine permanente Durch- und Aufsicht auf das Display nicht sinnvoll. Es ist effektiver, sich mit der Wärmebildkamera im Raum zu orientieren und an exponierten Stellen den Würfelblick erneut als Scan und Überblickgewinn gezielt einzusetzen. Der Weg zwischen den Scanpositionen ist in manueller, klassischer Weise zu „begehen“, da viele der Einsatzgrenzen der Wärmebildkamera durch die haptische Suche irrelevant werden. So kann in der Summe zu einer schnellen Vorgehensweise bei gleichzeitig guter Orientierung im jeweiligen „Einsatzraum“ kommen. Und auch bei Ausfall des Hilfsmittels weiß der vorgehende Trupp, wo er sich befindet.

Scanpunkte setzen ist effektiver als Fixierung auf das Wärmebild

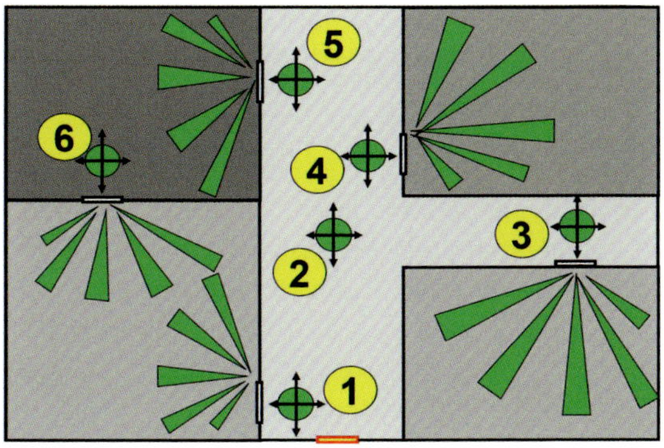

Abb. 145: Darstellung von möglichen Scanpunkten in einer Wohnungssituation. Die grünen Blickwinkel sollen einen möglichen Führungsscan aus dem Türbereich visualisieren. Der Truppführer verbleibt als „Scanführer“ im Türrahmen und der Truppmann durchsucht (durch den „Scanführer“ mit der Wärmebildkamera geleitet) den Raum auf klassische Art und Weise. Diese Variante ist vergleichbar mit der bekannten Tauchertechnik, bei der hier aufgrund der geringen (!) Raumgröße auf eine Verbindungsleine verzichtet wird. (Quelle: Guido Volkmar)

4.3.2 Neue Entwicklungen – die Zeit bleibt nicht stehen

Wir alle kennen aus dem täglichen Leben viele Dinge, die anfänglich Aufsehen erregt haben und heute aus unserem Leben nicht mehr wegzudenken sind.

Was würde ein Angriffstrupp sagen, wenn er beide Hände im Innenangriff frei hätte und trotzdem immer in Blickrichtung ein Wärmebild zur Verfügung hätte?

Die Grundlage einer eventuellen Lösung liegt in immer kleiner werdenden und effektiver arbeitenden Elektroniken.

Integrierte Wärmebildkamera – keine Zukunftsmusik mehr!

Wer hätte vor 10 Jahren gedacht, dass Drohnen sich in der bekannten Weise durchsetzen und nicht nur Bilder liefern, sondern auch durch ausgeklügelte Technik bei Wind (bis zu einer bestimmten Stärke) wackelfreie Ergebnisse liefern?

Eine Idee, wie die Umsetzung glücken kann, ist hier exemplarisch dargestellt.

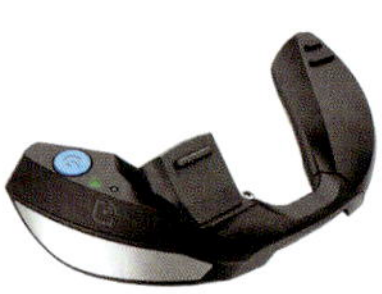

Abb. 146: Bei der seit 2023 erhältlichen UFC FireCore handelt es sich (verkürzt dargestellt) um ein zweiteiliges System. Eine außen liegende Kamera und ein innen liegendes Display mit integriertem Akku. Der Blick des rechten Auges kann das Wärmebild erfassen. Da es sich bei diesem Produkt zum Zeitpunkt der Drucklegung dieses Buchs um eine Weltneuheit handelte, hatten wir Autoren leider noch keine Testmöglichkeit. (Quelle: © Drägerwerk AG & Co. KGaA, Lübeck. Alle Rechte vorbehalten.)

Andere Hersteller werden ebenfalls viele andere Ideen verfolgen. Ob sich die einzelne Idee durchsetzen wird, werden Sie mitentscheiden! Sowohl als vorgehende Trupps (Wie ist die Sichtbarkeit? Welche Auflösung habe ich? Welche Modi sind wählbar?) als auch als Vertreter der Atemschutzwerkstätten (Wie ist die Reinigung? Wie lassen sich die Akkus pflegen? Wie ist die Beständigkeit gegenüber Desinfektionsmittel? Welcher zeitliche Mehraufwand ergibt sich durch Ein- und Ausbau?) und selbstverständlich als Beschaffer (Was soll die Wärmebildkamera kosten? Jetzt hat der Trupp eine integrierte Wärmebildkamera, die während eines Einsatzes an einen anderen Trupp mit eigenem (zusätzlichen) integrierten Display weitergegeben werden kann. Für welche Masken gibt es eine Zulassung?).

Weitere Entwicklung im Auge behalten

Fragen über Fragen – denen man sich nach Meinung von uns Autoren herstellerunabhängig stellen sollte. Wie schade wäre es, wenn es einer guten Idee nicht gelänge, sich durchzusetzen, nur weil niemand darüber diskutiert hat? Und wenn sie sich nicht durchsetzt, so hat sie sicherlich einen kleinen Schritt für weitere Entwicklungen geleistet.

4.4 Der Einsatz der Wärmebildkamera im CBRN-Einsatz

Je seltener und spezieller ein Einsatzszenario, desto beruhigender auf alle Beteiligten wirkt die Informationsgewinnung. Der CBRN-Einsatz zählt sicherlich zu den eher seltenen Einsätzen. Wie naheliegend ist auch hier, die Wärmebildkamera für unterschiedliche Funktionen einzusetzen. Wo sie hilfreich ist und wo sie an ihre (physikalischen) Grenzen stößt, sollen die nächsten Seiten zeigen.

4.4.1 Einsatz der Wärmebildkamera im CBRN-Einsatz durch den Einsatzleiter

Gerade bei durch uns selbst zur Ordnung des Raumes abgesperrte und durch unterschiedliche Materialien abgegrenzte Einsatzbereiche ist die Informationsgewinnung über die vorhandene Entfernung hinweg sinnvoll. So kann mit der Wärmebildkamera die bereits getätigte Aussage: „Es ist schneller geschaut als (selbst) gelaufen!“ im CBRN-Einsatz weiter verfeinert werden zu: „Es wird entweder geschaut oder man muss einen Trupp schicken!“

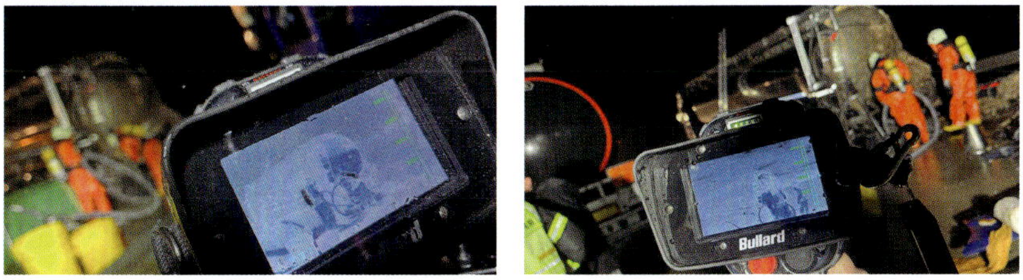

Wärmebilder schaffen Übersicht – auch im Freien

Abb. 147a und b: Betrachtung einer Einsatzstelle auf einer Autobahn im CBRN-Einsatz jenseits der Absperrungen. Es können sowohl der Füllstand des Tankwagens als auch die Umfüllarbeiten und die Einsatzkräfte aus der Entfernung beobachtet und ggf. angeleitet werden. (Quelle: Christian Fiedler, Feuerwehr Böhringen)

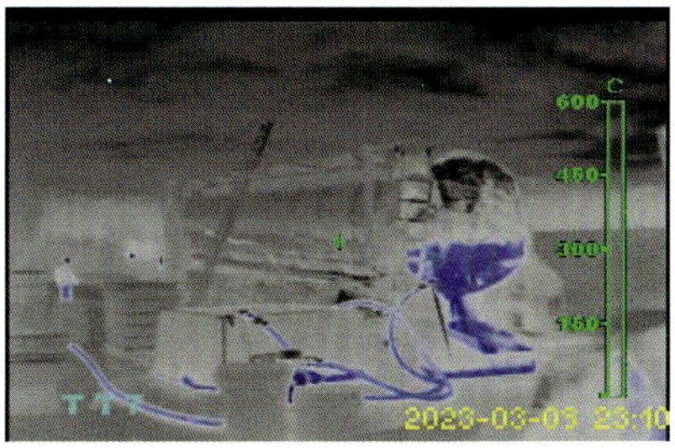

Abb. 148: Wie das Wärmebild zeigt, kann die oben im beleuchteten Umfeld dargestellte Situation auch schon ohne Ausleuchtung durch das Wärmebild unmittelbar beobachtet und angeleitet werden. Hieraus kann sich im Realeinsatz ein erheblicher Zeitgewinn ergeben! (Quelle: Christian Fiedler, Feuerwehr Böhringen)

Füllstandsmessung im Realeinsatz

4.4.2 Einsatz der Wärmebildkamera im CBRN-Einsatz durch den vorgehenden Trupp

Schon in der GAMS-Regel steht das Erkennen einer Gefahr an erster Stelle. Jeder, ob CBRN-Profi oder eher Laie weiß, dass das A und O beim CBRN-Einsatz die Bewertung von Kennzeichnungen ist. Egal, ob es sich um Placards, Gefahrzettel, Gefahrnummern oder Stoffnummern handelt. Es wird immer um Kennzeichnung in Form von Bild oder Schrift gehen.

Genau an dieser wichtigen Stelle versagen die bei der Feuerwehr meisteingesetzten Wärmebildkameras. Eine Wahrnehmung von Bildern oder Schriften sind mit ihnen nicht möglich.

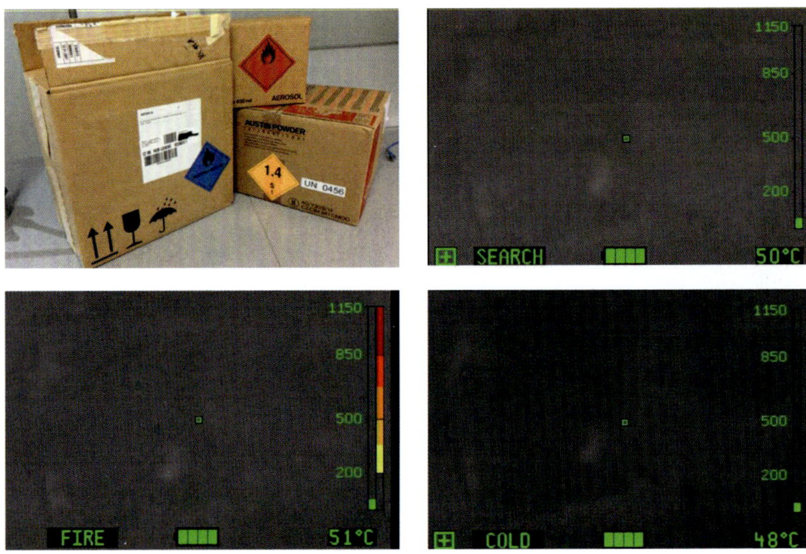

Abb. 149a bis d: Darstellung der Erkennbarkeit von Schrift und Kennzeichnungen beim CBRN-Einsatz durch eine Wärmebildkamera. Wie die Bilder zeigen, können Bild- und Schriftzeichnen im Wärmebild nicht dargestellt werden. (Quelle: NÖ Feuerwehr- und Sicherheitszentrum, Niederösterreichischer Landesfeuerwehrverband, Tulln)

Lesbarkeit von Kennzeichnungen im Wärmebild

An dieser Stelle trumpfen Wärmebildkameras auf, die über eine zweite, normale Digital-Kamera verfügen. Wie die nachfolgenden Bilder verdeutlichen, ist mit diesen Kameras eine Wahrnehmung möglich. Weitere Details finden Sie in Kapitel 3.2.1.

Ob die Notwendigkeit besteht, für dieses Einsatzszenario eine besondere Kamera zu beschaffen, muss standortspezifisch entschieden werden. Dennoch unterstreicht dieses Beispiel die Sinnfälligkeit, die Beschaffung von Wärmebildkameras auch bei Einsatzsituationen außerhalb des Innenangriffs zu berücksichtigen.

Abb. 150: Darstellung der Lesbarkeit der im Realbild zu erkennende Nummerierung. Diese ist auch im Wärmebild zu erkennen. Hieraus lässt sich auf eine Überlagerung zweier Kamerabilder (Wärmebild und Realbild) schließen. (Quelle: Ryan Mack, **JERSEY SHORE FIRE RESPONSE**)

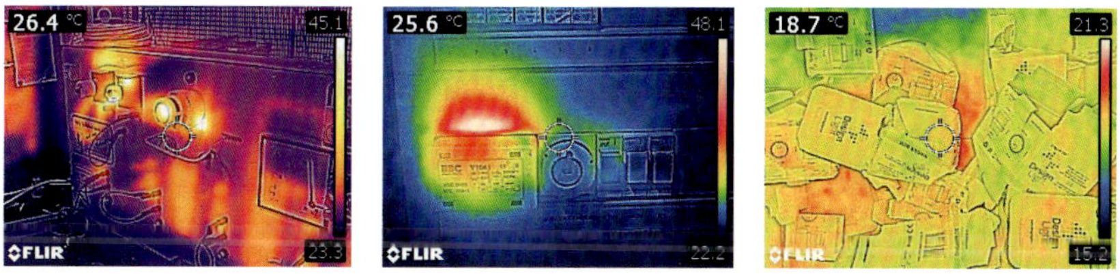

Abb. 151a bis c: Darstellung der Lesbarkeit von Beschriftungen a) Skalierung des Messgerätes hinter einer Verglasung, b) Beschriftung Bauteil in Schaltkasten, c) Beschriftungen auf Umverpackungen. Wie alle diese Beispiele belegen, ist die Überlagerung eines visuellen Bilds über ein Wärmebild außerhalb des verrauchten Bereichs sehr effektiv. (Quelle: Guido Volkmar)

Der standardmäßige Einsatz von Wärmebildkameras im Bereich von Gefahrstoffen bezieht sich auf zwei große Bereiche: zuerst der Bereich der Behälterfüllstandsüberprüfung und zweitens der Austritt von Gefahrstoff aus den entsprechenden Gebinden in die Umwelt. Aber es gibt noch weitere potenzielle Einsatzmöglichkeiten.

4.4.3 Füllstandsmessung

Grundsätzlich gilt auch hier, dass Füllstandsmessungen nur bei einem Temperaturunterschied wahrgenommen werden können. Mit dem nachfolgenden Bild eindeutig zu sehen, gibt es keine klare Füllstandmessungsmöglichkeit, da sämtliche Temperaturen sowohl die Umgebung als auch das Behältnis als auch des Inhalts des Behältnisses gleich sind. Es ist keine Füllstandsmessung möglich.

Die Begründung liegt daran, dass es hier nicht um einen Gefahrstoffaustritt geht, sondern das Material aus einem gleich temperierten Bereich entnommen wurde.

(Wärme) Bilder im Kopf → Sicherheit im Einsatz

Abb. 152: Realbild als Basis der Erweiterung des Wärmebildkameravokabulars zur effektiveren Identifikation von Gegenständen im späteren Realeinsatz (hier: 5 Liter Benzinkanister). (Quelle: Guido Volkmar)

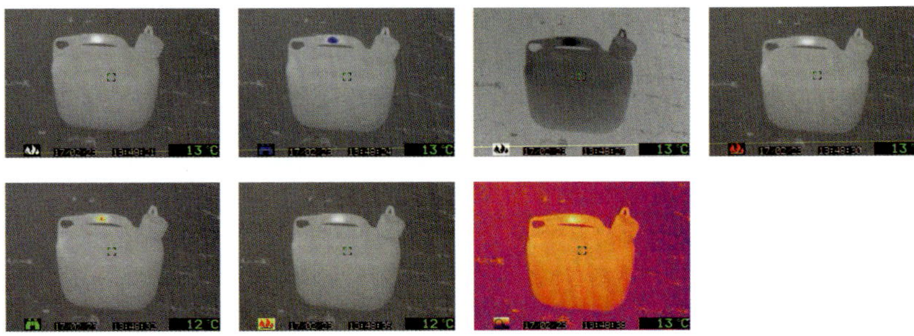

Abb. 153a bis g: Wärmebilder zur Erweiterung des Wärmebildkameravokabulars zur effektiveren Identifikation von Gegenständen im späteren Realeinsatz (hier: 5 Liter Benzinkanister). (Quelle: Guido Volkmar)

Abb. 154: Realbild als Basis der Erweiterung des Wärmebildkameravokabulars zur effektiveren Identifikation von Gegenständen im späteren Realeinsatz (hier: 20 Liter Benzinkanister). (Quelle: Guido Volkmar)

Unterschiedliche Farbpalette, trotzdem gleiches Wärmebild

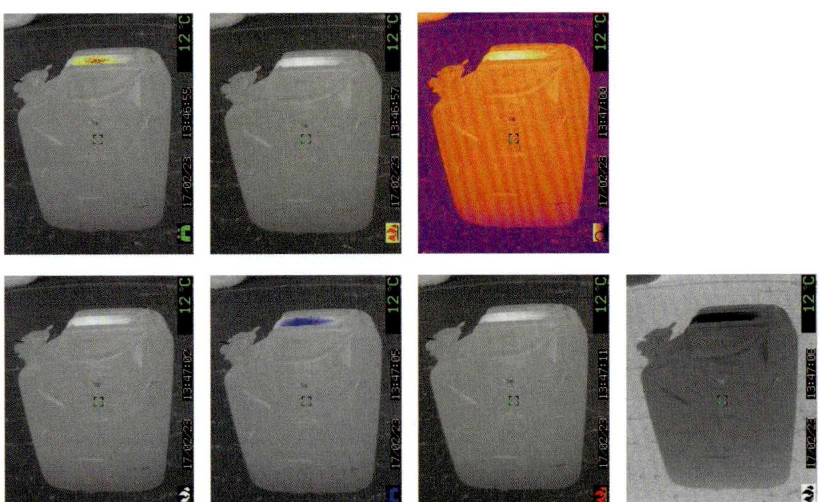

Abb. 155a bis g: Wärmebilder zur Erweiterung des Wärmebildkameravokabulars zur effektiveren Identifikation von Gegenständen im späteren Realeinsatz (hier: 20 Liter Benzinkanister). (Quelle: Guido Volkmar)

Wärmebild-vokabeltraining

Abb. 156: Realbild als Basis der Erweiterung des Wärmebildkameravokabulars zur effektiveren Identifikation von Gegenständen im späteren Realeinsatz (hier: Kesselwagen). (Quelle: Guido Volkmar)

Temperaturdifferenzen erzeugen Wärmebilder zur Füllstandsmessung

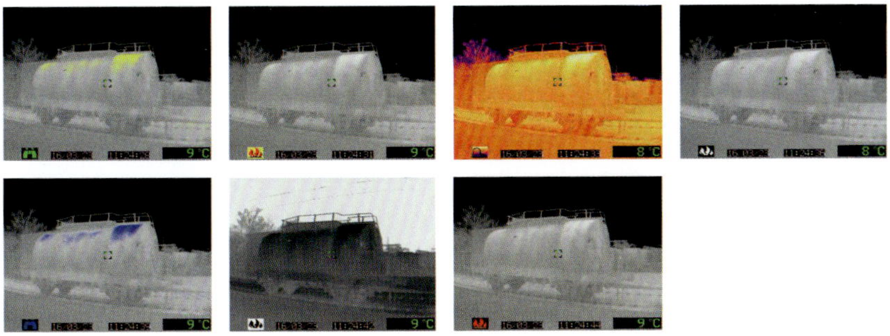

Abb. 157a bis g: Wärmebilder zur Erweiterung des Wärmebildkameravokabulars zur effektiveren Identifikation von Gegenständen im späteren Realeinsatz (hier: Kesselwagen). (Quelle: Guido Volkmar)

Abb. 158: Realbild als Basis der Erweiterung des Wärmebildkameravokabulars zur effektiveren Identifikation von Gegenständen im späteren Realeinsatz (hier: Tankauflieger). (Quelle: NÖ Feuerwehr- und Sicherheitszentrum, Niederösterreichischer Landesfeuerwehrverband, Tulln)

Abb. 159a bis c: Wärmebilder zur Erweiterung des Wärmebildkameravokabulars zur effektiveren Identifikation von Gegenständen im späteren Realeinsatz (hier: Tankauflieger). (Quelle: NÖ Feuerwehr- und Sicherheitszentrum, Niederösterreichischer Landesfeuerwehrverband, Tulln)

Wie die nachfolgenden Bilder zeigen und auch schon in Kapitel 2.2.2 verdeutlicht wurde, können selbstverständlich bei Temperaturunterschieden sowohl in durchsichtigen als auch in nicht durchsichtigen Behältern z.B. Flüssigkeitsstände mit der Wärmebildkamera festgestellt werden.

Gleiche Temperaturen – gleiche Wärmebilder

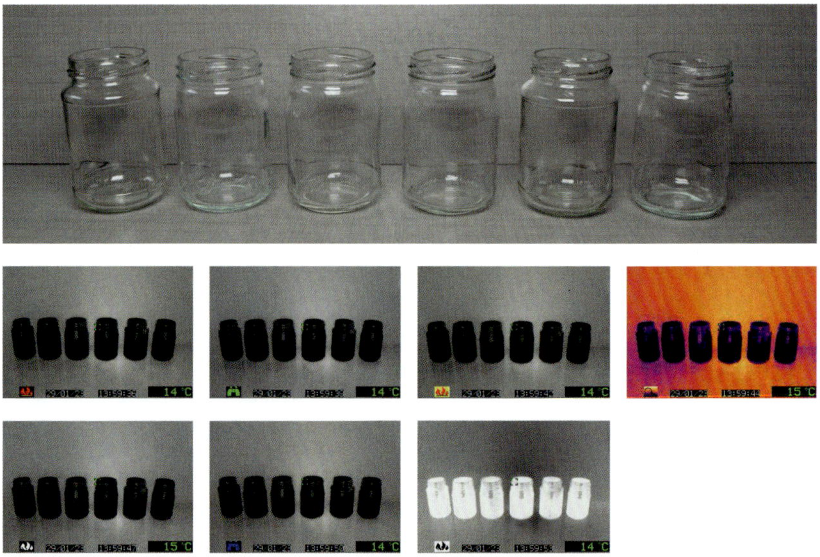

Abb. 160a bis h: Einheitliche leere Gläser ohne Inhalt mit einheitlicher Raumtemperatur. Es sind keine Temperaturdifferenzen vorhanden und deshalb sind alle Gläser mit einheitlicher Temperatur gleich im Wärmebild abgebildet. Obwohl der Untergrund und der Hintergrund ebenfalls Raumtemperatur haben, heben sie sich von den Gläsern ab. Was kann hieraus gefolgert werden? Hintergrund und Untergrund verfügen zwar über die gleiche Temperatur wie die Gläser, allerdings handelt es sich um ein anderes Material als Glas. Und dieses andere Material hat einen anderen Emissionswert als Glas, so dass es trotz fehlender Temperaturdifferenzen zu einer kontrastreichen Darstellung kommt. Zusätzlich ist der Untergrund glatt, da sich die Wärmestrahlung der raumtemperaturwarmen Gläser auf ihm spiegelt. Bei genauer Betrachtung ist diese Spiegelung auch hinter den Gläsern im Hintergrund zu beobachten. (Quelle: Guido Volkmar)

Unterschiedliche Temperaturen – unterschiedliche Wärmebilder

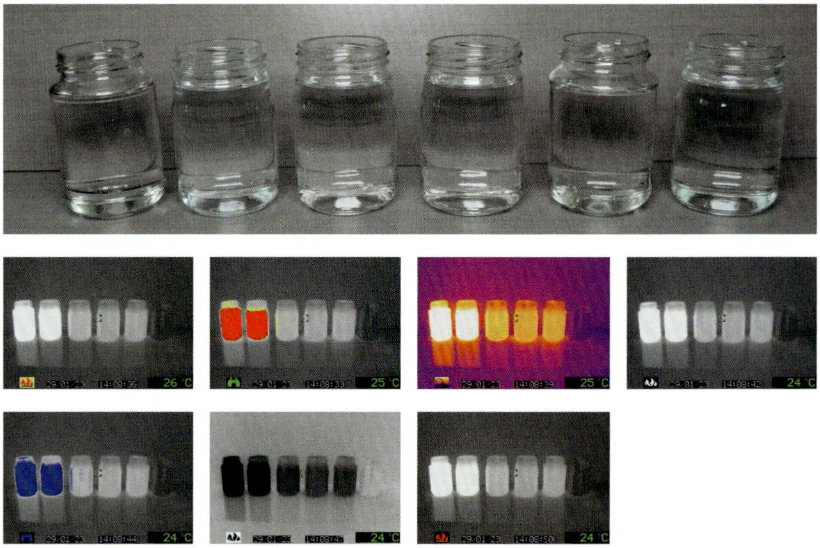

Abb. 161a bis h: Alle Gläser sind gleich hoch gefüllt, allerdings mit Wasser unterschiedlicher Temperatur. Warum ist die Wärmestrahlung in der Wärmebildkamera sichtbar, obwohl sich das Wasser in Gläsern befindet, welches für Wärmestrahlung nicht durchlässig ist? Absorption der Wärme durch Konduktion. (Quelle: Guido Volkmar)

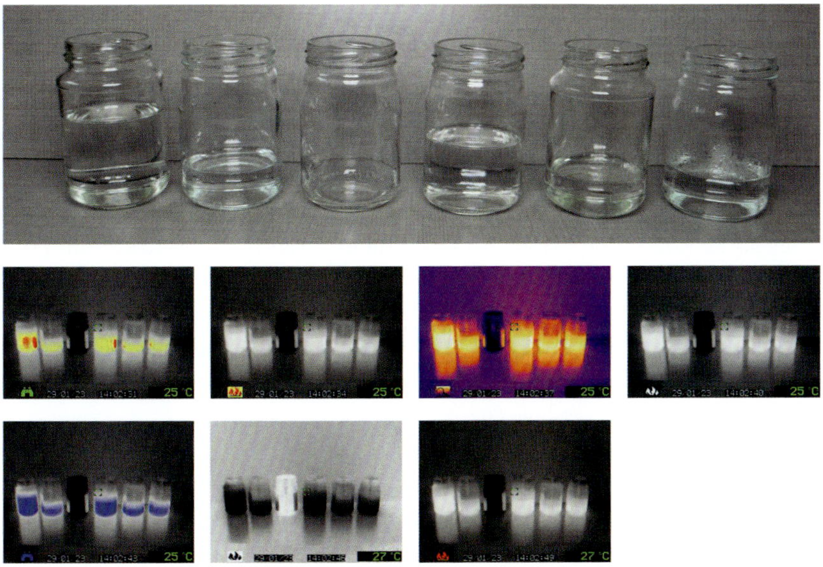

Abb. 162a bis h: Gläser sind mit unterschiedlich hohen Wassermengen gleicher, aber erhöhter Temperatur gefüllt und im Wärmebild sichtbar. Das dritte Glas von links ist leer und sendet somit keine Wärmestrahlung aus. Da es sich um ein Glasgefäß handelt, wird die von rechts und links emittierte Wärmeenergie reflektiert. Auch diese Wärmeenergie wird von der Wärmebildkamera aufgenommen und auf dem Display abgebildet. (Quelle: Guido Volkmar)

Unterschiedliche Füllstände mit gleicher Temperatur – unterschiedliche Füllstände im Wärmebild

Gläser unterschiedlicher Füllhöhe

In erster Linie wird es um Flüssigkeitsstände in der Realität gehen. Füllstände von Granulaten oder Ähnliches werden nur höchst selten von Bedeutung sein.

4.4.3.1 Füllstandsmessung an Metalltanks mit glatter Oberfläche

Viel schwieriger stellt sich die Füllstandskontrolle an Metalltanks mit glänzenden Oberflächen dar. Hier verhindert das physikalische Phänomen der Reflexion eine einfache Füllstandsmessung. Insbesondere bei stark reflektierenden glänzenden Metalloberflächen kommt die Wahrnehmung der Wärmebildkamera an ihre Grenzen.

Wie zuvor erläutert wird die Wärmeenergie der Umgebung an der metallenen Oberfläche reflektiert, so dass der metallene Behälter zwar eindeutig erkannt, aber sein Füllstand nicht festgestellt werden kann. Dies gilt auch für einen Temperaturunterschied zwischen Behälterinhalt und Umgebungstemperatur. Das Phänomen der Reflexion überwiegt in diesem Fall.

Die Lösung des Problems liegt in der einfachen Tatsache begründet, dass die glatte Metalloberfläche reflektiert. Um zu einem Füllstandsergebnis mit hinreichender Genauigkeit zu kommen, muss diese Reflexion unterbrochen werden. Hierzu eignet sich entweder das Aufkleben eines strukturierten Klebebandes oder alternativ das Aufsprühen von z.B. Sprühkreide.

Beide Möglichkeiten setzen voraus, dass der Behälter ohne Gefahr erreicht werden kann. Zusätzlich ist für einen Einsatz des Klebebands eine trockene Oberfläche zwingend erforderlich.

Beide Möglichkeiten funktionieren auf dem Prinzip der Konduktion oder Wärmeleitung. Durch den Temperaturunterschied innerhalb des metallenen Behältnisses zur Umgebungstemperatur wird nun das Klebeband bzw. die Sprühkreide auf der Außenbehälterwand entsprechend erwärmt oder abgekühlt. Weil dieses Material nicht reflektierend wirkt, kann die Temperatur dieses Materials (Klebeband/Sprühkreide) von der Wärmebildkamera erfasst und somit ausgewertet werden.

Durch diesen Trick kann trotz metallener Oberfläche ein möglichst eindeutiger Füllstand detektiert werden.

Das richtige Klebeband kann helfen

Abb. 163: Der physikalische Hintergrund des Einsatzes eines Klebebands zur Füllstandmessung auf einer reflektierenden Oberfläche ist, eine möglichst raue Oberfläche für die Wahrnehmung durch eine Wärmebildkamera zu erzeugen. Somit ist die Auswahl des Klebebands begrenzt. Ein glattes Klebeband scheidet aufgrund seiner eigenen Reflexion aus. Durch die Wärmeleitung wird das Klebeband die Temperatur des Kesselwagens aufnehmen und so sichtbar machen. Die Füllstandmessung beruht auf unterschiedlichen Temperaturen in der Gasphase (oberhalb der Flüssigkeit) und der Flüssigkeit selbst. (Quelle: Guido Volkmar)

Fehlinterpretationen bei Metalloberflächen

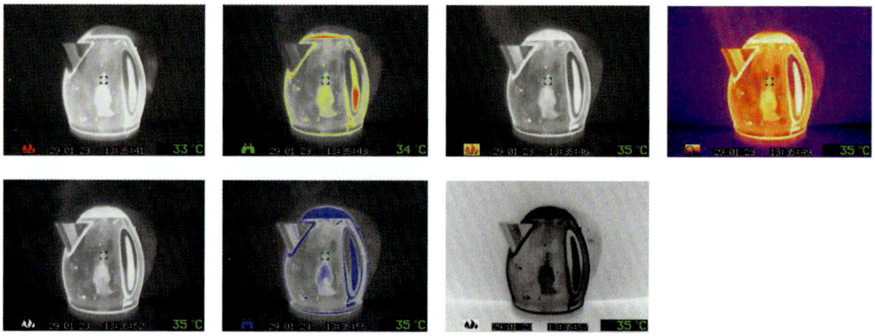

Abb. 164a bis g: Der hier schräg stehende Wasserkocher zeigt eindeutig aufgrund seiner Metalloberfläche die Reflexion des Fotografen. Die Temperaturmessung auf der Mitte des Wasserkochers ist nicht aussagekräftig. Wie deutlich an allen Bauteilen aus Nichtmetall wie Deckel oder Wasserstandsanzeige zu erkennen ist, muss die Temperatur im Wasserkocher deutlich höher als die maximal angezeigten 35 °C sein. Schlussendlich wird diese Vermutung durch die durch den Ausguss abströmenden Konvektionsströme untermauert. (Quelle: Guido Volkmar)

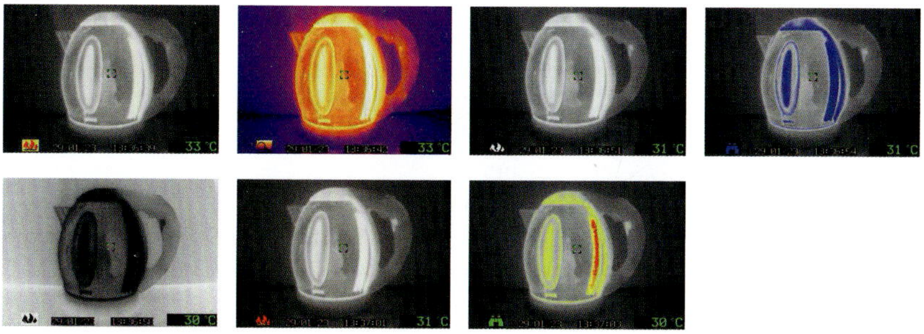

Materialkunde als Basis für die Bewertung von reflektierenden Oberflächen

Abb. 165a bis g: Bei dem jetzt quer stehenden gleichen Wasserkocher wie aus Abbildung 164 ist zusätzlich zur Wasserstandsanzeige aus Kunststoff, die bereits baulich vorhanden war (links), ein Klebestreifen in Griffnähe (rechts) angebracht worden. Durch den Vergleich beider parallel vorhandenen anderen Materialien wird nachgewiesen, dass die Temperatur rechts und links gleich hoch ist. Die Temperaturmessung in der Mitte ist wie im Versuch bei Abbildung 164 mit maximal 33 °C zu gering, da auch bei diesem Versuch eindeutige Konvektionsströme den Wasserkocher über seinen Ausguss verlassen. Wenn im Realeinsatz keine bauliche Gegebenheit existiert, eine Temperaturwahrnehmung bei einer Metalloberfläche auszunutzen, ist die Anwendung eines Klebebandes ohne (!) Temperaturbeeinflussung einsetzbar. Achtung: Wärmebildkameras sind keine Fernthermometer! Die hier angesprochene „Temperaturmessung" dient tatsächlich einer Füllstandsmessung, allerdings über Temperaturdifferenzen. (Quelle: Guido Volkmar)

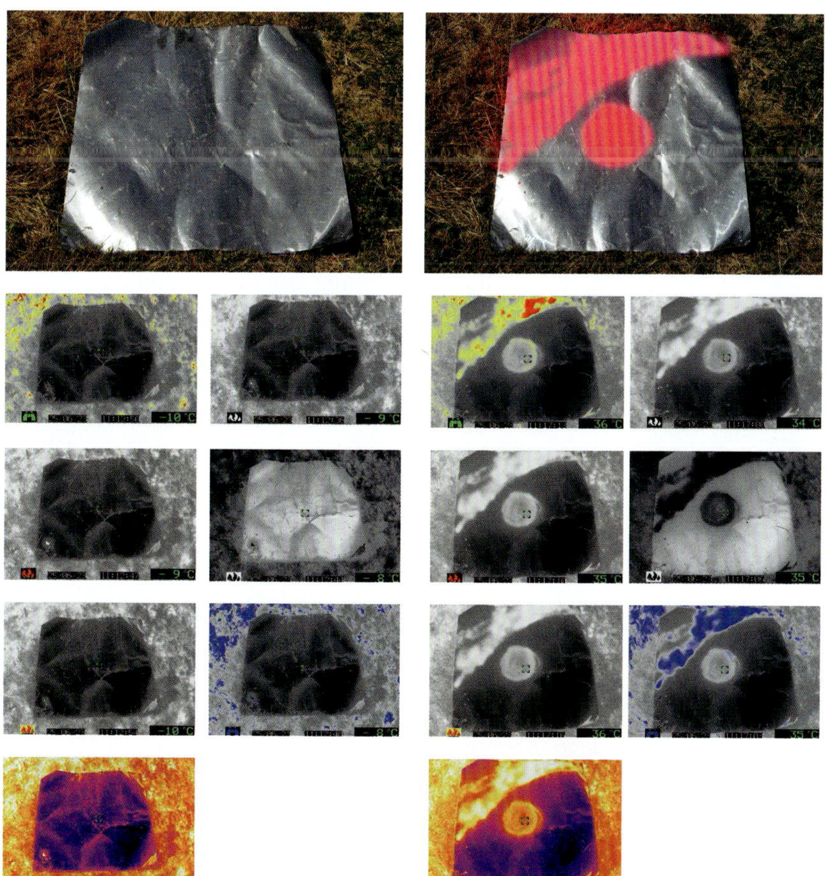

Abb. 166: Eine weitere Möglichkeit zur Kompensation von spiegelnden Oberflächen ist der Einsatz von Sprühkreide. In den hier dargestellten Wärmebildern ist bei der jeweiligen Verwendung einer Farbpalette einmal die blanke und dann die besprühte Metalloberfläche gegenübergestellt. Die negativen Anzeigen bei blanker Metalloberfläche beruhen auf der atmosphärischen Spiegelung. Die Temperaturen der mit Sprühkreide besprühten Oberfläche der tatsächlichen Umgebungstemperatur, da diese Aufnahmen bei Sonnenschein während des Sommers aufgenommen wurden. (Quelle: Guido Volkmar)

Reflektierende Oberflächen bewertbar machen

Reflexionen sind nicht auf Metalloberflächen beschränkt! Sämtliche glatten Oberflächen können zur Reflexion neigen und sind entsprechend im Wärmebild zu berücksichtigen.

Es ist zwingend notwendig, dass das aufzuklebende Klebeband keine glatte bzw. reflektierende Oberfläche aufweist! Hierdurch wird der Effekt des reflektierenden Metallgefäßes imitiert und bringt kein Ergebnis! Die Verwendung von glattem Packband oder glattem Isolierband kann im Zweifelsfall nicht zielführend sein.

4.4.3.2 Füllstandsmessung an Metallbehältern mit lackierter Oberfläche

Die Füllstandsmessung bei Behältern mit lackierten oder nicht reflektierenden Oberflächen gestaltet sich dementsprechend einfacher. Hier kann bei vorhandener Temperaturdifferenz der Füllstand schnell und zielführend festgestellt werden. Insbesondere bei Behältern, aus dem Material bereits ausgetreten ist und sich das aktuelle Volumen zwischen ganz voll und ganz leer befindet, ist eine Grenzschicht deutlich festzustellen.

Die Feststellung von komplett vollen und ganz leeren Behältern ist nach wie vor schwierig, da eine Grenzschicht im Innern des Behälters bei Flüssigkeiten zwischen Gasphase und Flüssigphase mit Hilfe der Wärmebildkamera von außen nur schwer feststellbar ist.

Dies trifft insbesondere über die Betrachtung aus Entfernung zu.

Grenzschichten erkennen

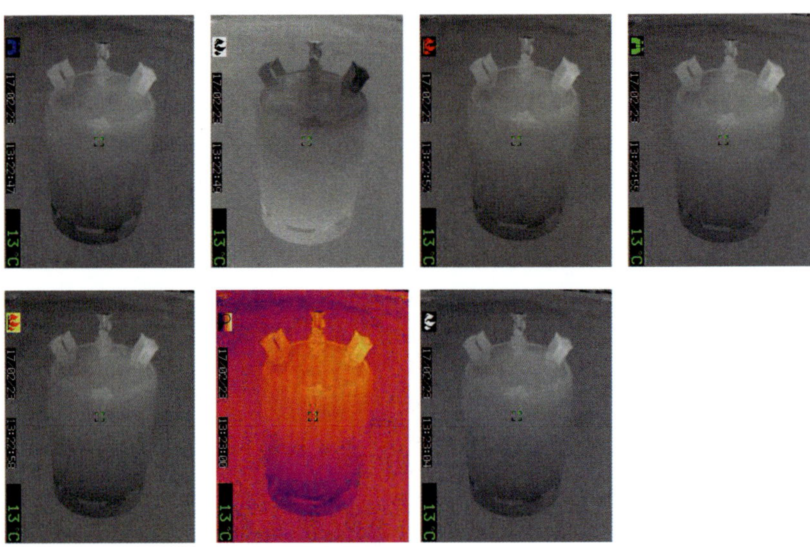

Abb. 167a bis g: Darstellung einer halbvollen Gasflasche. Deutlich ist die Füllstandsgrenze zwischen der Gas- und Flüssigphase für die Betrachtung durch die Wärmebildkamera erkennbar, obwohl die Gasflasche aktuell NICHT verwendet wurde.
(Quelle: Guido Volkmar)

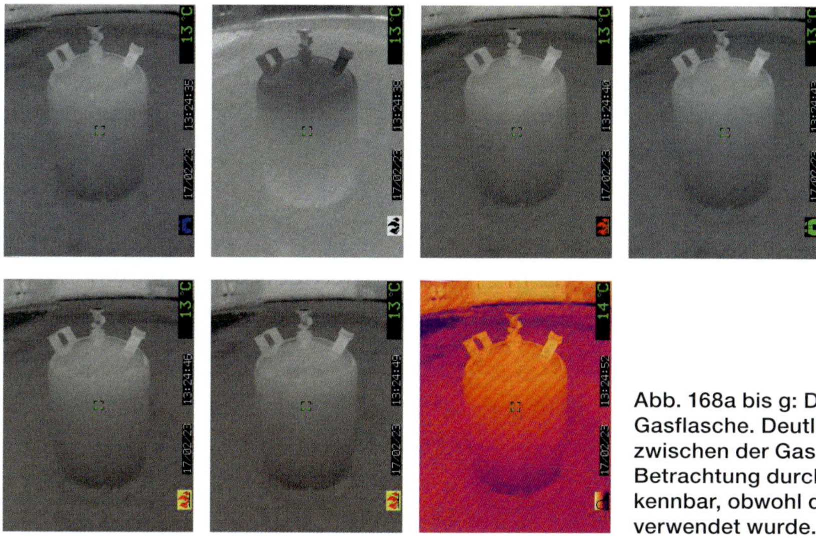

Abb. 168a bis g: Darstellung einer vollen Gasflasche. Deutlich ist die Füllstandsgrenze zwischen der Gas- und Flüssigphase für die Betrachtung durch die Wärmebildkamera erkennbar, obwohl die Gasflasche aktuell NICHT verwendet wurde. (Quelle: Guido Volkmar)

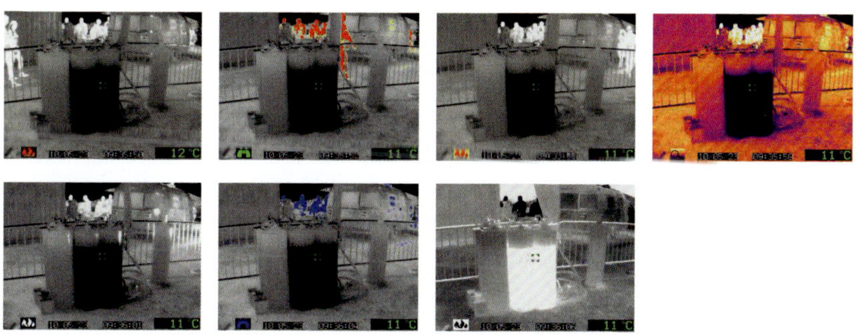

Abb. 169a bis g: Bei diesem Flaschenbündel, welches aus vollen, halbvollen und leeren Flaschen besteht, ist die Grenzfläche noch einfacher zu bestimmen, da die Flaschen während der Aufnahme in der Nutzung waren. Durch die Expansionskälte, die sich durch die Wärmeleitung auf die Flaschen überträgt, ist die Grenzschicht zwischen Gas- und Flüssigphase bei jeder Farbpalette eindeutig feststellbar. (Quelle: Guido Volkmar)

Füllstandsmessung durch Aggregatzustandswechsel

Hier ist neben dem Einsatz einer Wärmebildkamera zwingend die Inaugenscheinnahme der Gesamtsituation erforderlich. Bei der Bewertung eines restentleerten Gebindes wird auch außerhalb des Gebindes vermutlich kein Stoffaustritt zu verzeichnen sein. Auch volle Gebinde, bei denen in direkter Umgebung keinen Stoffaustritt zu verzeichnen ist, stellen keine Gefährdung für Bevölkerung und Umwelt dar.

Die Kombination von betroffenen Gebinden im Bereich einer Schadenssituation durch andere havarierte Behältnisse kann über die Entfernung mit Hilfe der Wärmebildkamera nur schwer abschließend bewertet werden. Hier ist jedenfalls ein Trupp unter entsprechender Schutzkleidung und Atemschutz entsprechend den geltenden Richtlinien nach FwDV 500, FwDV 3 und FwDV 7 zur Erkundung vorzuschicken. Dieser kann vor Ort durch Bewegen oder Anheben des zu bewertenden Behälters konkrete Ergebnisse zum Füllstand über die vorhandene und empfundene Masse tätigen.

Am dankbarsten für die Bewertung mit Hilfe einer Wärmebildkamera sind lackierte Metallgebinde mit Materialaustritt in der Gasphase. Aufgrund des physikalischen Zusammenhangs wird sich bei der Lagerung als Flüssigkeit unter erhöhtem Druck bei Stoffaustritt ein Aggregatzustandswechsel einstellen, für den Energie aus der Umgebung benötigt wird. Entsprechend diesem physikalischen Effekt der Aggregatzustandsänderung wird sich die unmittelbare Umgebung der Austrittsstelle unweigerlich abkühlen und somit eine deutliche Anzeige der Wärmebildkamera liefern. Gegebenenfalls ist der Gasaustritt mit einer akustisch begleiteten Geräuschkulisse verbunden, sodass auch hier das Bewertungsergebnis untermauert wird.

4.4.4 Gefahrstoffe auf der Gewässeroberfläche

Ein weiterer Einsatzschwerpunkt im Bereich der Gefahrstoffe ist die Gewässerverschmutzung. Durch unterschiedliche Dichten und chemisch strukturelle Zusammensetzungen können Gefahrstoffe auf Gewässeroberflächen teilweise deutlich mit der Wärmebildkamera aufgrund der unterschiedlichen Temperatur, aber auch unterschiedlicher Emissionswerte sichtbar gemacht werden. Ob es sich bei dem erkennbaren Stoff um einen Gefahrstoff handelt, kann nur durch ausführliche Erkundung der Begleitumstände bewertet werden.

Grundsätzlich wird darauf hingewiesen, dass jeder Hersteller von Wärmebildkameras unterschiedliche Modelle für unterschiedliche Anwendungen entwickelt hat.

In den nachfolgenden Beispielen wird die klassische Vorgehensweise der Feuerwehr mit bereits vorhandenen Wärmebildkameras erläutert. Diese besteht in erster Linie darin mit einer Wärmebildkamera, die für den Hochtemperaturbereich des Innenangriffs ausgelegt ist, alternative Einsätze ebenfalls abzubilden.

Das funktioniert je nach Anwendungsbereich mal gut und mal sehr gut.

Wir Autoren möchten es nicht versäumen, allen einflussnehmenden Beteiligten aus

- **Beschaffung,**

- Aus- und Fortbildung und
- Einsatzgeschehen

eine spezifische und entsprechend spezielle Anwendungsbeschreibung und Zielvorgabe für den jeweiligen Anwendungsbereich zu erstellen, um optimale Ergebnisse zu erzielen.

Wir möchten hierzu einen Vergleich zur Vegetationsbrandbekämpfung ziehen:

Obwohl es sich auch um einen „Brand" handelt, ist die Einsatztaktik eine vollkommen andere als im Innenangriff. Angefangen mit der Verwendung des Löschmittels Wasser, welches im Innenangriff quasi immer und in Feld und Flur fast nie in ausreichender Menge zur Verfügung steht, bis hin zur Geländestruktur, die sich im Innenangriff meist eben und in freier Vegetationsumgebung schon mal deutlich unebener bis hin zu Steilhängen ausbilden kann. Weiter geht es über sinnvolle Schutzkleidung und endet bei sinnvollem Atemschutz noch lange nicht.

Wir freuen uns, wenn wir mit unseren Hinweisen in diesem Buch Mut machen können, für unterschiedliche Anwendungsgebiete unterschiedliche Kameramodelle mit unterschiedlichen Möglichkeiten zu beschaffen. Die zuvor schon beschriebene eierlegende Wollmilchsau gibt es leider nicht.

Wir alle aber wissen: Mit pH-Papier werden wir kein Öl nachweisen können und mit Ölpapier keine gasförmigen Atemgifte feststellen.

Beispielsweise wurden vom Autor selbst in einem Hafengebiet deutliche Flecken auf der Wasseroberfläche im Herbst festgestellt. Es wurden entsprechende Maßnahmen hinsichtlich des Auffangens von ölhaltigen Stoffen auf einer Gewässeroberfläche durchgeführt. Die Einsatzstelle wurde durch das Umweltamt beprobt. Überraschenderweise stellte sich nach Auswertung der Untersuchungsergebnisse heraus, dass es sich nicht, wie zuvor vermutet, um einen Gefahrstoff von ölhaltiger oder mineralölhaltiger Substanz handelte, sondern es waren Gerbstoffe aus dem auf der Oberfläche gleichzeitig befindlichen Laub von benachbarten Bäumen.

Gewässeroberflächen bewerten

Die Unterstützung einer Bewertung mit Hilfe einer Wärmebildkamera kann ausschließlich auf die Unterscheidung des Vorhandenseins unterschiedlicher Stoffe ausgerich-

tet werden. Die Bewertung des jeweils anderen Stoffs hinsichtlich seiner Identifizierung und seiner potenziellen Gefahr muss separat mit anderen Möglichkeiten einer Messstrategie erfolgen! Mit einer Wärmebildkamera können keine Schadstoffmessungen und Bewertungen der Brisanz und Gefährlichkeit durchgeführt werden!

Mit Hilfe von Wärmebildkameraeinsätzen können auch Versickerungen im Bodenbereich festgestellt werden. Hier geht es ausschließlich um die Feststellung einer Temperaturdifferenz oder stoffliche Unterschiede in oberflächennahen Bodenschichten, um eine weitere Umweltgefährdung zu verhindern.

Umweltschutz durch Einsatz der Wärmebildkamera

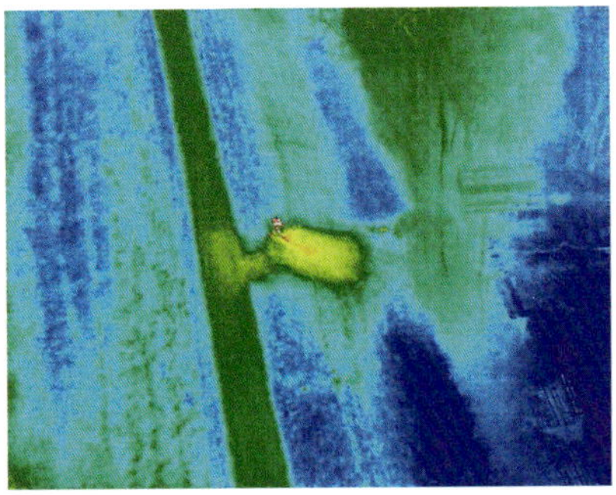

Abb. 170: Hier eine simulierte Deichdurchweichung als Übungsvorbereitung. Deutlich lassen sich mit einer drohnengestützten Wärmebildkamera die unterschiedlichen Mediengrenzen Boden – Flüssigkeit (hier: Wasser) erkennen. (Quelle: Felix Willert, Bundesanstalt Technisches Hilfswerk, Ortsverband Freising)

Während wässrige Flüssigkeiten in erster Linie über die Temperaturdifferenz, mit der die Schadstelle umgebenden Bodenbereichs festgestellt werden können, können andere austretende Stoffe wie beispielsweise Betriebsstoffe aufgrund eines unterschiedlichen Emissionsfaktors und weniger durch die Temperatur festgestellt werden. So kann ein Ölaustritt auch von umgebungstemperiertem Öl deutlich sichtbar gemacht werden.

Übungsparcour

Abb. 171: Realbild eines Übungsaufbaus aus einem Übungsparcour für ein Wärmebildkameratraining, mit dem durch Speiseöl auf Wasser die Situation von Gefahrstoffen im Realeinsatz mit einfachsten Mitteln visualisiert werden kann. (Quelle: Guido Volkmar)

Ein weiterer Bereich für den Einsatz von Wärmebildkameras ist der Bereich der Indirekteinleiter aus chemischen oder anderen Bereichen. Hier kann interessanterweise auch unter Wasser eine Verunreinigung festgestellt werden.

Eine Feststellung von indirekten Einleitern unter Wasser resultiert in allererster Linie durch unterschiedliche Temperaturen oder unterschiedliche Medien unterhalb der Wasseroberfläche.

So kann unter günstigen Bedingungen selbstverständlich nicht die Temperatur des unter Wasser austretenden Stoffs bestimmt werden, aber die Strömung des Stoffs kann visualisiert werden. Im Rahmen einer weiteren Beprobung an dieser Stelle durch eine entsprechende Messstrategie kann ein eventueller Verdacht untermauert werden.

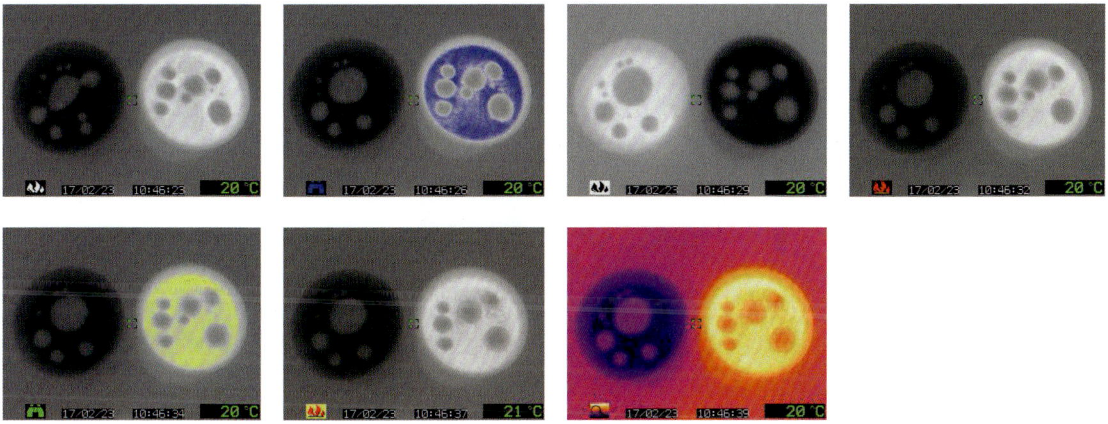

Abb. 172a bis g: Wärmebilder eines Übungsaufbaus aus einem Übungsparcour für ein Wärmebildkameratraining, mit dem durch Speiseöl auf Wasser die Situation von Gefahrstoffen im Realeinsatz mit einfachsten Mitteln visualisiert werden kann. Als zusätzlicher Ausbildungsinhalt wurde einmal kaltes Wasser (links) und heißes Wasser (rechts) verwendet. Der Temperaturunterschied ist in den Wärmebildern wegen der Position des Messfeldes zwischen beiden Gefäßen nicht dargestellt. Es ist hierbei gut zu erkennen, wie wenig Unterschiede die einzelnen Farbpaletten hinsichtlich der Temperaturfeststellung im Realeinsatz erzeugen. Die Wahrnehmung des „Gefahrstoffs“ auf der Wasseroberfläche ist mit jeder Farbpalette deutlich zu erkennen. (Quelle: Guido Volkmar)

Indirekteinleitungen feststellen

Ebenfalls können von außen in Oberflächengewässer eingetragene Verschmutzungen mit unterschiedlichen Temperaturen mit der Wärmebildkamera detektiert werden. Auch hier wird der Eintrag vornehmlich durch Strömungsphänomene auf der Wasseroberfläche erkannt. Durch eine weitere Bewertung der Umgebungssituation muss die Gesamtsituation weiter betrachtet werden.

Mischung unterschiedlicher Wassertemperaturen

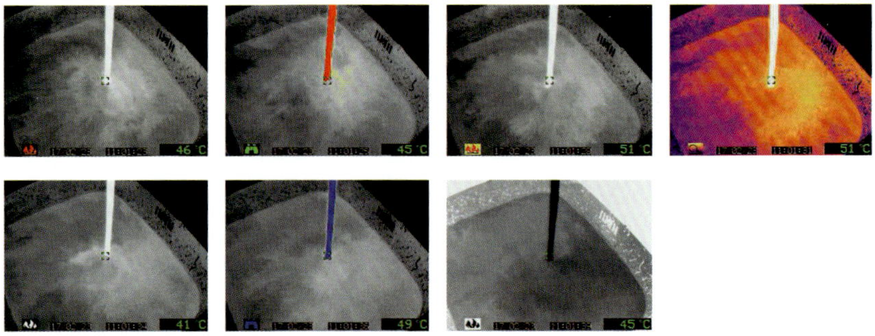

Abb. 173a bis g: In dieser Bilderfolge wird der Effekt unterschiedlich warmer Strömungen durch Zulauf von warmen in kaltes Wasser in einem Spülbecken visualisiert. (Quelle: Guido Volkmar)

Temperaturmischungen in Flüssigkeiten zur Bewertung nutzen

Abb. 174: Überprüfung von natürlicher Durchmischung von Flüssigkeiten – hier am Beispiel der Durchmischung zweier unterschiedlicher Strömungen an einem Flusszulauf. (Quelle: Felix Willert, Bundesanstalt Technisches Hilfswerk, Ortsverband Freising)

Kalt in heiß

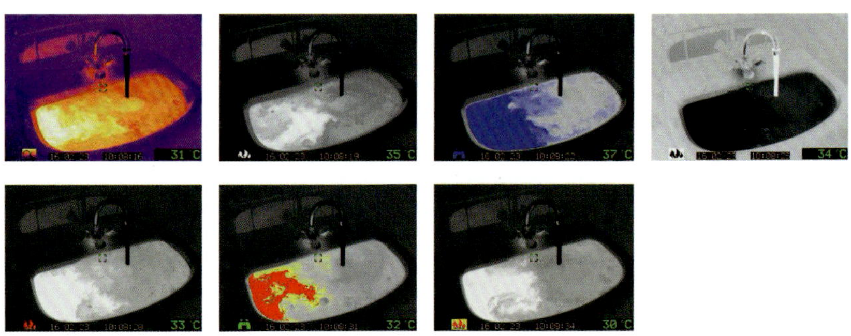

Abb. 175a bis g: Zur Darstellung der Unterschiede, ob und wie sich das Wärmebild bei der Mischung zwischen unterschiedlichen Flüssigkeiten darstellt, wird in diesem Beispiel kaltes Wasser zu einer warmen Wasservorlage gegeben. (Quelle: Guido Volkmar)

Heiß in kalt

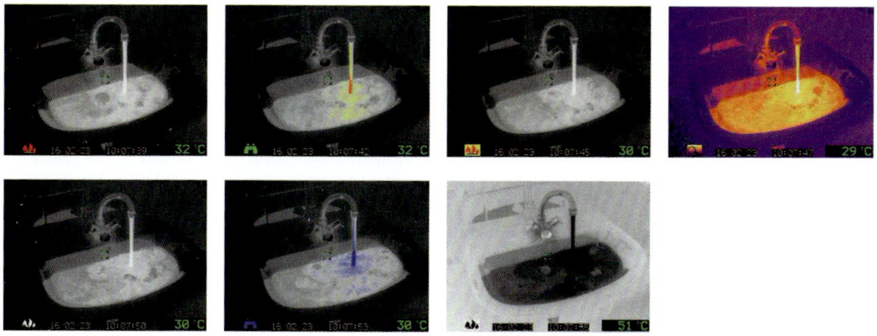

Abb. 176a bis g: Zur Darstellung der Unterschiede, ob und wie sich das Wärmebild bei der Mischung zwischen unterschiedlichen Flüssigkeiten darstellt, wird in diesem Beispiel warmes Wasser zu einer kalten Wasservorlage gegeben. (Quelle: Guido Volkmar)

Simulation eines Indirekteinleiters

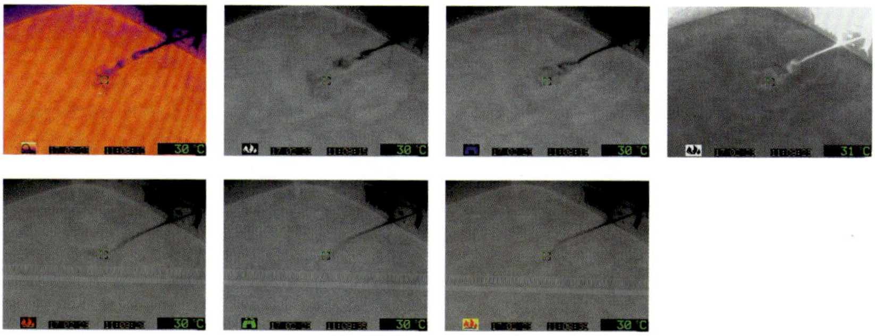

Abb. 177a bis g: Zur Simulation von Indirekteinleitungen wird in diesem Beispiel das kalte Wasser eines auftauenden Eiswürfels von der Seite in eine warme Wasservorlage geleitet. Auch wenn das Mengenverhältnis von Wasservorlage und einfließendem Wasser deutlich varriiert, ist der Strömungsverlauf an der Einflussstelle gut zu erkennen. (Quelle: Guido Volkmar)

Gefahrgutbergung aus einem See

Bei der Bergung von Gefahrgut aus einem See wurde die nachfolgende Bildfolge aufgenommen. Neben dem zu bergenden Fass, einem Einsatzboot und den darauf befindlichen Besatzungsmitgliedern kann im Wasser die während der Fahrt durch den Motor entstehende Antriebsströmung erkannt werden. Da es sich hierbei nicht um eine Erwärmung und somit unterschiedliche Temperaturen handeln kann, wird der Visualisierungseffekt durch einen anderen Sachverhalt erzeugt. Die Visualisierung der Antriebsströmung ist auf die Entstehung von Luftblasen durch den Motor in das Fahrwasser zu erklären.

Luftblasen weisen den Weg

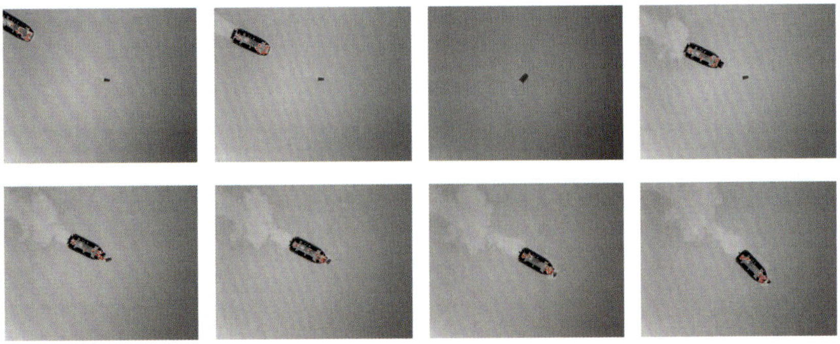

Abb. 178a bis h: Bilderfolge Gefahrgutbergung aus einem See. (Quelle: Felix Willert, Bundesanstalt Technisches Hilfswerk, Ortsverband Freising)

4.4.5 Einsatz der Wärmebildkamera bei chemischer Reaktion

Ein weiterer Bereich für die Einsatzmöglichkeiten einer Wärmebildkamera im Bereich der Gefahrstoffe stellt die chemische Reaktion dar.

Wie eine Brandsituation ist eine chemische Reaktion nicht statisch, sondern verändert sich.

4.4.5.1 Energieentzug aus der Umgebung – Beispiel einer endothermen Reaktion

Für jeden Feuerwehrangehörigen ist eine exotherme Reaktion durch einen Brand und die dazugehörige Oxidationsreaktion klar beschrieben. Ebenfalls ist das Verständnis für den zeitlichen Verlauf durch die Brandverlaufskurve eindeutig.

Im Gegensatz dazu sind Reaktionen, bei denen die Umgebung für die notwendige Energiebereitstellung der chemischen Reaktion abgekühlt wird, eher selten und unüblich.

Der angesprochene Abkühlungseffekt durch den Aggregatzustandswechsel von Flüssiggas zu gasförmigem Propangas bei Stoffaustritt aus einem Propangasdruckbehälter stellt eine physikalische Komponente da. Die Temperaturveränderung beim Auflösen eines Salzes (beispielsweise Kochsalz) im Wasser stellt eine chemische Hydratisierungsreaktion dar.

In dem dargestellten Versuch wird die Energiesituation zweier Eiswürfel unmittelbar nach Entnahme aus dem Gefrierfach gemessen.

Wenn Salz Eis auftaut – Gefrierpunktserniedrigung

Der rechte der beiden Eiswürfel wird mit Kochsalz bestreut und der Temperaturverlauf während des Tauens gemessen. Reaktionstechnisch handelt es sich hier um eine Hydratisierung der Salzkristalle, wodurch es zu einer Gefrierpunktserniedrigung kommt. Diesen Effekt kennen wir aus vielen

Abb. 179a bis d: Versuchsaufbau zur Visualisierung einer Abkühlungsreaktion im Wärmebild. (Quelle: Guido Volkmar)

Wintern. Eis als gefrorenes Wasser schmilzt bei Salzzugabe, obwohl die Umgebungstemperatur deutlich unter 0 °C liegen kann. Dies wird durch die entstehende Salzlösung hervorgerufen, die bis zu einer gewissen Toleranzgrenze auch unterhalb von 0 °C flüssig ist und somit einen gefahrlosen Verkehr auf Verkehrswegen gewährleisten kann.

Mit der Wärmebildkamera stellen wir hier eine deutliche Temperaturabsenkung auf dem rechten Eiswürfel fest, da die für die Auflösung der Salzkristalle notwendige Energie aus dem schon für uns kalt empfundenen Eiswürfel entzogen wird.

4.4.5.2 Exotherme Reaktion

Grundsätzlich ist jede Oxidation, also eine Umsetzung mit Sauerstoff eine exotherme Reaktion.

Die augenscheinlichste Oxidationsreaktion ist die Verbrennung. Diese haben wir in den unterschiedlichen Kapiteln besprochen und kommen hier zu weiteren Oxidationsreaktionen, die ebenfalls mit Flammenerscheinung Energie produzieren. Teilweise ist diese Flamme im Gegensatz zur normalen Pyrolyseflamme mit Kohlenstoffanteil nicht immer sichtbar. Und daher verdient sie nach Meinung der Autoren eine besondere Beachtung in diesem Buch, denn mit Hilfe der Wärmebildkamera lässt sie sich ebenso umfänglich visualisieren wie eine Flamme, die bei ausreichenden Sichtverhältnissen auch mit dem menschlichen Auge wahrgenommen werden kann.

Als erstes Beispiel zum Einstieg in die Flammenfarbe zeigt die nachfolgende Abbildung eine Bunsenbrennerflamme, die leuchtend gelb erscheint. Im oberen Bereich ist auch noch eine leichte Rußentwicklung zu beobachten.

Warum ist diese Flamme deutlich zu erkennen?

Wärmeenergie ist nicht immer sichtbar – nutze die Wärmebildkamera!

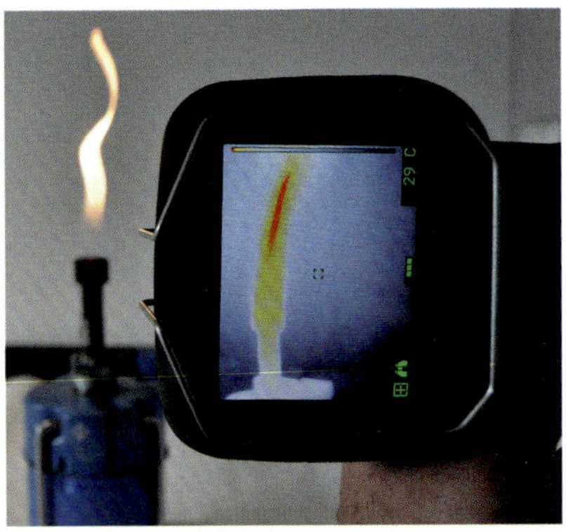

Abb. 180: Deutlich in der Realität und im Wärmebild sichtbare flackernde Flamme mit entsprechender Flammenfärbung. (Quelle: Guido Volkmar)

Im nächsten Bild wird der gleiche Bunsenbrenner so eingestellt, dass die gelb leuchtende Flamme in eine bläuliche Flamme umgewandelt wird. Der Brennstoff ist nach wie vor eine Propan-/Butanmischung. Dennoch erscheint die Flamme nun fast farblos.

Woran kann das liegen?

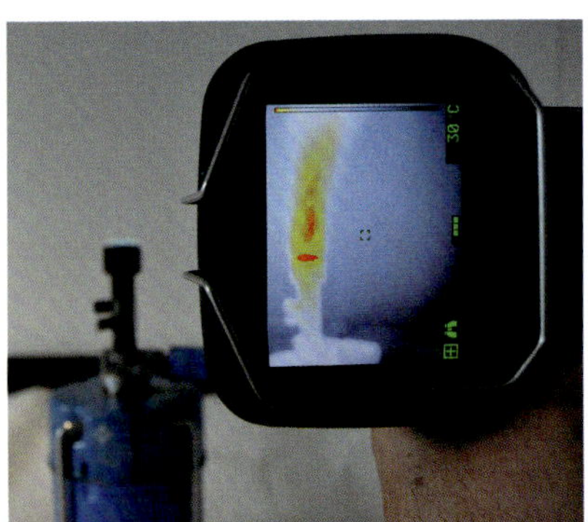

Abb. 181: Deutlich im Wärmebild sichtbare Flamme. In der Realität ist keinerlei visuelle Feststellung wahrzunehmen. (Quelle: Guido Volkmar)

Exkurs Flammenfarbe

Unterschieden werden zwei Arten: die leuchtende und die nicht leuchtende Flamme. Das Leuchten der Flammen entsteht durch von außen zugeführte Energie, welche die Atome anregt. Leuchtende Flammen entstehen z.B. bei der thermischen Zersetzung von Petroleum, Holz und Papier. Nicht leuchtende Flammen hingegen werden bei der Verbrennung von Wasserstoff, Schwefel, Methanol u.a. Stoffen erzeugt. Das Leuchten und Rußen von Flammen lassen sich durch folgendes Verhältnis darstellen:

Kohlenstoff:Wasserstoff = 1:3 leuchtende Flamme
Kohlenstoff:Wasserstoff = 1:2 leuchtende und rußende Flamme
Kohlenstoff:Wasserstoff = 1:1 leuchtende und stark rußende Flamme

Bei CHO-Verbindungen:
bei Sauerstoffanteil größer als 35 % = nichtleuchtende, blaue Flamme
bei Sauerstoffanteil von 27–35 % = leuchtende Flamme
bei Sauerstoffanteil kleiner als 27 % = leuchtende und rußende Flamme

Als Ergebnis kann festgehalten werden, dass die Zufuhr von Luft oder anders formuliert das Mengenverhältnis von brennbarem Stoff zu Luftsauerstoff einen entscheidenden Einfluss auf die Flammenfarbe hat.

Kommen wir zu einer ganz anderen Flamme. In den nachfolgenden Bildern wird die Verbrennung von Wasserstoff dargestellt. Selbst im realen Bild brennt die Wasserstoffflamme! Sie verbrennt in unserem Beispiel farblos. Im Wärmebild ist die real farblose Flamme deutlich zu erkennen. Im ersten Wärmebild ist die Flamme groß. Im zweiten nimmt sie ab. Das liegt am Versuchsaufbau, da bei diesem Versuch der „Bollerdose" nur das Volumen der Metalldose als Brennstoffquelle genommen wird. Der Brennstoff Wasserstoff aus dem Dosenvolumen verbraucht sich und die Flamme wird zusehends kleiner. Kontinuierlich strömt Luft von unten in die Dose nach und es entsteht ein explosives Wasserstoff-Luft-Gemisch. Es kommt zu einer Detonation mit dem typischen akustischen Effekt. Bei der Detonation kommt es zu einer großen exothermen Reaktion. Die freiwerdende Energie wird an die Dose abgegeben, weshalb sie im letzten Wärmebild deutlich erwärmt wahrgenommen wird.

In unserem Beispiel wurde Wasserstoff mit Luftsauerstoff zur Reaktion gebracht. Somit waren keine Kohlenstoffatome bei der Verbrennung beteiligt und die Wasserstoffflamme konnte farblos verbrennen.

Wärmeenergie einer Flamme wandert auf das Vorratsgefäß

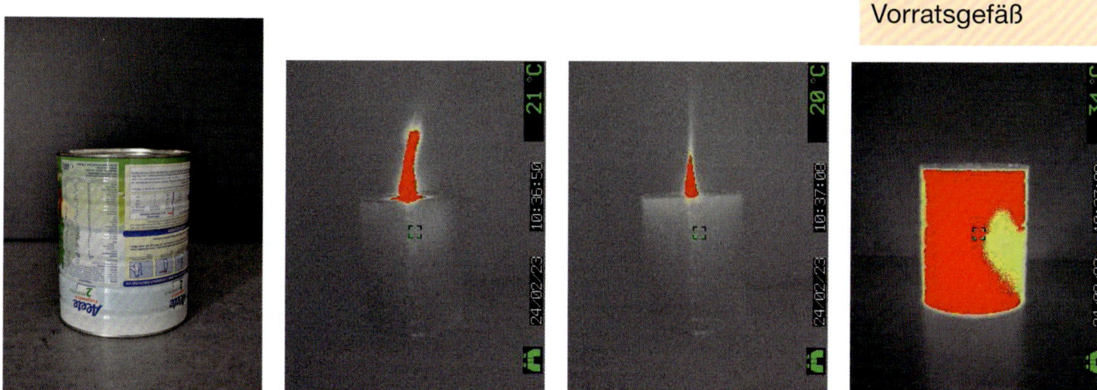

Abb. 182a bis d: Reaktionsablauf einer Explosion am Beispiel des Versuchs der Bollerdose mit einer Wasserstoffflamme. (Quelle: Guido Volkmar)

Ähnliche Versuche lassen sich durch den Abbrand von brennbaren Flüssigkeiten durchführen. Hier kann Methanol für eine fast farblose und Ethanol für eine leicht gelbe Flammenfarbe verwendet werden.

In den nachfolgenden Bildern sind Ausbildungseinheiten der Feuerwehr Dortmund abgebildet, in denen Bodenfeuer, brennende Gasfackeln und Erdgasbrände in einer Grube simuliert und trainiert werden können.

Gasausströmung in unterschiedlichen Situationen

Abb. 183a und b: Bodenfeuer durch Erdgasausströmung im Real- und Wärmebild. (Quelle: Guido Volkmar)

Abb. 184a und b: Feuer einer Baugrube durch Erdgasausströmung im Real- und Wärmebild. (Quelle: Guido Volkmar)

Abb. 185a und b: Fackelbrand an einer Flanschdarstellung bei einer Erdgasausströmung. (Quelle: Guido Volkmar)

4.5 Technische Hilfeleistung PKW

4.5.1 Insassenkontrolle

Klassischerweise wird die Wärmebildkamera für eine Insassenkontrolle genutzt. Durch eventuell vorhandene Wärmespuren auf den Sitzen oder des Lenkrads werden Schlüsse über eventuell z.B. herausgeschleuderte Personen gezogen.

In den meisten Fällen ist die Bewertung der vorhandenen Wärmespuren nicht einfach und gibt keinesfalls ein sicheres Ergebnis.

Bei den oben genannten Wärmespuren darf nicht nur der einfache Weg bedacht werden. Sind Wärmespuren vorhanden, wird es eine weitere Person geben. Sind keine Wärmespuren vorhanden, so brauchen wir uns um weitere Personen nicht kümmern.

Das ist zu kurz gedacht!

Was ist mit der Person, die kurz vor einem Unfall das Fahrzeug an einer Haltestelle oder bei sich zu Hause verlassen hat? Und andersherum: Was passiert mit Wärmespuren, wenn die Scheiben vielleicht zerstört und es außerhalb des Fahrzeugs vielleicht kühl ist? Kann die Wärme schon abgegeben worden sein, bis die Einsatzkräfte vor Ort sind?

Wir stellen fest, dass eine vorhandene Wärmespur unsere Aufmerksamkeit anzieht, gleichzeitig eine fehlende Wärmespur aber nicht in Sicherheit wiegen darf.

Bei PKW-Unfällen muss in Fahrzeugen mit und ohne Wärmespuren auf Sitzen und anderen Einbauteilen nach Personen gesucht und möglichst andere Personen wie Fahrer usw. befragt werden.

Eine fehlende Wärmespur ist keine aussagekräftige Begründung, die Suche nach Personen auszuschließen!

Ist jede Wärmesignatur automatisch ein Hinweis auf eine vermisste Person?

Sicher ist die Anwendung der Wärmebildkamera in nachfolgend dargestellten Bildern. Sollte eine Scheibe defekt oder geöffnet sein, so kann eine im Fahrzeug befindliche Person ggf. auf Entfernung schon bemerkt werden.

Wärmebildkameraeinsatz auch bei der technischen Hilfleistung

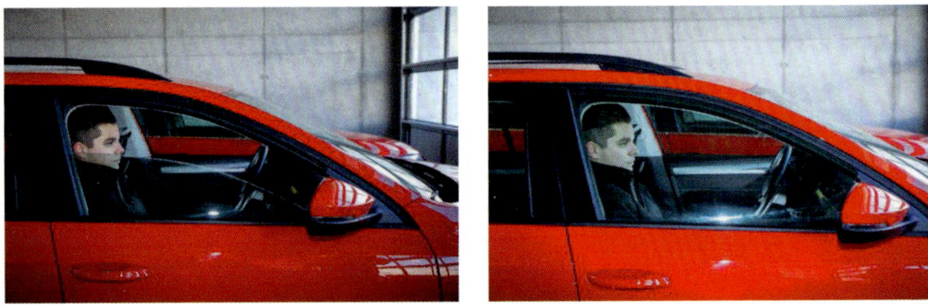

Abb. 186a und b: Person in einem PKW mit a) teilweise geöffnetem und b) geschlossenem Seitenfenster. (Quelle: Quelle: NÖ Feuerwehr- und Sicherheitszentrum, Niederösterreichischer Landesfeuerwehrverband, Tulln)

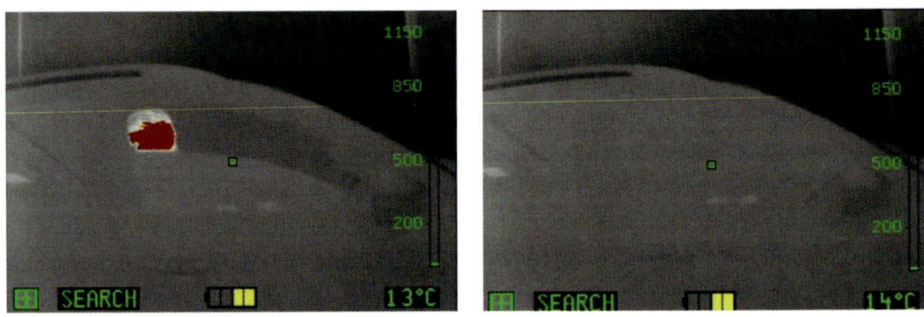

Abb. 187a und b: Wärmebilder einer Person in einem PKW mit a) teilweise geöffnetem und b) geschlossenem Seitenfenster. (Quelle: NÖ Feuerwehr- und Sicherheitszentrum, Niederösterreichischer Landesfeuerwehrverband, Tulln)

Ob in dieser Situation der Einsatz einer Wärmebildkamera ggf. durch eine andere Lichtquelle ersetzt werden kann, muss situativ vor Ort entschieden werden. Durch dieses Beispiel sollen die Anwendungsbreite und weitere Möglichkeiten durch die Wärmebildkamera aufgezeigt werden.

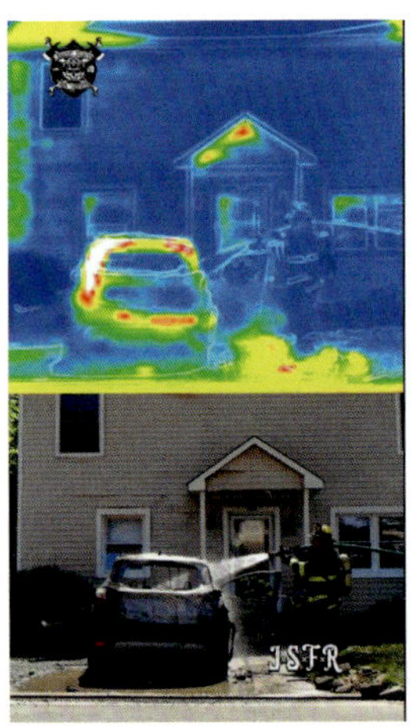

Abb. 188: Der optische Abgleich zwischen Wärmebild und realer Umgebung ist auch bei normalen Einsätzen wie hier beim PKW-Brand hilfreich. Es ist jedoch immer zu bedenken, dass diese Doppelbilder nicht auf einer Wärmebildkamera angezeigt werden können. Hierzu muss zuerst eine Überspielung auf einen Computer erfolgen. Für eine Übertragung vor Ort ist ggf. entsprechendes Zubehör notwendig. (Quelle: Ryan Mack, JERSEY SHORE FIRE RESPONSE)

4.5.2 Patientenversorgung – Kontrolle Wärmeerhalt

Neben der eigentlichen Personensuche ist die Anwendung einer Wärmebildkamera auch nach der Personenrettung hilfreich. Die Wärmebildkamera kann im rettungsdienstlichen Bereich kontrollierend eingesetzt werden. Ein Beispiel ist die Kontrolle eines effektiven Wärmeerhalts von Personen in z.B. einer Patientenablage.

Kontrolle ist sinnvoll

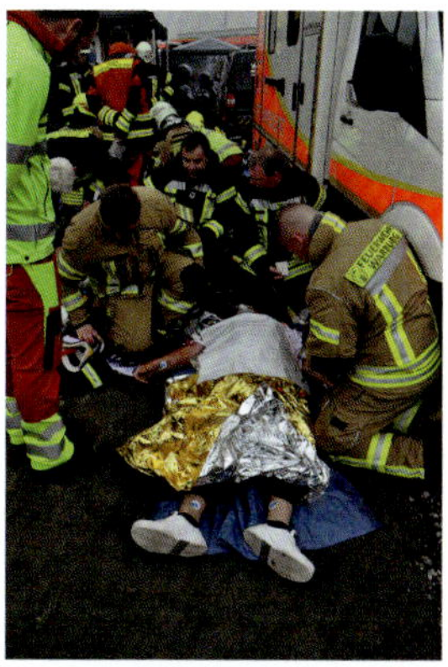

Abb. 189a bis h: Eine der Hauptaufgaben im Rettungsdienst, insbesondere jenseits der Individualversorgung ist die Sicherstellung des Wärmeerhalts für die Patienten. Die Kontrolle der Funktionalität ist mit dem Einsatz einer Wärmebildkamera schnell durchgeführt. (Quelle: Guido Volkmar)

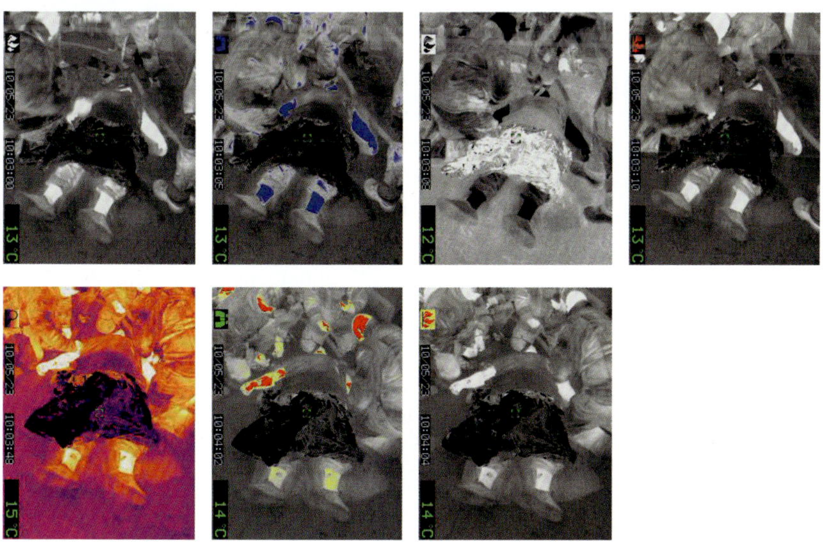

4.5.3 Photovoltaik

Neue Techniken meistern mit der Wärmebildkamera

Die Verwendung einer Wärmebildkamera zur Untersuchung von Solarmodulen bringt gleich mehrere Vorteile. Anomalien lassen sich auf einem scharfen Wärmebild klar erkennen und – im Gegensatz zu den meisten anderen Verfahren – können Wärmebildkameras zur Untersuchung montierter Solarmodule verwendet werden, auch während diese in Betrieb sind. Außerdem genügt bei Wärmebildkameras eine kurze Zeitspanne, um große Bereiche zu erfassen.

Physikalische Grundlagen kennen – Tücken der Technik vermeiden – Ergebnisse erzeugen und bewerten

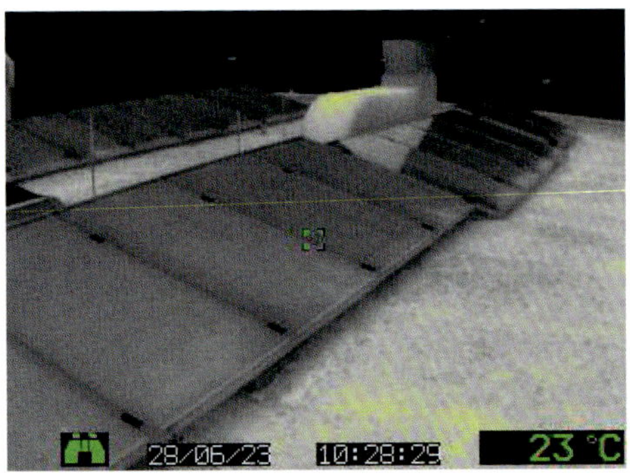

Abb. 190: Ansicht einer aufgeständerten Photovoltaikanlage auf einem Flachdach. Durch die einheitliche Temperaturverteilung ist von einer intakten Funktion auszugehen. (Quelle: Guido Volkmar)

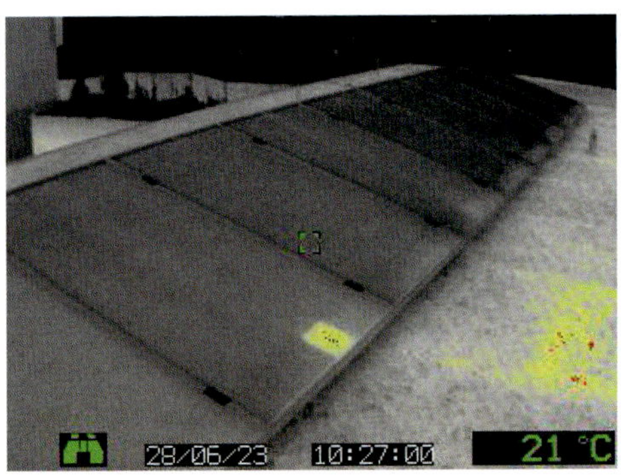

Abb. 191: An dieser Photovoltaikanlage ist deutlich eine punktuelle Erwärmung des Solarpaneels festzustellen. (Quelle: Guido Volkmar)

Abb. 192: Für eine konkretere Analyse ist eine thermisch empfindlichere Thermografiekamera erforderlich. Diese Notwendigkeit wird hier durch die Vielfarbenpalette symbolisiert. (Quelle: Guido Volkmar)

Im Allgemeinen werden PV-Module auf stark reflektierende Aluminiumrahmen montiert, die auf dem Wärmebild als kalte Zonen erscheinen, da sie die Wärmestrahlung des Himmels zurückwerfen. Für die Praxis heißt das, dass die Wärmebildkamera die Rahmentemperatur mit eindeutig unter 0 °C anzeigen wird.

Um diesen Effekt auszuschließen, ist der Betrachtungswinkel zu ändern, so dass keine direkte Reflexion die Bewertung stört. Mit einer für den Feuerwehreinsatz gebräuchlichen Wärmebildkamera lassen sich keine thermographisch präzisen Aussagen treffen. Für eine Abschätzung einer Gefährdung des Einsatzpersonals kann sie dennoch hilfreich sein.

5 Einsatz der Wärmebildkamera außerhalb des Feuerwehralltags

5.1 Such- und Rettungseinsätze

Vermisste Flugzeuge oder Personen können in abgelegenen Gebieten lokalisiert werden, indem die von ihnen abgegebene Wärme erkannt wird.

Bei einem Flugzeugabsturz rechnet man generell mit vielen Verletzten, Toten und Betroffenen. Je nach Terrain und Wetter (hohes Gras, Felder, Schnee usw.) wird bereits bei der Ankunft am Schadensobjekt die Wärmebildkamera zum Lokalisieren von möglichen Verletzten im Bereich des Trümmerfelds oder anderer Wärmequellen (heiße, brennende Flugzeugteile) oder Gefahrenschwerpunkte in der näheren Umgebung benutzt. Bei der Nutzung von Nachlöscharbeiten, um versteckte oder schwelende Glutnester zu lokalisieren. So kann die Temperaturverteilung in der Brandzone überwacht und sichergestellt werden, dass potenziell gefährliche Bereiche ausreichend gekühlt werden.

Bei größeren Übertankungen kann durch den Einsatz der Wärmebildkamera die Bodentemperatur überwacht werden, um eine mögliche Entzündung von Betriebsmitteln frühzeitig zu erkennen und zu lokalisieren.

Wärmebildkameras können die Eisbildung auf den Flügeln oder anderen Teilen eines Flugzeugs erkennen. Aufgrund der Temperaturunterschiede auf der Oberfläche kann dies auf eine Eisbildung hinweisen, was für die Flugsicherheit wichtig ist.

5.1.1 Die Wärmebildkamera im Einsatz bei Personensuche und Rettung

Ob bei der Suche nach vermissten Personen in Wald, Gebüsch oder Wasser, der Koordination von Rettungskräften oder der Unterstützung von Drohnen und Hubschraubern bei der Personensuche aus der Luft – die Einsatzgebiete für Wärmebildkameras sind vielfältig und eröffnen den BOS-Einheiten neue Möglichkeiten bei der Bewältigung ihrer Aufgaben. Insbesondere bei Nacht können Wärmebildkameras bei der Personensuche eingesetzt werden. Durch die Erfassung der Wärmesignaturen des menschlichen Körpers werden vermisste oder verletzte Personen auch in unwegsamen Geländen oder unter Trümmern lokalisiert.

Abb. 193: Drohne mit Wärmebildkamera. (Quelle: Markus Hedemann)

Um eine effektive Personensuche durchzuführen, ist es notwendig, die Umrisse einer Person auf dem Bildschirm zu skizzieren. Dazu können verschiedene Computer-Vision-Operationen mit Open CV („Open Source Computer Vision Library" – Open-Source Bibliothek für Computer Vision) durchgeführt werden. Zunächst wird das RGB-Bild (Farbwahrnehmungen durch additive Mischung von drei „Value"-Helligkeit) umgewandelt, welches ein klares Bild davon liefert, wo sich Körpertemperaturobjekte in der Szene befinden.

Abb. 194: Konturen einer Person mit einer Wärmebildkamera. (Quelle: LEADER Group)

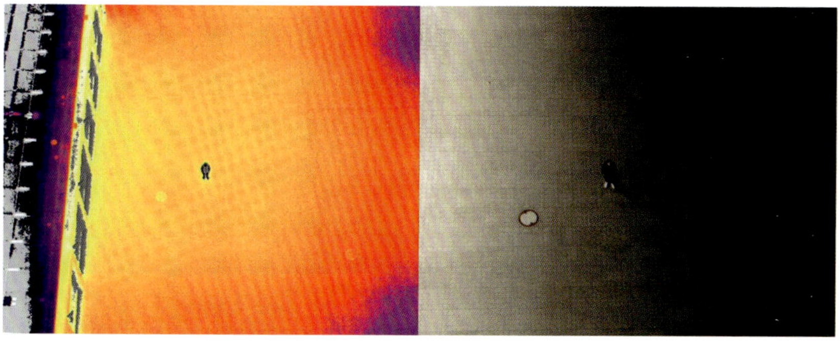

Abb. 195: Drohnenaufnahme: digitale und menschliche Sicht.
(Quelle: Feuerwehr Neustadt am Rübenberge)

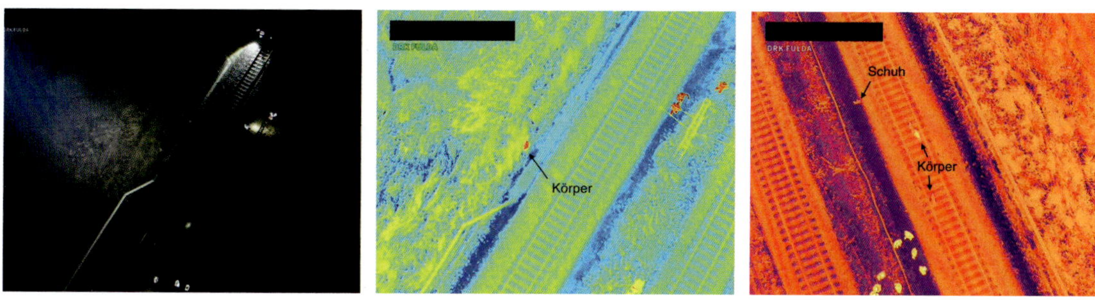

Abb. 196a bis c: Personensuche mit wärmekamerabestückter Drohne. (Quelle: Dominik Bender, Drohnenstaffel DRK-Kreisverband Fulda e.V.)

Es gibt verschiedene Technologien z.B. mit Hilfe des Temperatur-Schwellenwerts oder des Machine Learnings, um die Umrisse einer Person auf dem Bildschirm darzustellen, aber die intelligente Kantenerkennung ist eine der robustesten. Dabei werden Kanten im Bild erkannt, die dann als Umrisse interpretiert werden können. Allerdings wird auch Rauschen, also unerwünschte Störungen und Unsicherheiten auf den aufgenommenen Wärmebildern erkannt, welches mit einer kantenerhaltenden Bildglättungsmethode wie dem bilateralen Filter bereinigt werden kann.

Eine weitere Methode, um die Ergebnisse zu verbessern, ist die Erzeugung eines binären Bilds, bei dem die Pixel, die wärmer als ein bestimmter Schwellenwert sind, auf 1 gesetzt werden, während alle anderen auf 0 gesetzt werden. Anschließend können die durch diese Operation erzeugten sogenannten BLOBs, welche undefinierte oder unregelmäßige Wärmequellen auf einem Wärmebildschirm bezeichnen, erodiert und erweitert werden, um Störungen wie Lichter oder andere wärmeproduzierende Objekte zu entfernen und nur die Umrisse der gesuchten Personen darzustellen. BLOBs sind Bereiche mit unterschiedlicher Temperatur oder Wärmeemission, die sich vom umgebenden Hintergrund abheben. Dieser kann auf

BLOBs – Bereiche mit unterschiedlicher Temperatur oder Wärmeemission

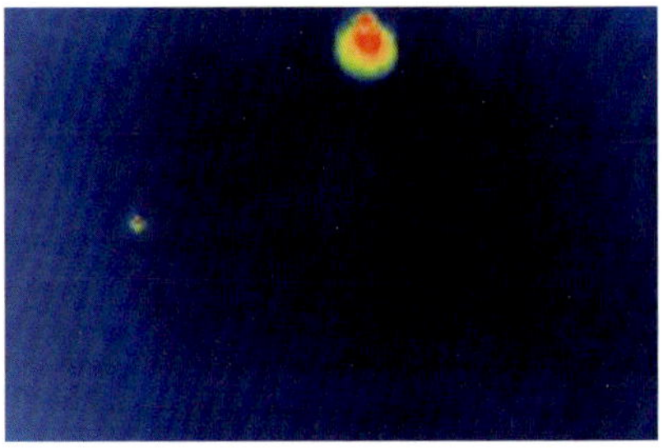

Abb. 197a und b: Jetski und zu rettende Person auf dem Wasser – aus menschlicher Sicht. (Quelle: Feuerwehr und Rettungsdienst der Bundesstadt Bonn)

eine Wärmequelle hinweisen, wie eine Person, ein Tier, ein Fahrzeug oder ein elektronisches Gerät, das Wärme abstrahlt. In diesem Fall würde der BLOB den Bereich repräsentieren, der von der Wärmequelle erwärmt wird.

5.1.2 Personensuche und Rettung an Gewässern

Bei Einsätzen an Gewässern können Wärmebildkameras zum Auffinden von Personen eingesetzt werden, die im Wasser treiben oder an der Wasseroberfläche schwimmen. Dabei wird das Bild in verschiedene Wärmezonen unterteilt, um den Temperaturunterschied zwischen dem Wasser und dem menschlichen Körper zu erkennen. Auf diese Weise können Rettungskräfte die Position von Personen auf dem Wasser schnell und effektiv ermitteln.

Die Wärmebildkamera ermöglicht es den Rettungskräften, die Wärmeabstrahlung oberhalb des Wassers zu visualisieren und so nach Personen zu suchen, die sich an bzw. auf der Wasseroberfläche befinden. Dabei können Unterschiede in der Wärmeabstrahlung, die durch den Körper einer Person

Abb. 198: Personensuche auf dem Wasser. Im Einsatz sind handgeführte WBKs und der Einsatz einer Drohne/WBK. (Quelle: Feuerwehr und Rettungsdienst der Bundesstadt Bonn)

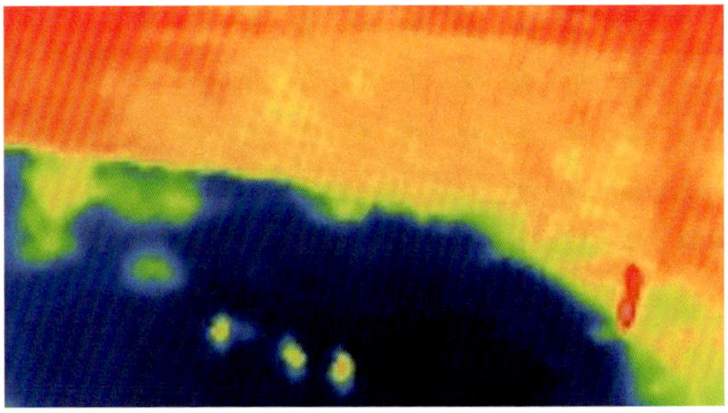

Abb. 199: Wärmebild zu der Personensuche auf dem Wasser. (Quelle: Feuerwehr und Rettungsdienst der Bundesstadt Bonn)

verursacht werden, hervorgehoben werden. Selbst wenn die Sicht durch Oberflächenreflexionen oder Schwebstoffe im Wasser eingeschränkt ist, kann die Wärmebildkamera die Körperwärme einer Person identifizieren und anzeigen.

5.1.3 Einsatzabschnitt Land am flussseitigen Ufer

Bei einem Einsatz an einem Gewässer kann die Kamera dazu verwendet werden, Personen oder Tiere im Wasser oder am Ufer zu finden. Oftmals befinden diese sich unter Bäumen an Gebüschen oder am Uferbereich.

Es können Gegenstände oder auch Personen von der Strömung mitgerissen werden und sich unterhalb von Brücken oder im Uferbereich festsetzen. Mit der Wärmebildkamera kann die Umgebung unter der Brücke abgesucht werden, um mögliche Objekte (Menschen, Tiere, Gegenstände) zu lokalisieren.

5.1.4 Einsatzabschnitt Luft

Insbesondere in Fällen der Vermisstensuche kann die Luftunterstützung durch Drohnen oder Hubschrauber in Verbindung mit der Wärmebildkamera von unschätzbarem Wert sein. In solchen Situationen sind schnelle Reaktionen und genaue Koordination unerlässlich, um die Suche effizient zu gestalten. Sollte der Einsatz mit Rettungshunden oder Einsatzkräften im Bereich der Bodensuche keinen Erfolg verzeichnen, kann hier die WBK mit einer Drohnenkombination zum Einsatz kommen.

Drohnenpilot koordiniert Suche per WBK

Der Einsatzabschnitt Luft kann somit mit der genauen Erfassung des Ortungsgebiets beginnen. Der Drohnenpilot koordiniert die Suche per Wärmebildkamera an einer Drohne und scannt zunächst einen weitläufigen Einsatzabschnitt. Anhand der analysierten Wärmebildaufnahmen koordiniert er beispielsweise bei Einsatz an Gewässern die Einsatzkräfte, um die entsprechenden Stellen auf bzw. am Wasser genauer zu untersuchen.

Bei der Personensuche an einem Gewässer (siehe Abb. 201) ist deutlich die Wärmestrahlung der vermissten Person durch die Wärmebildkamera zu sehen. Bei der Suche nach Personen ist darauf zu achten, dass diese hinter einem großen Baum(stamm) stehen oder sich in oder hinter dicht bewachsenen Gebüschen befinden können und nicht sichtbar sein müssen. Hier ist es wichtig, auf geringe Wärmepunkte oder Teilbereiche eines Körpers zu achten, ggf. ist auch der Standort der Wärmebildkamera zu verändern. Weitere Störfaktoren können Schneefall oder starker Regen sein.

Störfaktoren

Sollten diese Suchmaßnahmen auf dem Wasser erfolglos bleiben, ist es den Einsatzkräften möglich, die Drohne im „Mission Flight"-Modus zu programmieren, um linienförmig die an den Fluss angrenzenden Felder

Abb. 200: Die gesuchte Person befindet sich im oberen linken Gewässerabschnitt. (Quelle: Markus Hedemann)

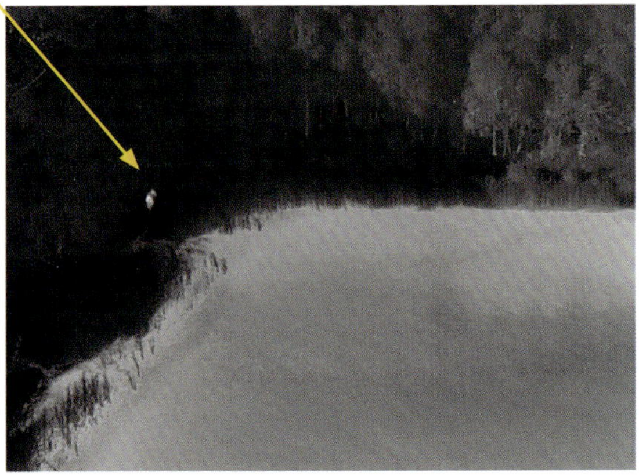

Abb. 201: Personensuche an einem Gewässer. (Quelle: Markus Hedemann)

und Wälder abzusuchen. Während des Flugs fertigt die Drohne überlappende Bilder des überflogenen Bereichs an, die in Kartenform erstellt werden können.

5.1.5 Einsatzbeispiel und Vorgehensweise – Feuerwehr und Rettungsdienst der Bundesstadt Bonn

Checkliste Person im Wasser

Die Berufsfeuerwehr Bonn hat eine strukturierte Einsatztaktik entwickelt, um Einsätze mit dem Stichwort „Person im Rhein" effektiv zu bewältigen. Dabei wird eine Checkliste verwendet, die den Einsatzkräften einen klaren Handlungsrahmen bietet und eine gezielte Vorgehensweise gewährleistet.

Der Rhein wird in verschiedene Abschnitte aufgeteilt, um die Einsatzstelle zu organisieren. Jede Einheit und jedes Sonderfahrzeug arbeiten nach einer eigenen Checkliste, die den spezifischen Auftrag und die Örtlichkeit definiert.

Der Einsatzabschnitt „Wasser" wird vom Feuerlöschboot übernommen. Von dort aus koordiniert es alle Einsatzkräfte, die auf dem Wasser eingesetzt werden. Hier kann auch die Wasserrettungseinheit zum Einsatz kommen.

Der Einsatzabschnitt „Ereignisort/Suche Ufer" wird vom B-Dienst koordiniert. In diesem Abschnitt werden sogenannte Warschauposten von Fahrzeugen übernommen, d.h. das Ufer und der Rheinstrom werden von Brücken aus auf Anzahl und Aufenthalt von Personen kontrolliert. Weitere Fahrzeuge durchfahren den Uferbereich und nutzen bei Nacht Wärmebildkameras zur Kontrolle. Der Ereignisort, also der Ort des Einstiegs in den

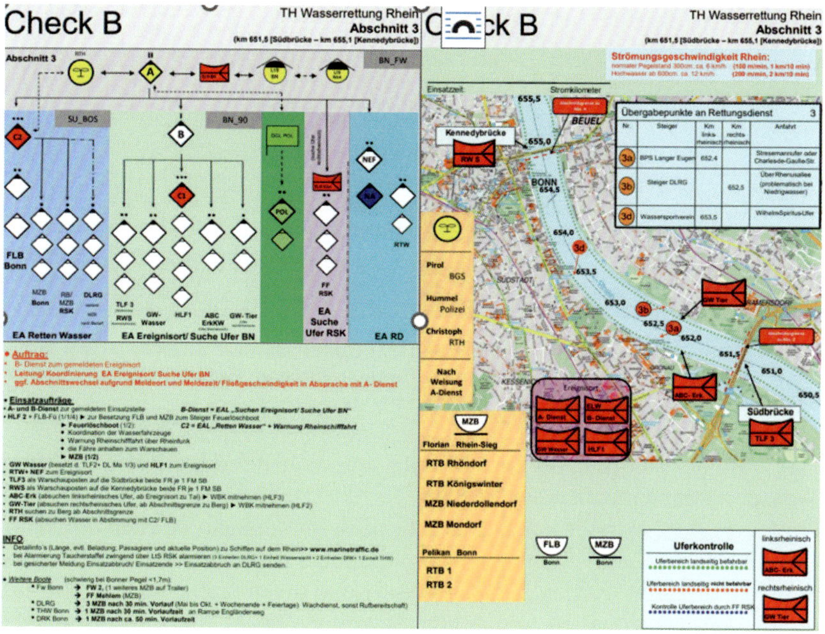

Abb. 202: Checkliste zur Vorgehensweise Person im Rhein. (Quelle: Feuerwehr und Rettungsdienst der Bundesstadt Bonn)

Rhein wird vom GW-Wasserrettung angefahren, um bei Bedarf gezielte Rettungsmaßnahmen einzuleiten, wenn sich Personen in der Nähe des Ufers oder zwischen Schiffen an Steigern befinden. Von hier aus kann auch eine Drohne mit Wärmebildkamera zur Erkundung eingesetzt werden, alternativ ein Hubschrauber mit entsprechender Kamera.

Der A-Dienst übernimmt die Gesamteinsatzleitung und koordiniert die verschiedenen Abschnitte. Durch den Rettungsdienst wird an fest definierten Übergabepunkten am Ufer der Patient übergeben.

Abb. 203: Personensuche an einem Gewässer. Wärmebildkamera mit Drohneneinsatz. (Quelle: Technisches Hilfswerk Ortsverband Freising)

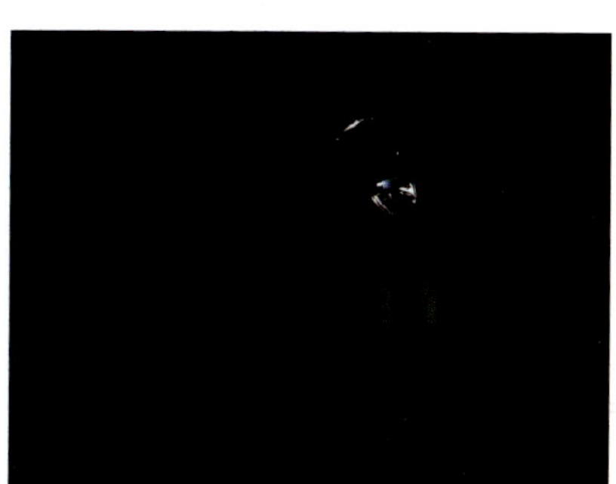

Abb. 204: Personensuche an einem Gewässer. Wärmebildkamera mit Drohneneinsatz. Die Dunkelheit reduziert den Einsatzerfolg immens. (Quelle: Technisches Hilfswerk Ortsverband Freising)

Abb. 205a und b: Deutlich sind die Temperaturunterschiede zwischen dem Wasser und den im Wasser befindlichen Luftblasen, die vom Boostsmotor erzeugt wurden, zu sehen. (Quelle: Markus Hedemann)

Einsatz Löschboot

Ein weiteres Beispiel für den Einsatz von Wärmebildkameras auf dem Wasser ist der Einsatz eines Löschboots, das mehrere kleine Mehrzweckboote auf dem Wasser koordiniert. In diesem Szenario können die Wärmebildkameras sowohl von dem Löschboot als auch von den Mehrzweckbooten eingesetzt werden, um das Wasser und die umgebenden Schiffe auf mögliche Wärmequellen zu scannen. So können Feuer, die von außen nicht sichtbar sind, aufgedeckt werden. Sobald ein Brandherd erkannt wird, kann das Löschboot die Position an die Mehrzweckboote weitergeben, um diese gezielt an die Schadensstelle heranzuführen.

Die Mehrzweckboote können ebenfalls mit Wärmebildkameras ausgestattet sein. Die Besatzung der Mehrzweckboote kann so eigenständig nach Bränden bzw. Ereignissen suchen und die Positionen an das Löschboot weitergeben. Auf diese Weise können die Einsatzkräfte effektiver wärmere Bereiche von außen erkunden, um eine gezielte Brandbekämpfung zu planen und einzuleiten.

5.1.6 Personensuche und Unterstützung anderer BOS-Einheiten

Einsatz Personensuche

Der Einsatz von Wärmebildkameras bei der Personensuche (vermisste Personen, Bergwacht/Rettung, flüchtige Personen in Verbindung mit einer Straftat) und zur Unterstützung der Polizei kann in bestimmten Situationen hilfreich sein, insbesondere wenn diese versuchen, sich in dunklen oder schwer zugänglichen Gebieten zu verstecken. Durch die Erkennung von Wärmeunterschieden kann die Wärmebildkamera potenzielle Verstecke ausfindig machen.

Grenzen und Einschränkungen

Es ist jedoch wichtig zu beachten, dass Wärmebildkameras gewisse Grenzen und Einschränkungen haben. Sie funktionieren am besten in einer Umgebung mit niedrigem Umgebungslicht, da sie auf die Infrarotstrahlung

Beeinträchtigung der Ergebnisse

reagieren. Bei ungünstigen Wetterbedingungen wie Starkregen, Nebel oder hohen Umgebungstemperaturen können die Ergebnisse beeinträchtigt werden. Darüber hinaus können andere Wärmequellen wie Fahrzeuge, Gebäude oder elektrische Geräte die Genauigkeit der Suche beeinflussen. Auch unterkühlte Personen können auf dem Wärmebild einen deutlichen Kontrast im Verhältnis zur Umgebungstemperatur erzeugen.

Speziell entwickelte Kameras ermöglichen das Erkennen von Personen in weiter Entfernung. Diese Kameras finden ihre Einsatzgebiete im Bereich der Personensuche in Bergen, Wüsten und auf großen Gewässern. Je größer die Entfernung zu der gesuchten Person ist, wird zwischen einer Ortung, Erkennung und der Identifizierung einer Person bzw. eines Körpers unterschieden.

Abb. 206: Erkennen von Objekten in größerer Entfernung. (Quelle: LEADER Group)

Bildqualität

Die Darstellung eines Wärmebilds für größere Entfernungen hängt von mehreren Faktoren ab. Ein besonderer Faktor ist hier die Pixelanzahl (Auflösung) des Detektors (nicht die des Bildschirms bzw. Displays). Bei einer Anzahl von 3 Pixel spricht man von Orten eines Objekts, bei 6 Pixel spricht man von Erkennen und bei 12 Pixel spricht man von dem Identifizieren eines Objekts. Bei den Angaben handelt sich es um einen Richtwert. Es ist wichtig anzumerken, dass die Auflösung des Detektors nur einen Teil der Gesamtauflösung der Wärmebildkamera darstellt. Diese hängt von verschiedenen Faktoren ab. Insbesondere vom verwendeten Objektiv und der Signalverarbeitung der Kamera. Des Weiteren ist die Linse der Kamera von großer Bedeutung. Hier kommt es auf den Winkel der seitlichen Erfassung an. Kameras, die für die Personensuche in größerer Entfernung bestimmt sind, haben meistens eine seitliche Erfassung von ca. 8 Grad, Kameras für den Nutzungsbereich der Feuerwehr weisen meistens einen Bereich von 52 Grad auf. Eine leistungsfähige Bildverarbeitungstechnologie in der Wärmebildkamera kann dazu beitragen, das Rauschen zu reduzieren, Kontraste zu verbessern und die Erkennung von Personen in der Ferne zu optimieren. Auch eine regelmäßige Kalibrierung der Wärmebildkamera ist wichtig, um eine genaue Messung der Temperaturen und eine zuverlässige Erkennung von Personen zu gewährleisten.

Neben den technischen Voraussetzungen für die Erkennung eines Objekts in größerer Entfernung gibt es noch weitere Bedingungen die Wetterlage betreffend, wie z.B. direkte Sonneneinstrahlung, Schneefall, Regen, Wolken, Tages- und Nachtzeit oder die Umgebungstemperatur.

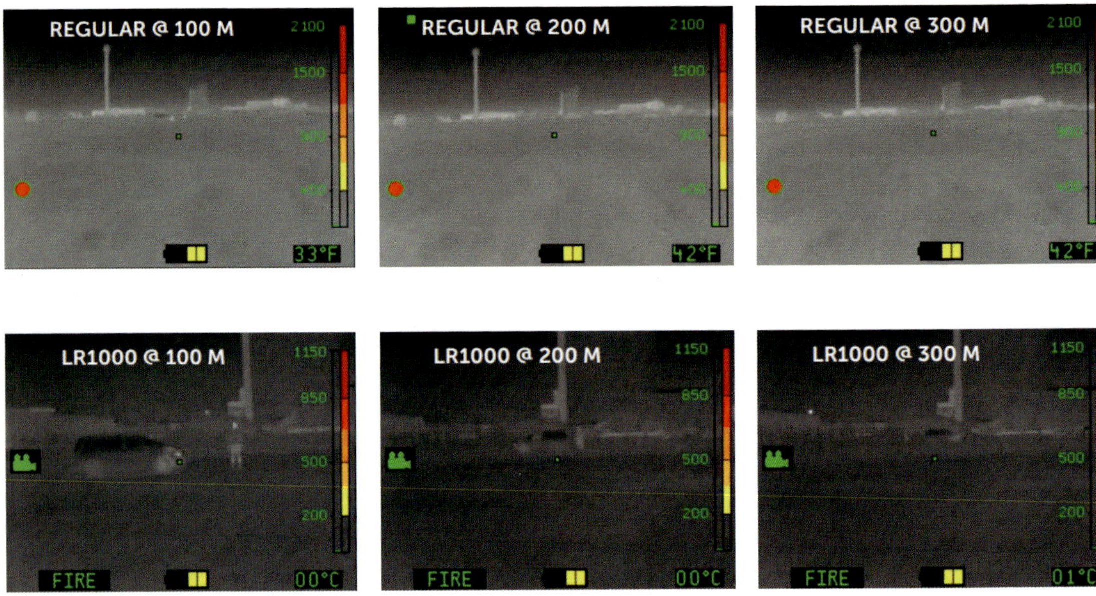

Abb. 207a bis f: Ortung, Erkennen, Identifizierung aus verschiedenen Entfernungsbereichen. (Quelle: LEADER Group)

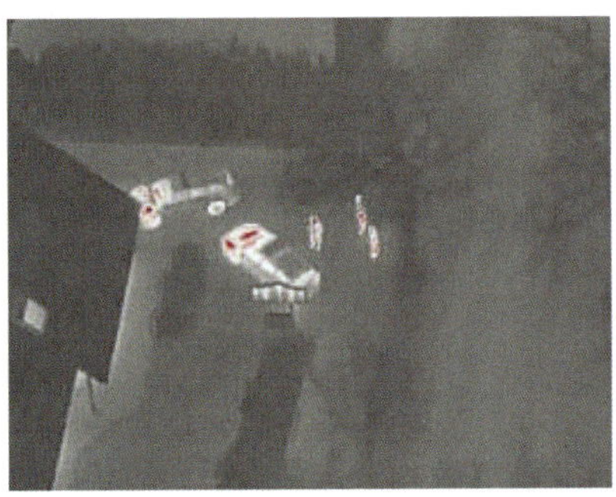

Abb. 208: Wärmebildkamera und Drohne zur Unterstützung einer flüchtigen Person. (Quelle: Markus Hedemann)

Abb. 209: WBK und Drohne zur Unterstützung einer flüchtigen Person ohne Vorzüge einer WBK. (Quelle: Markus Hedemann)

Auf dem folgenden Bild, welches in Verbindung mit einer Wärmebildkamera und einer Drohne gefertigt wurde, ist das Fahrzeug zu sehen, welches als Letztes abgestellt wurde.

Hitzestrahlung des Fahrzeugs

Die Hitzestrahlung des Fahrzeugs strahlt auf den Boden ab und ist von der Wärmebildkamera für das menschliche Auge so sichtbar gemacht. Abgestellte oder parkende Fahrzeuge mit Hilfe von Wärmestrahlung ausfindig zu machen, kann für Strafverfolgungsbehörden ein enormer Vorteil in der Verfolgung oder Ermittlung bei Straftaten aufzeigen. Jedes Objekt, das eine andere Temperatur als seine Umgebung hat, wird auf einem Wärmebild

Abb. 210: Deutliche Erkennung des zuletzt abgestellten Fahrzeugs durch Erkennung mit der Wärmebildkamera. (Quelle: Markus Hedemann)

Abb. 211: Fahrzeugerkennnung mit Drohne ohne Wärmebildkamera. (Quelle: Markus Hedemann)

sichtbar gemacht. Je nach Umgebungstemperatur ist die Hitzestrahlung des parkenden Fahrzeugs länger oder kürzer zu sehen (Sommer/Winter, Tag/Nacht) bzw. wird von der Umgebungstemperatur beeinflusst. Durch die Einwirkung der Sonnenstrahlen in das Fahrzeuginnere oder auf die Karosserie ist dieses aus der Luft (Hubschrauber/Drohne) gut sichtbar. Der Bereich der Bremsen bzw. Felgen oder der Abgasanlage des abgestellten Fahrzeugs ist für handgeführte Wärmebildkameras ein effektiver Anhaltspunkt, um die Hitzestrahlung zu erkennen.

Abb. 212: Einsatzkräfte der Polizei mit einem Hund auf der Suche nach einer flüchtigen Person. (Quelle: Markus Hedemann)

Personensuche mit Spürhund

Koordination Personensuche

5.2 Vegetationsbrandbekämpfung

Temperaturunterschiede in der Vegetation identifizieren

Bereits bei der Planung über präventive Maßnahmen von Vegetationsbränden kann die Wärmebildkamera ein effektives Einsatzmittel sein. Wärmebildkameras können verwendet werden, um Temperaturunterschiede in der Vegetation zu identifizieren, die auf mögliche Schwachstellen wie Wassermangel, Schädlingsbefall oder Nährstoffmangel sowie auf spezielle mikroklimatische Beschaffenheiten hinweisen. Mit diesen Informationen können Einsatzkräfte Maßnahmen ergreifen, um Vegetationsflächen zu kontrollieren und Brände zu verhindern/verringern. Die Wärmebildkamera kann auch eingesetzt werden, um Gebiete abzusuchen, in denen Brände bereits gelöscht wurden, aber noch versteckte Hitzequellen vorhanden sind. Dies ermöglicht es, gezielte Maßnahmen zu ergreifen, um die Brandnester zu beseitigen und ein Wiederaufflammen zu verhindern. Die Wärmebildkameras können auch verwendet werden, um die Ausbreitung des Feuers zu verfolgen und potenzielle Ausbruchspunkte zu erkennen.

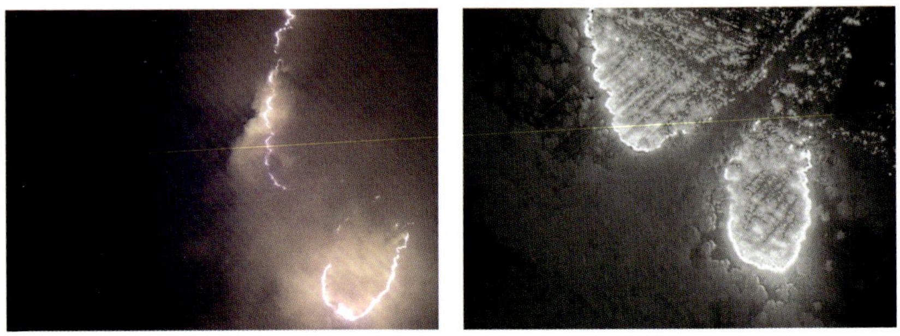

Abb. 213a und b: Drohnenaufnahme ohne WBK (links) und mit WBK (rechts) Moorbrand Papenburg 2020. (Quelle: Markus Hedemann)

Abb. 214: Drohne mit Wärmebildkamera, DJI Matrice M300, RTK-Satelliten-gesteuertes System mit ICAO Empfang (Erkennung Flugzeuge/Rettungs- und Polizeihubschrauber), Kamera: Zenmuse X20T: Wärmebild, 200fach Zoom, Laserdistanzmessung. (Quelle: Regionsfeuerwehr Bereitschaft 1, Region Hannover)

Lokalisierung von Glutnestern

Wenn es dennoch zu einem Vegetationsbrand kommt, sehen sich die Einsatzkräfte vor spezifische Herausforderungen gestellt. Hierzu gehören z.B. das unberechenbare Verhalten des Feuers, das durch Wind, die heterogenen Geländekonturen und die in unterschiedlichen Graden brennbaren Materialien auf dem Waldboden verursacht wird. Auch ist das Gelände, das zu den Brandherden führt, meist schwer zugänglich oder umfasst große Areale. Um bei einem Brand, der entsprechend komplexere Löschvorgänge benötigt, schnell reagieren zu können, ist eine effektive Technologie zur Informationsgewinnung mittlerweile unerlässlich geworden. Die Wärmebildtechnik kann hier insbesondere bei der Lokalisierung von

Glutnestern helfen sowie die Einsatzkräfte und technische Ressourcen steuern und koordinieren.

Einem Einsatzleiter ist es hier möglich, eine genaue Lage und Situation zu bewerten und einzuschätzen. Diese Erkenntnisse können zielorientiert an die Einheiten vor Ort oder speziellen Abschnittsleiter weitergebeben werden.

WBK für die Sicherheit der Einsatzkräfte

Darüber hinaus können Wärmebildkameras auch zur Sicherheit der Einsatzkräfte beitragen, indem sie ihnen helfen, gefährliche Bereiche zu identifizieren, die aufgrund hoher Temperaturen oder Glutnester instabil sein könnten. Glut entsteht, wenn der Brennstoff nicht in der Lage ist, gasförmige Stoffe freizusetzen, die eine Flammenbildung ermöglichen würden. Bei der Verbrennung von organischen Materialien wie Holz tritt Glut auf, wenn das Material bereits entgast ist. Glut kann zu einer erheblichen Brandgefahr führen, da sie den Verbrennungsprozess aufrechterhält und kontinuierlich Wärme abgibt.

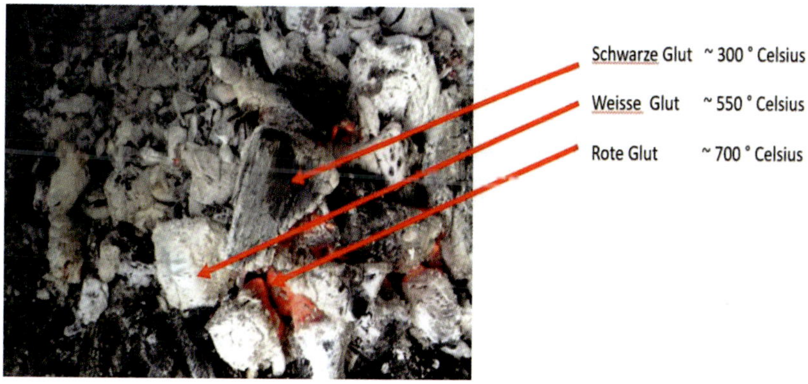

Abb. 215: Erkennen von Glutfarben. (Quelle: Richard Feischl)

Um ein erneutes Aufflammen von Glutnestern zu verhindern, wird bei größeren Bränden und Waldbränden oft für mehrere Tage eine Brandwache eingesetzt. Das Löschen brennender Glut (Glutbrand) ist schwierig, da die hohe Materialdichte typischerweise dazu führt, dass die Zündtemperatur relativ lange erhalten bleibt. Daher muss die Glut zusätzlich gekühlt werden, um ihr die für die Fortsetzung der Verbrennung erforderliche Wärme zu entziehen.

Glühende Kohlen erzeugen auch in beträchtlicher Entfernung noch Wärmestrahlung durch Infrarotstrahlung.

Es gibt verschiedene Arten von Wärmebildkameras, die für die Bekämpfung von Vegetationsbränden eingesetzt werden. Einige Kameras sind speziell für den Einsatz in der Luft konzipiert, während andere für den Einsatz am Boden entwickelt wurden.

Abb. 216: Glutnest bis in den Wurzelbereich eines Baums eingedrungen. (Quelle: Richard Feischl)

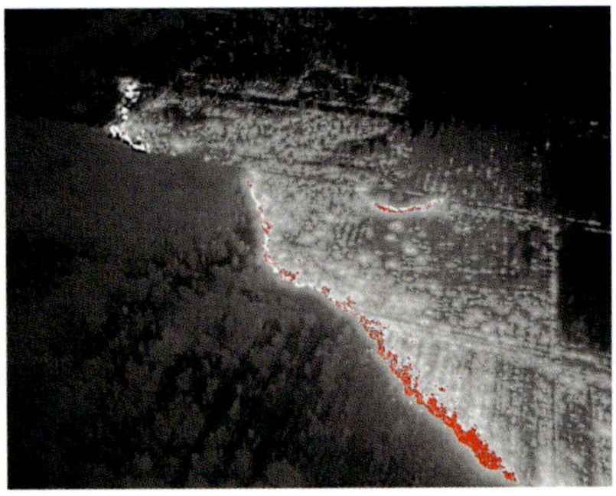

Abb. 217: Luftaufnahme mit einer Wärmebildkamera, welche an einer Drohne verbaut ist. Moorbrand Papenburg 2020. Erkennen der Ausbreitung. (Quelle: Markus Hedemann)

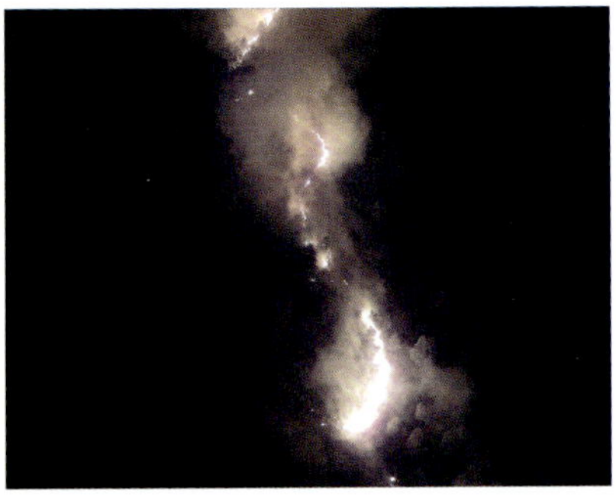

Abb. 218: Luftaufnahme ohne Wärmebildkamera, welche an einer Drohne verbaut ist. Moorbrand Papenburg 2020. (Quelle: Markus Hedemann)

Identifizierung von Feuerfronten

Luftaufnahmen mit Wärmebildkameras können verwendet werden, um Feuerfronten zu identifizieren und ihre Richtung und Geschwindigkeit zu verfolgen und einzuschätzen. Dies ermöglicht es den Einsatzkräften, die Intensität eines Brands und mögliche Ausbreitungsrichtungen einzuschätzen.

Luftgestützte Wärmebildkamera mit Zoom-Funktion

Wärmebildkameras, die speziell für den Hubschraubereinsatz konzipiert sind, können Temperaturen von Objekten genauer messen, erkennen und analysieren. Sie haben besondere Stabilisierungs- und Dämpfungssysteme, um die Flugbewegungen des Hubschraubers auszugleichen. Luftgestützte Wärmebildkameras sind in der Regel mit Zoom-Funktionen ausgestattet, die es ermöglichen, Objekte aus großer Entfernung (zwei Kilometer) zu erkennen und zu analysieren. Dies ist besonders nützlich bei der Aufklärung von Vegetationsbränden aus der Luft, da sie es den Einsatzkräften ermöglichen, ein breites Gebiet zu überwachen und potenzielle Brandherde frühzeitig zu identifizieren. Die Zoom-Funktion ermöglicht es auch, detaillierte Bilder und Wärmebilder von bestimmten Bereichen oder Objekten aufzunehmen, um eine genaue Analyse durchzuführen. Bodenbasierte Wärmebildkameras hingegen sind in der Regel kompakter und tragbarer. Sie werden von Einsatzkräften vor Ort eingesetzt und bieten eine schnelle und effektive Möglichkeit, Brandherde sowie Glutnester zu identifizieren und zu überwachen. Diese Kameras sind oft mit Funktionen wie der Temperaturmessung ausgestattet, um genaue Daten über die Hitzeentwicklung an bestimmten Stellen zu liefern.

Verschiedene Anwendungen

Diese technischen Besonderheiten ermöglichen es einer Wärmebildkamera, wichtige Informationen für verschiedene Anwendungen wie Überwachungen, Rettungseinsätze, Grenzkontrollen oder militärische Operationen durchzuführen.

Abb. 219: Erkennen von Glutnestern im Waldbodenbereich. Für das menschliche Auge ist es schwierig, Glutnester zu erkennen. (Quelle: Richard Feischl)

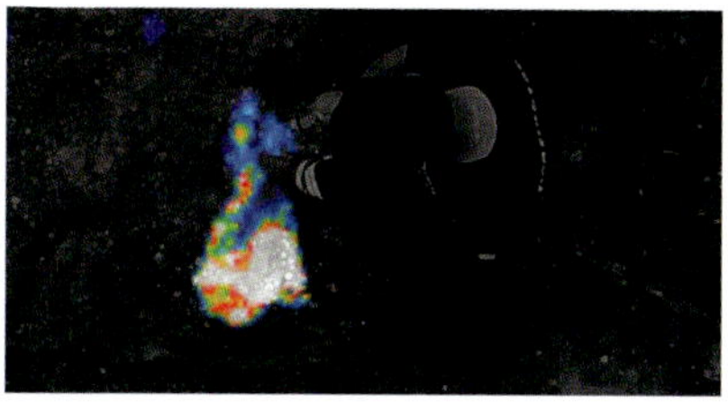

Abb. 220: Deutliche Sichtbarkeit eines Glutnests durch eine Wärmebildkamera. (Quelle: Richard Feischl)

Abb. 221: Deutliche Sichtbarkeit eines Glutnests auf dem Display der Wärmebildkamera. (Quelle: Richard Feischl)

Abb. 222: Gezielte Brandbekämpfung durch Vorarbeit mit der Wärmebildkamera. (Quelle: Richard Feischl)

Abb. 223: Ausgraben eines Glutnests mit dem Gorgui-Werkzeug. (Quelle: Richard Feischl)

Abb. 224: Genaues Lagebild in der Nacht von eingesetzen Personen und Fahrzeugen mit Unterstützung der Wärmebildkamera. (Quelle: Markus Hedemann)

Abb. 225: Einsatzplanung: Erkennen und Steuern von Einsatzmitteln bei der Vegetationsbrandbekämpfung (Fahrzeugen). (Quelle: Markus Hedemann)

Koordination von Einsatzmitteln und Einsatzkräften mit einer Wärmebildkamera an einer Drohne

Koordination von Einsatzkräften und Ressourcen

Die Koordination von Einsatzkräften und Ressourcen bei Vegetationsbränden ist von entscheidender Bedeutung, um effektive und effiziente Löscharbeiten durchzuführen. Sie ermöglicht es den Einsatzkräften, die Intensität und Ausbreitung des Feuers zu beurteilen und Prioritäten zu setzen. Basierend auf den Wärmebildern können sie entscheiden, welche Bereiche die größte Gefahr darstellen und wo Ressourcen wie Feuerwehrleute, Löschfahrzeuge oder Löschflugzeuge am dringendsten benötigt werden.

Abb. 226: Der Standort der Einsatzkräfte, die Einsatzfahrzeuge sowie die verlegten Schlauchleitungen sind durch das Wärmebild hier gut zu erkennen. (Quelle: Regionsfeuerwehr Bereitschaft 1, Region Hannover)

Überwachung der Ausbreitung des Feuers in Echtzeit

Wärmebildkameras können die Ausbreitung des Feuers in Echtzeit überwachen und den Einsatzkräften helfen, ihre Maßnahmen entsprechend anzupassen. Dies ist besonders nützlich, wenn sich die Feuersituation schnell verändert oder wenn Einsatzkräfte evakuierte Gebiete überwachen müssen, um zu verhindern, dass das Feuer erneut aufflammt.

Bei Vegetationsbränden können Menschen in Gefahr geraten und oder von den Einsatzkräften unbemerkt bleiben. Vermisste Personen können durch Wärmebildkameras lokalisiert werden, da sie die Körperwärme erfassen und somit auch Personen in dichtem Rauch oder Vegetation aufspüren können.

Verwendung der Wärmebildkamera als Hilfsmittel

Es ist zu beachten, dass die Verwendung von Wärmebildkameras nur ein Hilfsmittel darstellt und nicht allein für die Koordination von Einsatzkräften und Ressourcen ausreicht. Es ist immer erforderlich, gut ausgebildete Einsatzkräfte vor Ort zu haben, um die Informationen der Wärmebildkameras zu interpretieren und angemessene Maßnahmen zu ergreifen.

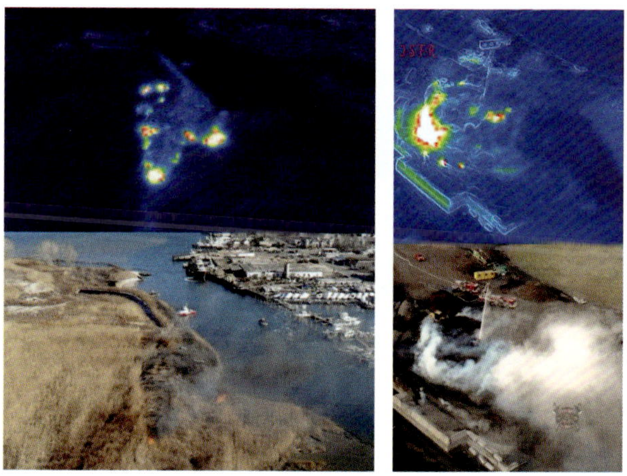

Abb. 227a und b: Bei weitläufigen Einsatzstellen wie Vegetations- oder Deponiebrand ist die Möglichkeit der Erstellung von Doppelbildern aus Real- und Wärmebild für die Orientierung im Einsatzgebiet für die Ein- und Zuweisung von Einheiten von Vorteil.
(Quelle: Ryan Mack, JERSEY SHORE FIRE RESPONSE)

5.3 Anwendungs- und Einsatzgebiete der Wärmebildkamera an Flughäfen

Heiße Stellen an Flugzeugen frühzeitig erkennen

Brände oder heiße Stellen an Flugzeugen frühzeitig zu erkennen, auch wenn diese nicht sichtbar sind. Die Infrarotstrahlung, die von Wärmequellen (Brand/Erhitzung) abgegeben wird, kann Hotspots identifizieren, bevor sie zu einem Brand führen. Dies kann bereits auf der Anfahrt bzw. beim Annähern zu dem betroffenen Luftfahrzeug durch den Einsatz der Wärmebildkamera an dem Flugfeldlöschfahrzeug erfolgen. Die Temperaturverteilung zu beobachten und festzustellen, ob sich der Brand auf andere Bereiche des Flugzeugs ausgebreitet hat. Dies ist entscheidend, um die Taktik der Brandbekämpfung anzupassen und eine effektive Eindämmung des Feuers zu gewährleisten.

Abb. 228: Abgasstrahl durch Einsatz der WBK sichtbar. (Quelle: Flughafenfeuerwehr München)

Am Löscharm verbaute Wärmebildkamera

Die massive Rauchentwicklung beim Brand eines Luftfahrzeugs bezieht sich auf den Treibstoff, der zudem mit unfassbar hohen Temperaturen abbrennt, sowie die Verbrennung unterschiedlichster Materialien, welche im Luftfahrzeug verbaut sind. Deshalb erleichtern auch hier die fest verbauten Wärmebildkameras an Front- und Dachwerfer bzw. am Löscharm die effektive Brandbekämpfung enorm. Durch sie ist ein gezielter und kontrollierter Einsatz von Löschmittel möglich. Gerade die lassen eine umfassendere Erkundung im gesamten Bereich des Luftfahrzeugs zu, eben auch an Stellen, die das menschliche Auge nicht erkennt bzw. erreicht.

Abb. 229a und b: Positionierung der Wärmebildkamera an einem Flugfeldlöschfahrzeug. (Quelle: Flughafenfeuerwehr München)

Abb. 230: Durch den Einsatz der Wärmebildkamera können wärmere Stellen an dem Luftfahrzeug sichtbar gemacht werden. (Quelle: Flughafenfeuerwehr München)

Lokalisierung des Brandherds

Bei der Thematik Innenbrandbekämpfung in Luftfahrzeugen wird nach der Regel „Menschenrettung durch Brandbekämpfung" vorgegangen. Es wird in erster Linie so schnell wie möglich der Brandherd mittels Wärmebildkamera lokalisiert, um mehr Menschen durch schnelle, gezielte und effektive Brandbekämpfung zu retten. Grund hierfür ist die oben beschriebene enorme Hitze- und Rauchentwicklung auf engstem Raum. Wärmebildkameras können zur Überwachung der Kabinentemperatur eingesetzt werden, um sicherzustellen, dass sie den erforderlichen Standards entspricht, als auch zur Inspizierung von Triebwerken. Durch die Erfassung der Wärmesignaturen können potenzielle Probleme oder Unregelmäßigkeiten in der Funktionsweise der Triebwerke erkannt werden.

Inspizierung von Triebwerken

Auch bei Overweight-Landungen (Notlandungen aufgrund technischer Probleme oder medizinischer Notfälle direkt nach dem Start) werden die Bremsen am Fahrwerk kontrolliert und ggf. nach Absprache zwischen Feuerwehr und Pilot gekühlt. Ebenso werden im Bereich des APU-Hilfstriebwerks am Heckleitwerk des Luftfahrzeugs mittels Wärmebildkamera am Löscharm des Flugfeldlöschfahrzeugs die Temperatur und Wärmestrahlung kontrolliert. Dieses ist eine wichtige Vorgehensweise, da bei einer Overweight-Landung das Luftfahrzeug maximal beladen ist.

5.4 Einsatz der Wärmebildkamera in großen und unübersichtlichen Objekten und Einsatzstellen

Der Einsatz von Wärmebildkameras in großen und unübersichtlichen Einsatzlagen (Industriebrandbekämpfung, Veranstaltungen, landwirtschaftliche Anliegen, Werften und Schiffsbau, Flughäfen, Hochwasserereignisse, Krankenhäuser, Hotels und Wohnanlagen, Wald- und Vegetationsbrände,

Überwachung von Naturschutzgebieten

Zugunglück, Schadstoffeinleitungen in Gewässer usw.) kann von großem Nutzen sein. Die Koordination von Großschadenslagen und die Steigerung des einsatztaktischen Werts im Bereich von BOS-Einheiten (Behörden und Organisationen mit Sicherheitsaufgaben) können durch den Einsatz von Wärmebildkameras unterstützt und effektiver zur Einsatzplanung eingesetzt werden.

Hilfsmittel zur Informationsgewinnung

Es ist zu beachten, dass eine Wärmebildkamera ein ergänzendes Hilfsmittel zur Informationsgewinnung ist und nicht eine alleinige Lösung für die Bewältigung von Großschadenslagen darstellt. Sie sollte immer in Verbindung mit anderen Kommunikations- und Einsatzmitteln verwendet werden, um einen umfassenden Eindruck über die Einsatzstelle zu bekommen und die Effektivität der BOS-Einheiten zu maximieren. Zudem sind eine angemessene Schulung und Ausbildung des Personals erforderlich, um die Wärmebildtechnologie effektiv einzusetzen und mögliche Einschränkungen zu verstehen sowie die Wärmebilder zu analysieren.

Besseres Situationsbewusstsein entwickeln

Der Einsatz von Wärmebildkameras ermöglicht es dem Einsatzleiter, bei der taktischen Planung ein besseres Situationsbewusstsein zu entwickeln. Sie können die Wärmemuster auf dem Bildschirm verfolgen und Rückschlüsse auf die Position und Bewegungen von Personen und Schadensergeignissen ziehen. Dies erleichtert die Koordination von eingesetzten Einsatzkräften und ermöglicht eine effektivere Vorgehen. Die Drohne in Verbindung mit einer Wärmebildkamera kann als mobile Kommunikationsplattform dienen, um Live-Videoübertragungen an die Einsatzleitung zu senden. Dadurch erhalten die Verantwortlichen einen besseren Überblick über die Situation vor Ort und können gezielte Anweisungen an die Einsatzkräfte geben. Die Aufnahmen der Drohne mit der Wärmebildkamera können zur Dokumentation genutzt werden. Durch das Anfertigen von Luftbildern und Wärmebildaufnahmen können beispielsweise Evakuierungswege, Einsatzstrategien oder Schadensbilder besser visualisiert und analysiert werden.

Wärmebildkamera zur Dokumentation

5.5 Wärmebildkamera im Einsatz für industrielle Anlagen

In industriellen Objekten und Anlagen, in denen gefährliche Materialien oder Lecks auftreten können, können Wärmebildkameras dazu beitragen, erhöhte Wärmeentwicklung zu identifizieren. Dadurch können mögliche Gefahren erkannt und entsprechende Maßnahmen ergriffen werden. Durch die Erkennung von Temperaturunterschieden können sie beispielsweise den Verlauf von Rohrleitungen oder Stromkabeln verfolgen. Bei Stromleitungen kann es durch fehlerhafte oder korrodierte Verbindungen, Überhitzungen oder Oxidation zu Störungen kommen. Auch bei mechanischen

Erkennen überhitzter Motoren und Getriebeteile

Defekten kommen Wärmebildkameras in der Industrie zum Einsatz. Hier geht es in erster Linie um das Erkennen von überhitzten Motoren oder Getriebeteilen, überlasteten Pumpen oder Lagern sowie schadhaften Isolierungen oder Undichtigkeiten an Rohrleitungen oder Ventilen. Aber auch bei der Anzeige von Füllständen, der feuerfesten Auskleidung von Behältern und in der Guss- und Glas-/Flaschenfertigung finden sie ihre Einsatzbereiche und können Reparatur- bzw. Wartungsarbeiten und die Produktionsausfallzeiten erheblich reduzieren.

Planung vorbeugender Wartungsmaßnahmen

Regelmäßige thermische Inspektionen mit einer Wärmebildkamera können dazu beitragen, potenzielle Probleme frühzeitig zu erkennen und vorbeugende Wartungsmaßnahmen zu planen. Dies kann helfen, ungeplante Ausfallzeiten zu reduzieren, die Lebensdauer von Anlagen zu verlängern und die Effizienz von Industrieanlagen zu verbessern. Darüber hinaus können Wärmebildkameras auch zur Identifizierung von Personen in Rauch oder bei Dunkelheit eingesetzt werden, um die Sicherheit von Mitarbeitern zu gewährleisten.

Reduzierung ungeplanter Ausfallzeiten

Der Einsatz einer Wärmebildkamera erweitert die Wahrnehmungsfähigkeit der Einsatzkräfte und unterstützt sie bei der Bewältigung komplexer und gefährlicher Situationen in großen Industrieanlagen wie beispielsweise in der Energieerzeugung, petrochemischen Industrie, Pipelines, Straßen, Brücken und Gebäudestrukturen. Sie können Hotspots oder Leckagen identifizieren oder instabile Strukturen erkennen, bevor es zu gefährlichen Situationen oder Ausfällen kommt. Durch die Auswertung von Wärmebildern können Veränderungen oder Schäden an Gebäudestrukturen identifiziert werden, was wichtig ist, um Wartungs- oder Reparaturbedarf frühzeitig zu erkennen.

Viele austretende Gase und Flüssigkeiten können mit bloßem Auge nicht erkannt werden. Aufgrund des Temperaturunterschieds kann eine Wärmebildkamera dies meist besser darstellen.

Bei der Inspektion großer Gebäudekomplexe können Wärmebildkameras dazu verwendet werden, Wärmeverluste, fehlerhafte Isolierungen oder undichte Stellen in der Gebäudehülle aufzuspüren. Dadurch können Energieeffizienzmaßnahmen ergriffen und potenzielle Schäden frühzeitig erkannt werden.

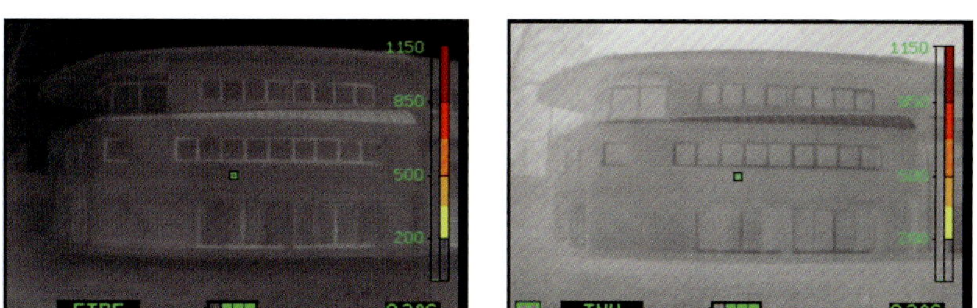

Abb. 231a und b: Aufzeigen von fehlerhaften Isolierungen. (Quelle: LEADER Group)

5.6 Einsatzgebiet der Wärmebildkamera in der Landwirtschaft und bei der Tierrettung

Gesundheitszustand von Tieren erkennen

In der Landwirtschaft können Wärmebildkameras eingesetzt werden, um den Gesundheitszustand von Nutztieren zu überwachen oder um Bewässerungsbedürfnisse von Pflanzen zu ermitteln. Sie können auch helfen, Wildtiere zu erkennen und Schäden an Ernten oder Weideflächen zu minimieren. Mit Hilfe und Einsatz einer Wärmebildkamera können viele verschiedene Tiere aufgespürt werden. Die Wärmebildkamera erfasst die Infrarotstrahlung, die von den Körpern der Tiere abgestrahlt wird und stellt sie als Wärmebilder dar. Dadurch können Tiere entdeckt werden, auch wenn sie sich im Dunkeln oder im dichten Gebüsch verstecken.

Der Nutzer kann so mit einer Wärmebildkamera auch Säugetiere wie Rehe, Füchse, Hasen oder Wildschweine erkennen. Die Körperwärme dieser Tiere hebt sich gut von der Umgebung ab und macht sie in den Wärmebildern deutlich sichtbar.

Vögel können ebenfalls mit einer Wärmebildkamera erfasst werden. Während sie sich auf Bäumen oder in Büschen verstecken, sind sie aufgrund ihrer Körperwärme immer noch erkennbar. Dies ist besonders nützlich, um nachtaktive Vögel zu finden.

Beobachtung Wärmeregulierung von Reptilien

Kaltblütige Tiere wie Schlangen oder Eidechsen können in der Regel nicht oder schlecht mit einer Wärmebildkamera erfasst werden, da sie die Umgebungstemperatur annehmen. Allerdings können Wärmebildkameras genutzt werden, um die Wärmeregulierung von Reptilien zu beobachten. Zum Beispiel können Sonnenplätze festgestellt werden, an denen sich Reptilien zur Wärmeregulierung aufhalten.

Es ist wichtig zu beachten, dass Wärmebildkameras je nach Qualität und Empfindlichkeit unterschiedliche Ergebnisse liefern können. In einigen Fällen können Tiere, insbesondere kleinere oder weniger wärmespeichernde Arten möglicherweise schwerer zu erkennen sein.

5.6.1 Rehkitz-Suche mit Unterstützung der Wärmebildkamera

Suche nach Rehkitzen

Die Verwendung einer Wärmebildkamera zur Suche nach Rehkitzen in Feldern kann eine effektive Methode sein, um sie zu finden und vor möglichen Gefahren wie dem Einsatz von Mähdreschern oder anderen landwirtschaftlichen Geräten zu schützen.

Rehkitze verbringen die meiste Zeit des Tages in einem Versteck im hohen Gras oder in dichtem Gebüsch, um sich vor Raubtieren zu schützen. Der

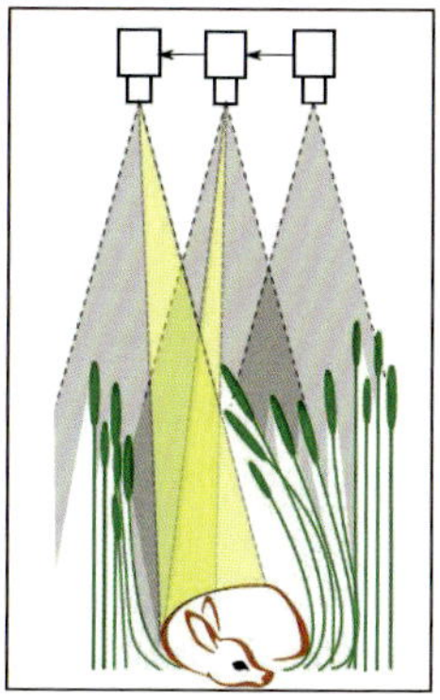

Abb. 232: Detektion von Tieren. (Quelle: Markus Hedemann)

beste Zeitpunkt, um sie zu finden, ist in den frühen Morgenstunden oder am späten Abend, wenn sie aktiver sind.

Betreten Sie das Feld langsam und leise, um die Tiere nicht zu verschrecken. Rehkitze reagieren empfindlich auf Bewegungen und Geräusche. Vermeiden Sie es, direkt auf die Kitze zuzugehen, um sie nicht zu verängstigen. Richten Sie die Wärmebildkamera auf das Feld und scannen Sie langsam die Umgebung. Suchen Sie nach ungewöhnlichen Wärmemustern, die auf die Körperwärme der Rehkitze hinweisen könnten. Da Rehkitze eine andere Temperatur als die Umgebung haben, sollten sie sich in den Wärmebildern leicht abheben.

Erkennen verdächtiger Wärmemuster

Wenn Sie verdächtige Wärmemuster erkennen, bewegen Sie sich vorsichtig näher, um sicherzustellen, dass es sich tatsächlich um Rehkitze handelt. Versuchen Sie einen angemessenen Abstand einzuhalten, um die Kitze nicht zu stören oder ihre Mutter abzuschrecken.

Es ist wichtig zu beachten, dass Rehkitze von ihrer Mutter oft für mehrere Stunden am Tag alleine gelassen werden. Berühren Sie die Kitze nicht, da dies dazu führen kann, dass die Mutter sie ablehnt.

Wenn Sie Bedenken haben oder glauben, dass ein Rehkitz in Gefahr ist, wenden Sie sich an lokale Wildtierexperten oder Tierschutzorganisationen, um professionelle Unterstützung zu erhalten.

Abb. 233: Rettung eines Rehkitzes. Sicht auf den Bildschirm der eingesetzten Drohne aus Sicht des Drohnenpiloten. (Quelle: Markus Hedemann)

Abb. 234: Tiererkennung durch Drohne ohne Wärmebildkamera. (Quelle: Markus Hedemann)

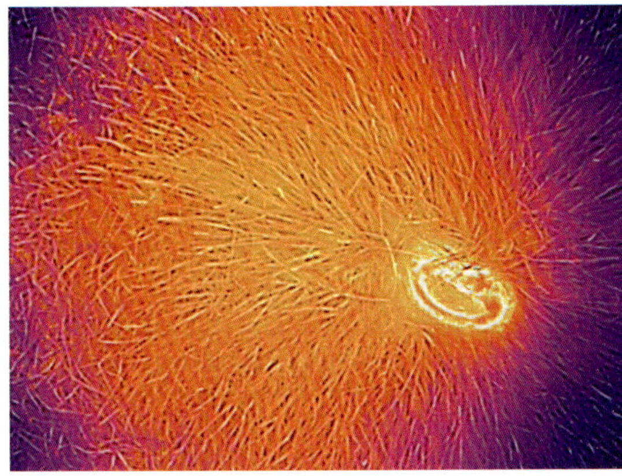

Abb. 235: Tiererkennung durch Wärmebild. (Quelle: Markus Hedemann)

Tiere nachts mit WBK

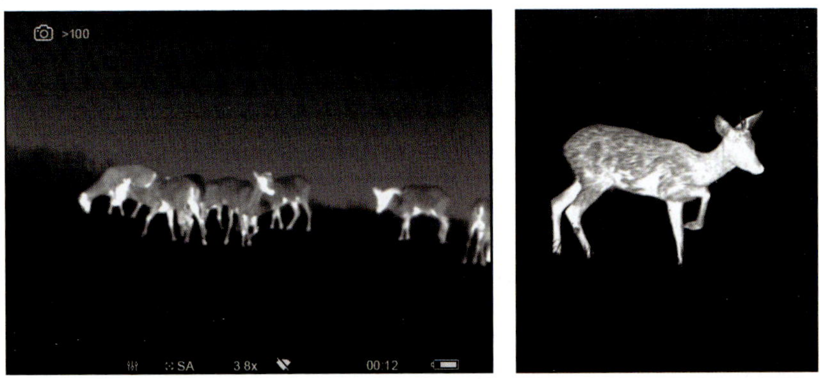

Abb. 236a und b: Erkennen von Tieren in der Nacht. (Quelle: Markus Hedemann)

Rehkitzrettung ohne WBK

Rehkitzrettung mit WBK

Abb. 237a und b: Rehkitze vor Ort und nach erfolgreicher Rettung in ausgelegter Transportkiste. (Quelle: Achim Gerards)

5.6.2 Unübersichtliche Einsatzgebiete

Entdeckung potenzieller Brandherde

In der Landwirtschaft können Brände durch verschiedene Faktoren wie elektrische Probleme, heiße Maschinenteile, trockenes Pflanzenmaterial oder chemische Reaktionen verursacht werden. Wärmebildkameras können helfen, diese heißen Stellen frühzeitig zu erkennen, bevor sie sich zu einem größeren Brand ausbreiten. Landwirtschaftliche Anwesen umfassen häufig große Flächen, auf denen verschiedene Gebäude, Maschinen und landwirtschaftliche Geräte verteilt sind. Wärmebildkameras ermöglichen eine schnelle Überprüfung dieser Bereiche und können dabei helfen, potenzielle Brandherde ausfindig zu machen.

Abb. 238: Luftaufnahme einer Drohne (Realbild). (Quelle: Markus Hedemann)

Brandbekämpfung ohne WBK

Abb. 239: Informationsgewinnung und Festlegung von Einsatzschwerpunkten. (Quelle: Markus Hedemann)

Brandbekämpfung mit WBK

Auch können Wärmebildkameras Brände frühzeitig erkennen, noch bevor Rauch oder Flammen sichtbar sind. Dies ermöglicht eine schnellere Reaktion und bessere Chancen, den Brand noch vor der Ausbreitung einzudämmen.

Wärmebildkameras können große Flächen schnell durchsuchen und unklare Situationen identifizieren. Dies erleichtert die gezielte Suche nach potenziellen Brandquellen und spart Zeit bei der Inspektion des gesamten Anwesens.

Verringerung des Einsatzrisikos

Der Einsatz von Wärmebildkameras verringert das Einsatzrisiko für Feuerwehrleute und Rettungskräfte, da sie mit den Kameras gezielt nach heißen Stellen suchen können, ohne sich unnötig in Gefahr zu bringen.

Ohne WBK im Einsatz – Hot Spots schwer auszumachen

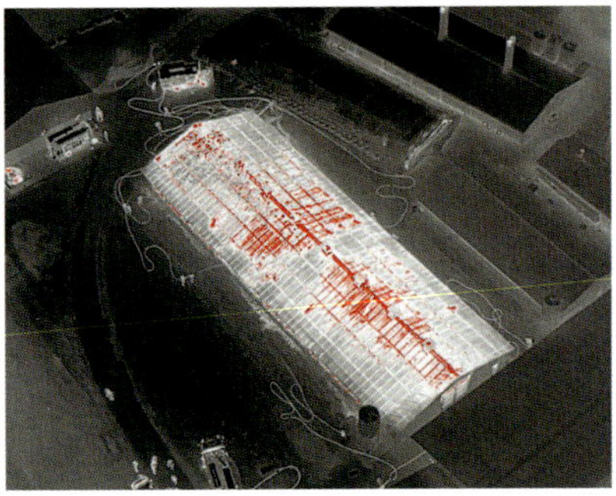

Abb. 240: Feuer in einem Putenstall in Emsteck. Lokalisierung von Hot Spots. (Quelle: Markus Hedemann)

Abb 241: Feuer in einem Putenstall in Emsteck. Ohne Wärmebildkamera im Einsatz sind die Hot Spots schwer auszumachen. (Quelle: Markus Hedemann)

Koordination von Einsatzkräften

Die Koordination von Einsatzkräften an großen und unübersichtlichen Einsatzstellen kann durch den Einsatz einer Drohne mit Wärmebildkamera erheblich verbessert werden. Hier sind einige Möglichkeiten, wie diese Technologien bei der Koordination der Einsatzkräfte unterstützen können.

Die Drohne kann das Einsatzgebiet schnell und aus der Luft erkunden. Die Wärmebildkamera ermöglicht es, hitzeemittierende Quellen wie Feuer, heiße Gegenstände oder sogar vermisste Personen zu identifizieren. Dies liefert wertvolle Informationen über die Ausbreitung des Feuers und die aktuelle Lage vor Ort. Die Drohne kann eingesetzt werden, um die Sicherheit der Einsatzkräfte zu überwachen. Durch die Live-Videoübertragung von der Drohne können Einsatzleiter die Positionen und Bewegungen der Einsatzkräfte in Echtzeit verfolgen und sicherstellen, dass sie sich nicht in Gefahr befinden.

5.7 Schiffsneubauten und Werften

Identifizierung undichter Rohrleitungen oder Kühlsysteme

Die Wärmebildkamera kann bei Schiffsneubauten und in Werften in verschiedenen Einsatzbereichen verwendet werden, z.B. um undichte Stellen in den Schiffssystemen oder undichte Rohrleitungen oder Kühlsysteme zu identifizieren. Das taktische Vorgehen besteht darin, die Kamera entlang der Rohrleitungen und der relevanten Systeme zu bewegen, um nach Temperaturunterschieden und Anomalien zu suchen, die auf Leckagen hinweisen könnten.

Sie können auch eingesetzt werden, um die Effizienz der Wärmeisolierung an Bord des Schiffs zu überprüfen. Indem die Kamera auf Wände, Decken und andere isolierte Bereiche gerichtet wird, können potenzielle Wärmelecks, Überhitzungen in elektrischen Schaltkreisen oder elektrischen Komponenten erkannt werden. Auch durch die Vielzahl an elektrischen Anlagen und Verkabelungen können auf diesem Weg Überhitzungen in elektrischen Schaltkreisen sichtbar gemacht werden.

Ferner findet die Wärmebildkamera auch ihr Einsatzgebiet bei der Brandbekämpfung in Schiffsneubauten und Werften. Sie kann helfen, versteckte Brandherde oder Glutnester zu entdecken, indem sie nach erhöhten Temperaturen sucht. Hier wird die Kamera in Bereichen eingesetzt, in denen Brände vermutet werden oder in denen eine Brandgefahr besteht, um frühzeitig Warnzeichen zu erkennen und geeignete Maßnahmen zu ergreifen.

Gründliches Scannen der relevanten Bereiche

Beim Einsatz einer Wärmebildkamera ist es wichtig, eine systematische Vorgehensweise zu befolgen. Dazu gehören das Erkennen von Temperaturunterschieden und das Protokollieren von verdächtigen Bereichen oder Anomalien. Die Ergebnisse sollten dokumentiert und an die zuständigen Personen weitergeleitet werden, um geeignete Maßnahmen ergreifen zu können. Die Drohne ermöglicht im Wesentlichen eine schnelle Übersicht aus der Vogelperspektive auf das Einsatzgeschehen. Es erleichtert dadurch dem Einsatzleiter die Ordnung des Raums und etwaige einsatztaktische Entscheidungen. Bei Suchaktionen ermöglicht der Drohneneinsatz in Verbindung mit der Wärmebildkamera ein schnelleres Absuchen eines bestimmten Gebiets. Mit ihr ist eine Führungsunterstützung möglich sowie eine Lagererkundung durchzuführen und ein Objekt zu beurteilen. Speziell in komplexen Werftanlagen ist es möglich, Mitarbeiter in höhergelegenen Bereichen wie Krananlagen durch die Wärmebildkamera zu erkennen und bei medizinischen Notfällen usw. mit Hilfe des Lautsprechers an der Drohne etwas zu beruhigen. Im Einsatzfall können die „Balkone“ und Außenbereiche in Neubauten an Schiffsanlagen mit einer Drohne in Verbindung mit einer Wärmebildkamera schnell und effektiv abgesucht werden. Mit Hilfe eines Schutzkäfigs für die Drohne kann in Schiffsneubauten die Wärmebildkamera genau positioniert werden.

Abb. 242: Wärmebildkamera mit Drohne in einem Schutzkäfig. (Quelle: Werkfeuerwehr Meyer Port 4)

In der Halle sowie in den Neubauten wird ohne GPS-Signal geflogen. Somit ist das Halten der Drohne auf einer Position nur durch das Korrigieren des Piloten möglich. Im Bereich der Werftanlagen und Schiffsbauten werden im Erkundungseinsatz mindestens drei Piloten eingesetzt.

Abb. 243: Steuerung und Analysieren durch den Piloten der Drohne/WBK von außen. (Quelle: Werkfeuerwehr Meyer Port 4)

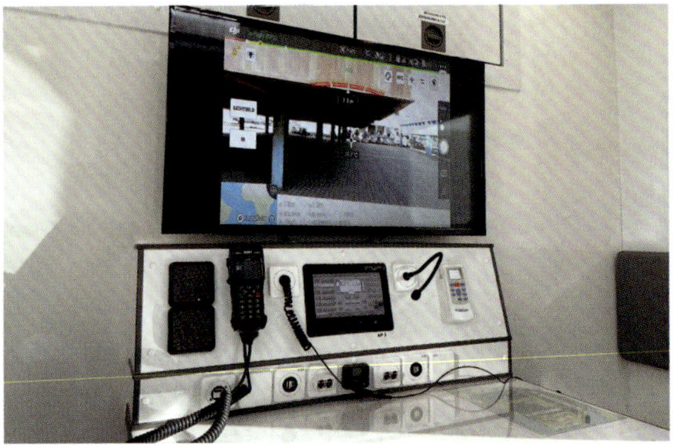

Abb. 244: Sichtung der WBK-Bilder im ELW. (Quelle: Werkfeuerwehr Meyer Port 4)

Abb. 245: Objektanalyse und Erkenntnisgewinnung durch WBK-Einsatz. Erkennen von überhitzten Stromversorgungen, Schweißstellen oder auslaufenden Medien. (Quelle: Werkfeuerwehr Meyer Port 4).

Positionswechsel abhängig von der Einsatzdauer

Die Aufgaben des Piloten, Spotters und Bildauswerters werden dann aufgeteilt und je nach Einsatzdauer werden die Positionen durchgetauscht. Dieses Vorgehen wird schriftlich festgehalten und alle Flugstunden werden im Flugtagebuch der einzelnen Drohnen notiert.

Abb. 246: Das Einbringen/Fliegen der Wärmebildkamera in den Schiffsneubau. (Quelle: Werkfeuerwehr Meyer Port 4)

Abb. 247: Erkunden des Objekts in verschiedenen Höhen (Quelle: Werkfeuerwehr Meyer Port 4)

5.8 Einsatz der Wärmebildkamera beim Verkehrsunfall speziell mit alternativ angetriebenen Fahrzeugen

Abb. 248: Informationsgewinnung bei einem Verkehrsunfall oder bei Fahrzeugbeschädigungen. (Quelle: N. Heinkel, Odenwald)

Informationsgewinnung bei einem Verkehrsunfall

Benzin, Diesel oder alternative Antriebsarten in den unterschiedlichsten Ausführungen machen es den Einsatzkräften nicht einfach. Zur Erkundung und daraus resultierenden Gefahreneinschätzung kann die Wärmebildkamera zahlreiche Informationen zur Lageerkundung beisteuern.

Zur Lageerkundung kann sich der Einheitsführer in der heutigen Zeit einiger Hilfsmittel bedienen.

Ob es die Beachtung von Aufklebern, Tankverschlüssen, Rettungskarten, Wärmebildkameras, Hinweisen an den amtlichen Kennzeichen oder die Befragung des Fahrers bzw. der Insassen ist.

Gerade bei Dunkelheit kann die Wärmebildkamera ein wertvolles Einsatzmittel zur Informationsgewinnung bei auslaufenden Betriebsstoffen, auch hinsichtlich der Löschwasserrückhaltung sein.

Erkennung ungewöhnlicher Erwärmungen am Fahrzeug

Bei Verkehrsunfällen können ausströmende Gase und Dämpfe, auslaufende Betriebsstoffe, heiß gelaufene Radlager sowie ungewöhnliche Erwärmungen am Fahrzeug durch den Einsatz der Wärmebildkamera erkannt werden. Auch erwärmte Fahrer-, Beifahrer- und Kindersitze sowie Rücksitzbänke im Fahrzeug können Rückschlüsse auf weitere Personen im Fahrzeug zulassen. Besonders bei Dunkelheit können Personen, die sich im Umfeld des Fahrzeugs oder weitere Fahrzeuge, die eventuell abseits der Straßen stehen oder liegen, erkannt werden. Nicht nur bei einem typischen Fahrzeugbrand, auch bei einem Verkehrsunfall oder bei Überschwemmungen müssen wir auf mögliche Gefahren durch alternativ angetriebene Fahrzeuge, PKWs, LKWs, Busse oder E-Scooter usw. vorbereitet sein. Der Einsatz einer Wärmebildkamera bei alternativ angetriebenen Fahrzeugen kann verschiedene Zwecke erfüllen und mehrere Vorteile bieten, so kann sie zur Überwachung der Batterietemperatur in elektrisch angetriebenen Fahrzeugen eingesetzt werden. Da die Batterieeinheit bei übermäßiger Erwärmung Schaden nehmen kann, ermöglicht die Kamera eine frühzeitige Erkennung von Überhitzungsproblemen. So können rechtzeitig Maßnahmen ergriffen werden, um eine Überhitzung zu verhindern und die Batterie und das Fahrzeug zu schützen.

Frühzeitige Erkennung von Überhitzungsproblemen

Abb. 249: Identifizierung der Wärmeentwicklung an alternativ angetriebenen Fahrzeugen. Auch hier ist durch die Überlagerung von Wärmebild und Digitalkamera die Fahrzeugbeschriftung auf dem Wärmebild lesbar. (Quelle: N. Heinkel, Odenwald)

Eine Wärmebildkamera kann helfen, übermäßige Wärmeentwicklung in verschiedenen Komponenten des Fahrzeugs zu identifizieren. Dies kann beispielsweise bei der Diagnose von Problemen im Kühlsystem, bei der Erkennung von überhitzenden Elektromotoren oder bei der Identifizierung von überlasteten elektrischen Verbindungen nützlich sein.

■ Einsatztaktik bei alternativ angetriebenen Fahrzeugen

Kommt es in einem Lithium-Ionen-Akku mit flüssigem, festem oder gebundenem Elektrolyt zu einem lokalen Kurzschluss der internen Elektroden, beispielsweise durch eine Verunreinigung des Separators durch einen eingeschlossenen Fremdpartikel oder eine mechanische Beschädigung, kann der Kurzschlussstrom durch den inneren Widerstand die nähere Umgebung der Schadstelle so weit aufheizen, dass die umliegenden Bereiche ebenfalls in Mitleidenschaft gezogen werden. Dieser Prozess weitet sich aus und setzt die im Akku gespeicherte Energie in kurzer Zeit frei.

Thermal Runaways (Thermisches Durchgehen, Überhitzung)

Solche „Thermal Runaways“ (Thermisches Durchgehen, Überhitzung) wurden als Ursache für die in der Vergangenheit verstärkt aufgetretenen Brände bei Akkus verantwortlich gemacht.

Nutzung einer Rettungskarte

Damit so etwas nicht an der Einsatzstelle geschieht, muss der Akku entsprechend überwacht werden. Eine der ersten Maßnahmen muss die Nutzung einer Rettungskarte sein. Hiermit kann die Lage des Akkus identifiziert werden. Im Rahmen der weiteren Erkundung kann festgestellt werden, ob der Akku beschädigt wurde. Soweit es möglich ist, sollte der Akku regelmäßig auf Veränderungen der Temperatur kontrolliert werden. Hier sind auch die Hülle und eventuelle Abdeckungen zu beachten. Kritische Temperaturen beginnen bei etwa 70 °C, die allerdings durch die Hülle des Akkus so nicht messbar sind. Deshalb sollten auch schon geringe Veränderungen der Temperatur an der Außenfläche mit der Wärmebildkamera beobachtet und dokumentiert werden. Hierzu können z.B. Übergabeprotokolle genutzt werden, die an das Bergeunternehmen weitergegeben werden können.

Es ist wichtig anzumerken, dass der spezifische Einsatz einer Wärmebildkamera bei alternativ angetriebenen Fahrzeugen von verschiedenen Faktoren abhängt, wie beispielsweise der Art des Fahrzeugantriebs (elektrisch, hybrid, Wasserstoff, Biodiesel, Erdgas (CNG), Autogas (LPG) usw.), den vorhandenen Komponenten im Fahrzeug und den Zielen des Einsatzes.

Stellen Sie sicher, dass Sie die erforderlichen Sicherheitsvorkehrungen treffen, bevor Sie mit der Untersuchung beginnen. Dazu gehört das Tragen von geeigneter Schutzausrüstung wie Handschuhen und Sicherheitsbrille, insbesondere wenn es sich um elektrisch angetriebene Fahrzeuge handelt.

Überprüfen Sie das Kühlsystem des Fahrzeugs mit der Wärmebildkamera, um eventuelle Leckagen oder Probleme in Bezug auf die Wärmeableitung zu identifizieren. Achten Sie dabei auf Abweichungen in der Temperatur und mögliche Anzeichen von Flüssigkeitsverlust oder Luftströmungsproblemen. Nutzen Sie die Wärmebildkamera, um nach anderen Wärmequellen im Fahrzeug zu suchen, wie z.B. elektrische Verbindungen, die überlastet oder überhitzt sein könnten. Identifizieren Sie ungewöhnliche Temperaturunterschiede, um potenzielle Probleme zu erkennen. Vergleichen Sie die Temperaturmuster mit Referenzwerten oder bekannten gesunden Zuständen des Fahrzeugs.

Wärmebilder während des Ladevorgangs eines Hybridfahrzeugs

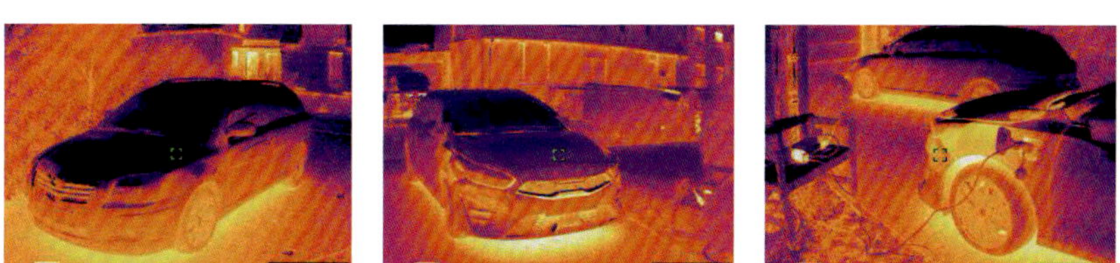

Abb. 250a bis c: Deutliche Wahrnehmung von Temperaturunterschieden während des Ladevorgangs eines Hybridfahrzeugs. Während die Umgebungstemperatur der Motorhaube aufgrund der winterlichen Aufnahmebedingungen deutlich unterhalb der Nullgradgrenze liegt ist im Bereich der Ladung ein deutlicher Temperaturanstieg bis auf 0 °C festzustellen. (Quelle: Guido Volkmar)

Werden schwerwiegende Probleme festgestellt, die eine Reparatur erfordern oder das Fahrzeug nicht mehr betriebsbereit machen sollten, muss ein Abschleppunternehmen kontaktiert werden. Informieren Sie den Abschleppunternehmer über Ihre Beobachtungen und stellen Sie sicher, dass das Fahrzeug sicher abtransportiert wird. Informieren Sie den Abschleppunternehmer darüber, dass es sich um ein alternativ angetriebenes Fahrzeug handelt. Das Unternehmen kann durch diese Informationen besondere Abschlepp- oder Bergefahrzeuge bereitstellen oder spezielle Vorbereitungen treffen.

Bei einem Verkehrsunfall ist das abgebildete Fahrzeug auf eine Betonleitplanke aufgefahren.

Abb. 251: Erhöhung der Sicherheit für die eingesetzten Kräfte. Auch am Tage zur optimierten Informationsgewinnung einsetzbar. (Quelle: Feuerwehr und Rettungsdienst der Bundesstadt Bonn)

Kontrolle der Temperaturerhöhung alle 5–10 Minuten

Da hier nicht auszuschließen ist, dass der Hochvoltspeicher am Unterboden beschädigt ist, sollte die Wärmebildkamera alle 5–10 Minuten zur Kontrolle der Temperaturerhöhung eingesetzt. Auch wenn es bei diesem Ereignis nicht zu einem Fahrzeugbrand gekommen ist, sollten alle Beobachtungen und potenziellen Ereignisse schriftlich festgehalten werden.

Abb. 252: Auch am Tage zur Optimierung der Erkundung einsetzbar. (Quelle: Berufsfeuerwehr der Feuerwehr und Rettungsdienst der Bundesstadt Bonn)

Ein Übergabe- oder Temperaturmessprotokoll sowie die Anleitungen erleichtern die Vorgehensweise.

Abb. 253: Wärmebild des Kühlvorganges bei einem E-Fahrzeug während eines Einsatzes. (Quelle: Urs Knoll, Feuerwehr Diessenhofen, Schweiz)

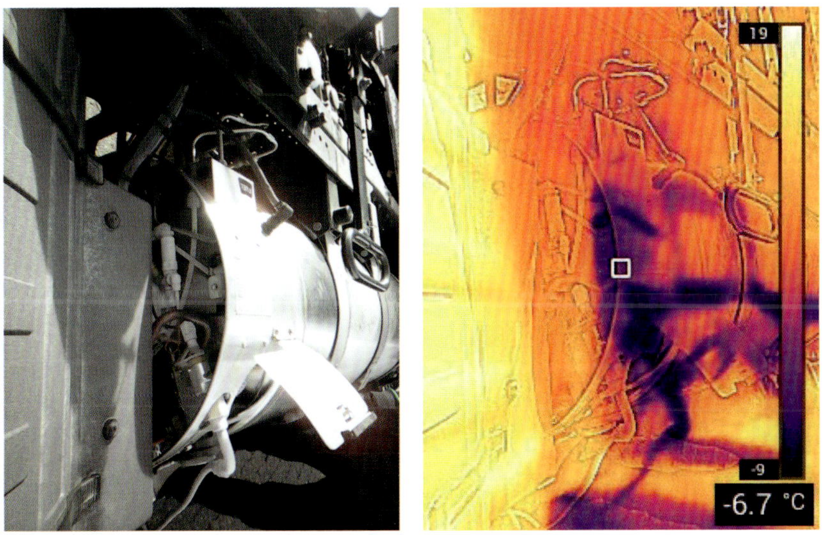

Abb. 254a und b: Erkennen von austretendem LNG-Gas. (Quelle: Feuerwehr und Rettungsdienst der Bundesstadt Bonn)

Die Kamera kann die Abweichungen zwischen dem austretenden Stoff und der Umgebungstemperatur erfassen und so auf potenzielle Leckagen hinweisen.

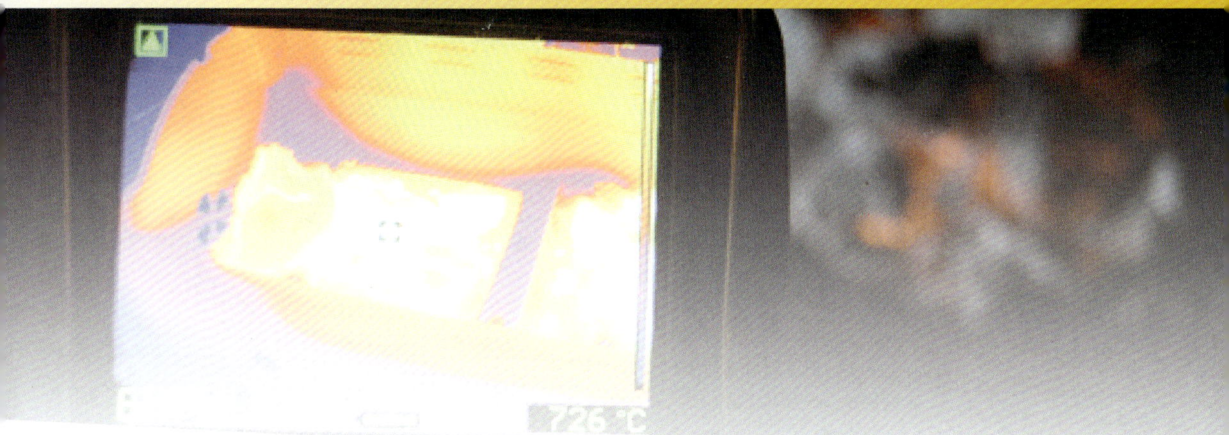

6 Zusammenfassung einsatztaktische Anwendung der Wärmebildkamera

Wir können durch den Rauch sehen

- Wir können schneller vorgehen → Personen können schneller gefunden werden
- Entbindet uns nicht von der Notwendigkeit einer Rückzugswegsicherung
- Entbindet uns nicht von der Notwendigkeit der Orientierung im Raum (Suchverfahren)
- Entbindet uns nicht vom z.B. Abtasten des Wegs (zweidimensionales Wärmebild)

Wir können Wärmeenergie durch den Rauch wahrnehmen

- Wärmebilder müssen erkannt und bewertet werden
- Gefahr durch Konvektionsströme sind wahrnehmbar
- Kühleffekt des Löscheinsatzes (Kühlwirkung) wird wahrnehmbar
- Keine sichtbaren Flammen bedeutet nicht keine anwesende Wärmeenergie (Rückzündungsgefahr!)

1. **Mache Dir die Umgebung der Messsituation bewusst**
   - In welchen Temperaturbereichen bin ich unterwegs? Drinnen? Draußen?
   - Habe ich Temperaturdifferenzen und somit ein kontrastreiches Bild?
   - Welche Störgrößen habe ich?
   - Reflexionen? Spiegelbilder? Optische Täuschungen?

2. **Verbessere Dein Bild**
   - Kann ich den Kontrast und die Temperaturdifferenzen optimieren?
   - Kühle Deine Umgebung zur besseren und kontrastreicheren Darstellung.
   - Überprüfe die Temperatur in Deiner Umgebung!
   - Versuche in kühlen Bereichen zu bleiben, um im Hochempfindlichkeitsmodus zu bleiben.
   - Kann ich die Sensorübersättigung beeinflussen?
   - Wie bekommst Du ein klares, nicht ausgewaschenes Bild?
   - Scanne langsam und ohne Hast. Verwende den Würfelblick.
   - Was ist das Ziel Deiner Suche?
     - Personen → Silhouetten/Körperformen
     - Brandherd → Wärmeenergie
   - Mit welchen Realbildern kannst Du Deine angezeigten Wärmebilder vergleichen?

3. **Vergleiche die Bilder des Displays mit Deiner eigenen Temperatur- und Umgebungswahrnehmung**

4. **Reinige die Linse!**
   - Warum musst Du die Linse reinigen? In welcher Umgebung bist Du gerade?
     - Zu viel Verschmutzung in der Atmosphäre?
     - Stoffe, die sich auf der Linse ablagern?
       Kontamination, Wasserdampf usw.

Literaturverzeichnis

Bachelorarbeit von Christoph Menzel, Experimentelle Untersuchung des zeitlichen Temperaturverlaufes und Wärmedurchgangs von Türen bei einseitiger Temperaturbeaufschlagung, konkret bei Bränden in geschlossenen Räumen, Otto-von-Guericke-Universität Magdeburg Fakultät für Verfahrens- und Systemtechnik Hochschule Magdeburg-Stendal Fachbereich Wasser-Umwelt-Bau-Sicherheit, Studiengang Sicherheit und Gefahrenabwehr, September 2016

Brandschutzforschung der Bundesländer, Karlsruher Institut für Technologie (KIT), Forschungsstelle für Brandschutz, Bericht 207, Einsatz von Wärmebildkameras zur Ermittlung der Oberflächentemperaturen von Wohnungstüren bei Bränden, Bericht 193, Maßnahmen zur Optimierung der Einsatztaktik bei Bränden in Räumen ohne direkten Zugang ins Freie, Teil 2

Claudia Bohrmann-Linde, Didaktik der Chemie, Bergische Universität Wuppertal

Chemielehrerkongress 2021

Julie Bryant, Masters of Science, 2019, Thesis directed by: Dr. James A Milke, Department of Fire Protection Engineering

Karlsruher Institut für Technologie (KIT), Forschungsstelle für Brandschutztechnik, Forschungsbericht Nr. 213, Unterventilierte Realbrände – Experimentelle Untersuchungen zu Wohnungsbränden bei Luftmangel, September 2022

https://chemiedidaktik.uni-wuppertal.de/de/digitale-medien/e-books/

https://bildungsserver.berlin-brandenburg.de/fileadmin/bbb/unterricht/faecher/naturwissenschaften/mint/iMINT-Akademie/Fachsets/Fachset_Physik/P_M01_Wa__rmeu__bertragung_Endfassung.pdf

https://zerozeroonczerooneze1oonezcro.files.wordpress.com/2017/03/venenfinder_lf_buwe.pdf

https://www.geb-info.de/thermografie/thermografie-der-photovoltaik-mit-dem-auge-der-schlange

https://www.irpod.net/wp-content/uploads/2022/03/Thermografie_in_der_Theorie_und_Praxis.pdf

https://www.orglmeister.de/brandfrueherkennung/?gclid=EAIaIQobChMI9r-8rq3__wIV2KbVCh14hwGyEAAYASAAEgIJFfD_BwE

https://www.iss.uni-stuttgart.de/forschung/publikationen/vfdb-4-2019_Beitrag-FeuerWeRR_final.pdf

https://www.sifo.de/sifo/de/projekte/schutz-und-rettung-von-menschen/schutz-und-rettung-bei-komplexen-einsatzlagen/feuerwerr/feuerwerr_node.html

https://www.pkelektronik.com/media/downloads/f/l/flir%20thermografie-handbuch%20fuer%20bau anwendungen%20und%20erneuerbare%20energien,%20der%20gruene%20ratgeber.pdf

https://www.ffb.kit.edu/download/IMK%20Ber.%20207 %20VetterSchoepsSchelb%20EinsatzWBKs.pdf

https://www.herbach.de/media/pdf/77/70/1a/Handbuch-Kx5-DE.pdf

http://www.foppa-rescue.it/images/Kataloge/Katalog_Wrmebildkameras_Leader_DE.pdf

Einsatz von Wärmebildkameras zur Personensuche bei Brandeinsätzen, Theoretische und experimentelle Untersuchung des zeitlichen Einflusses einer Wärmebildkamera auf die Personensuche durch Feuerwehreinsatzkräfte bei einem Brandereignis, Marcus Reichard, Dezember 2013

Evaluation Of Thermal Imaging Camera Spot Temperature Measurements In Structure Fires

Grundlagen der berührungslosen Temperaturmessung, Optris GmbH

NFPA 1801 – Standard on Thermal Imagers for the Fire Service

https://www.nfpa.org/codes-and-standards/all-codes-and-standards/list-of-codes-and-standards/detail?code=1801

Raab, Wolfgang: Schadenverhütung mit Wärmebildkameras, eine Zwischenbilanz. In: Schadenprisma: Zeitschrift Schadenverhütung und Schadenforschung der öffentlichen Versicherer 33 (2003), Nr. 4, S. 30-34

Thermografische Methoden zur zerstörungsfreien Messung der anisotropen Wärmeleitfähigkeit von Lithium-Ionen Zellen, Diplom-Ingenieur (FH) Arno Arzberger, M. Sc., 2020

vfdb-Brandschadensstatistik, Untersuchung der Wirksamkeit von (anlagentechnischen) Brandschutzmaßnahmen, herausgegeben von Sebastian Festag & Ernst-Peter Döbbeling, Februar 2020, vfdb TB 14-01

https://www.feuerwehrmagazin.de/wissen/praxistipps-was-eine-waermebildkamera-fuer-angriffstrupps-leisten-sollte-60522

https://www.atemschutzunfaelle.eu/download/Hersteller/WBK-8-04.pdf

WBK-Ausbilderhandbuch Feuerwehr, Keller, Maass, Reichard, Witte,

http://www.wbk-einsatz.de/webpage/wp-content/uploads/2012/09/WBK_Ausbilderhandbuch_Feuerwehr_1.2.pdf

https://simpleclub.com/lessons/physik-energieerhaltungssatz

https://www.flir.de/instruments/multi-spectral-dynamic-imaging/

https://learnattack.de/schuelerlexikon/chemie/hauptsatz-der-thermodynamik-hauptsaetze-der-waermelehre

https://www.brand-feuer.de/index.php?title=Flammenf%C3 %A4rbung

https://www.propassivhaus.de/images/downloads/webinare/Energieeffiziente-Wohngebaeude.pdf

http://crysta.physik.hu-berlin.de/~ines/Experimente/VL_5/Waermeuebertragung_wz.pdf

Grundlagen der berührungslosen Temperaturmessung, Optris GmbH, https://www.optris.de/downloads-infrarotkameras

https://www.orglmeister.de/geschichte-infrarot-thermografiekamera/

https://www.brand-feuer.de/index.php?title=W%C3 %A4rmebildkamera

https://hlfs.hessen.de/sites/hlfs.hessen.de/files/2022-09/Lernunterlage%20 W%C3 %A4rmebildkamera%20final2_0.pdf

https://www.emergency-live.com/de/Marktplatz/w%C3 %A4rmebild-verst%C3 %A4ndnis-hohe-niedrige-empfindlichkeit/; abgerufen am 02. Juli 2023

https://www.flir.de/discover/professional-tools/what-is-msx/

https://www.atemschutzunfaelle.eu/download/Ausbildung/LU_B1-401_Phaenomene_der_extremen_Brandausbreitung.pdf

https://www.brand-feuer.de/index.php?title=Flammenf%C3 %A4rbung